U0685276

压力容器典型结构应力分析云图

杨国义　李晓航　编著

新 华 出 版 社

图书在版编目（CIP）数据

压力容器典型结构应力分析云图 / 杨国义，李晓航

编著.——北京：新华出版社，2011.10

ISBN 978-7-5011-9747-7

Ⅰ．①压…　Ⅱ．①杨…　②李…　Ⅲ．①压力容器—应

力分析　Ⅳ.①TH49

中国版本图书馆 CIP 数据核字（2011）第 197045 号

《压力容器典型结构应力分析云图》

作　　者：	杨国义　李晓航
责任编辑：	刘广军　白　玉
特约编辑：	胡若莹　孔胜先　丁匀婷
出版发行：	新华出版社
网　　址：	http://www.xinhuapub.com
	http://press.xinhuanet.com
地　　址：	北京石景山区京原路 8 号
邮　　编：	100043
经　　销：	新华书店
印　　刷：	北京玥实印刷有限公司
开　　本：	880mm×1230mm　1/16
印　　张：	12
字　　数：	100 千字
版　　次：	2011 年 10 月第一版
印　　次：	2011 年 10 月第一次印刷
书　　号：	ISBN 978-7-5011-9747-7
定　　价：	120.00 元

前　言

　　压力容器典型结构应力分析云图，系压力容器部件在相应外载荷作用下的应力（强度）分布云图，反映结构应力（含部分温度场）在结构不连续部位的应力变化趋势，以及在相应载荷作用下应力分布特点。

　　本书中涉及的结构来源于作者近 20 年应力分析实际工作中积累的成果，基本包含了压力容器设计中所遇到的各种典型结构。为了使给定云图更具参考性，分析中采用的结构尺寸及设计参数基本保持了原分析中的设计参数。为使读者更有序了解各种结构的应力分析云图，在典型结构分类中本书根据是否可简化为轴对称结构，以及按结构类型特点（如筒体接管、封头接管等）和整体分析设备类型（如换热器、球形储罐等）进行划分整理。

　　针对本书所列的每一种结构，均有相应采用 APDL 语言编制的自动分析程序支持，该系列程序为作者本人亲自编制完成，具有较好的通用性，并经大量工程实践验证，为提高工程中实际分析效率提供了可靠的保证。

　　本书可作为压力容器设计人员应力分析人员或相关科研教学工作者，了解典型压力容器结构部件在相应外载荷作用下应力分布特点、掌握应力分布趋势时参考之用，也可为压力容器应力分析初学者提供建模、分析的基础参考。

　　由于本书编写时间较为仓促，加之作者水平有限，不足之处在所难免，敬请读者不吝指正。

目 录

第 1 章　压力容器典型结构应力分析云图

1.1　轴对称结构

1.1.1　不带补强圈的椭圆封头中心接管结构

1.1.1.1　接管焊缝倒圆

壳体几何参数（mm）：

筒体内径 D_i=1200；筒体、封头壁厚 t=16（标准椭圆形封头）；中间接管尺寸 ϕ440×24；中间接管外倒圆半径 R=20；中间接管内倒圆半径 r=5

载荷参数：仅承受内压载荷，P=2.8 MPa

单元选择：ANSYS PLANE82 轴对称单元

结构几何模型见图 1.1；线弹性分析结果见图 1.2。

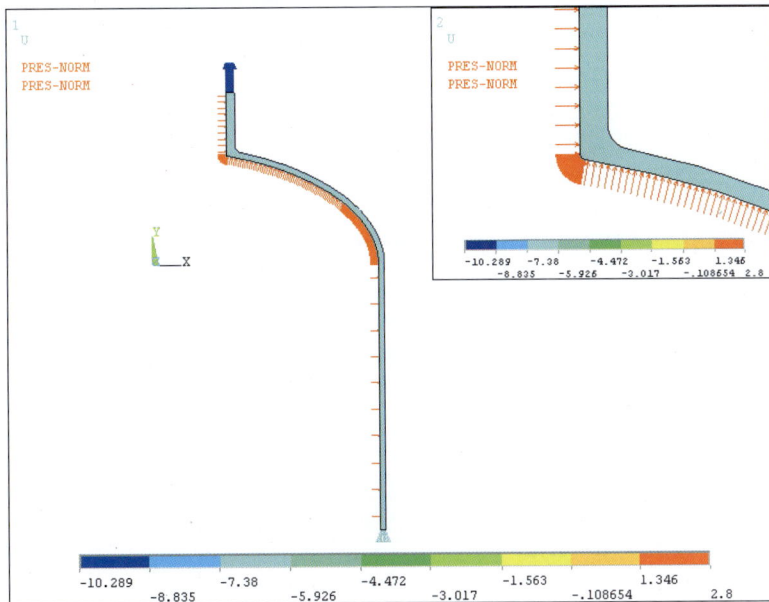

图 1.1　结构几何模型

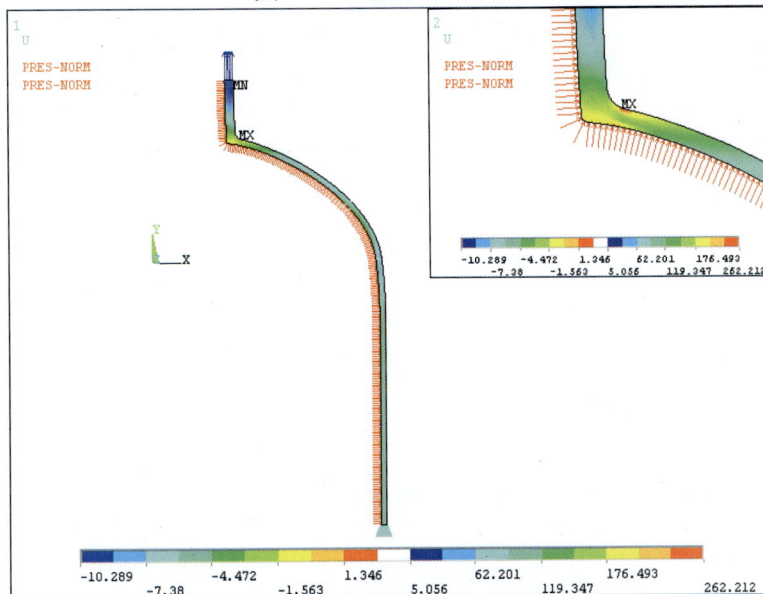

图 1.2　应力分析结果（应力强度分布）

1

1.1.1.2　接管焊缝不倒圆

壳体几何参数（mm）：

筒体内径 D_i=1200；筒体、封头壁厚 t=16（标准椭圆形封头）；中间接管尺寸 ϕ440×24；中间接管焊脚高度 H_W=10

载荷参数：仅承受内压载荷，P=2.8 MPa

单元选择：ANSYS PLANE82 轴对称单元

结构几何模型见图 1.3；线弹性分析结果见图 1.4。

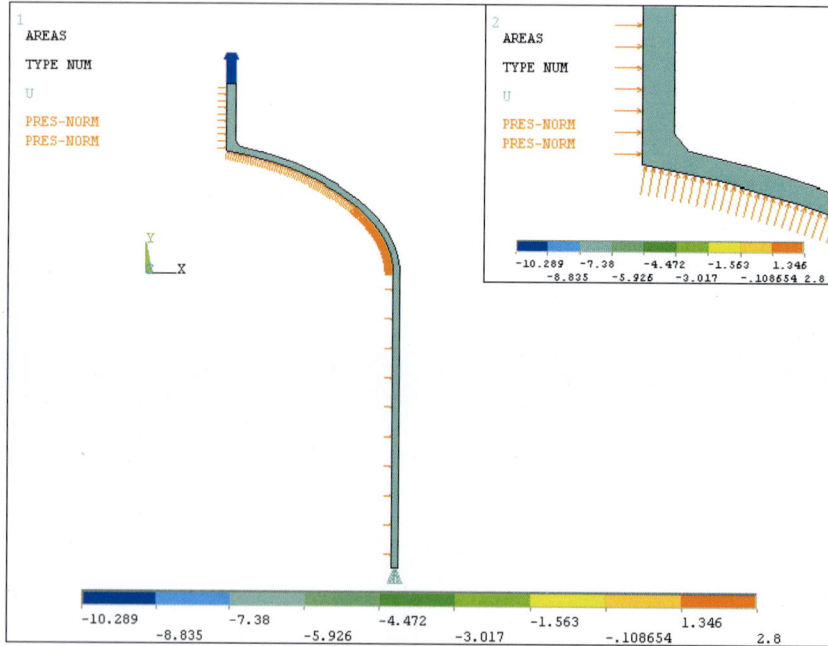

图 1.3　结构几何模型

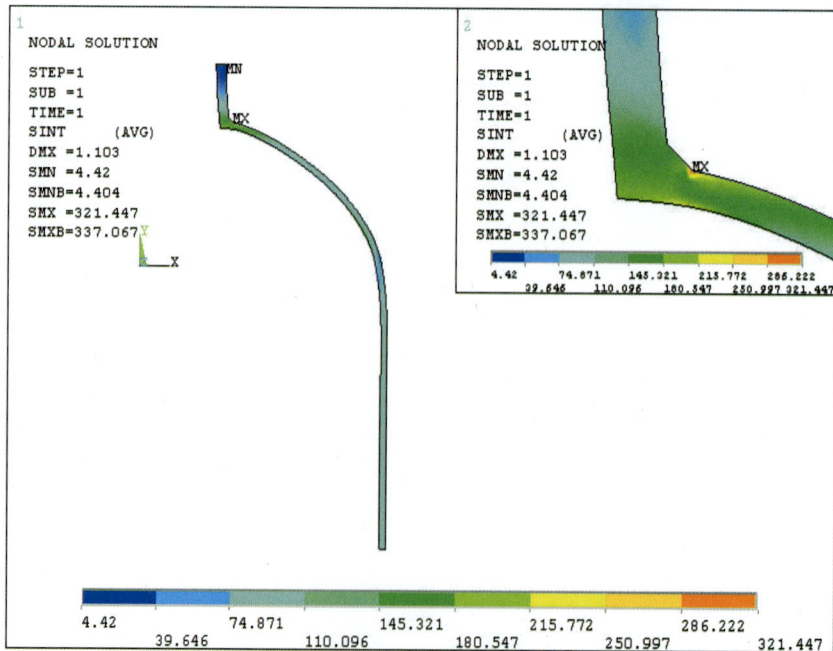

图 1.4　应力分析结果（应力强度分布）

1.1.2　不带补强圈的球形封头中心接管结构

1.1.2.1　接管焊缝倒圆

壳体几何参数（mm）：

筒体内径 D_i=1200；筒体壁厚 t=32；封头壁厚 t=18；中间接管尺寸 ϕ440×24；中间接管外倒圆半径 R=20；中间接管内倒圆半径 r=5

载荷参数：仅承受内压载荷，P=5.6 MPa

单元选择：ANSYS PLANE82 轴对称单元

结构几何模型见图 1.5；线弹性分析结果见图 1.6。

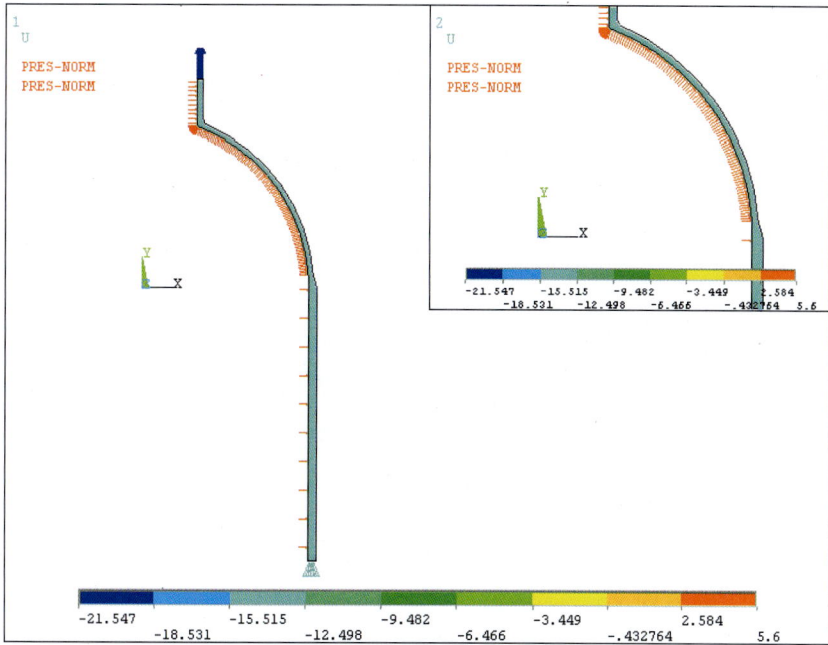

图 1.5　结构几何模型

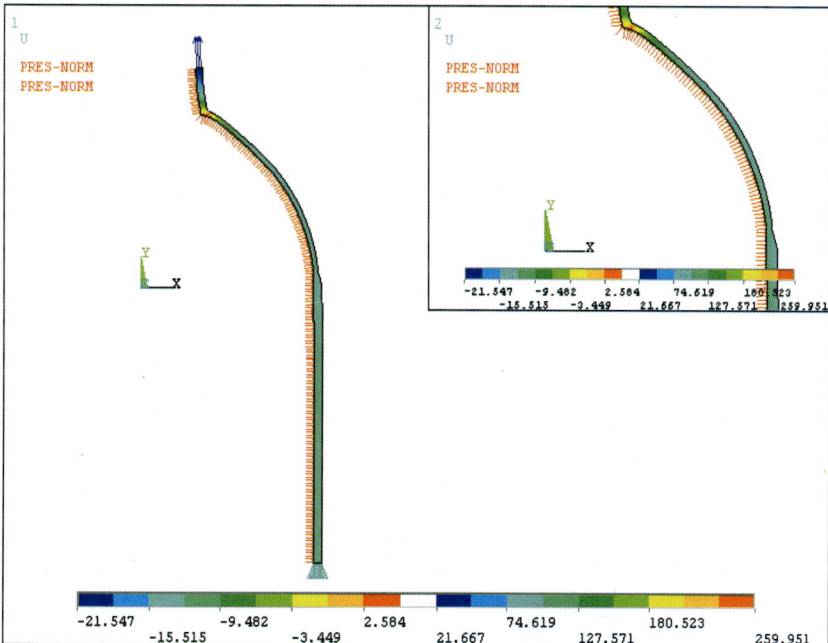

图 1.6　应力分析结果（应力强度分布）

3

1.1.2.2 接管焊缝不倒圆

壳体几何参数（mm）：

筒体内径 D_i=1200；筒体壁厚 t=32；封头壁厚 t=18；中间接管尺寸 $\phi440 \times 24$；中间接管焊脚高度 H_W=10

载荷参数：仅承受内压载荷，P=5.6 MPa

单元选择：ANSYS PLANE82 轴对称单元

结构几何模型见图 1.7；线弹性分析结果见图 1.8。

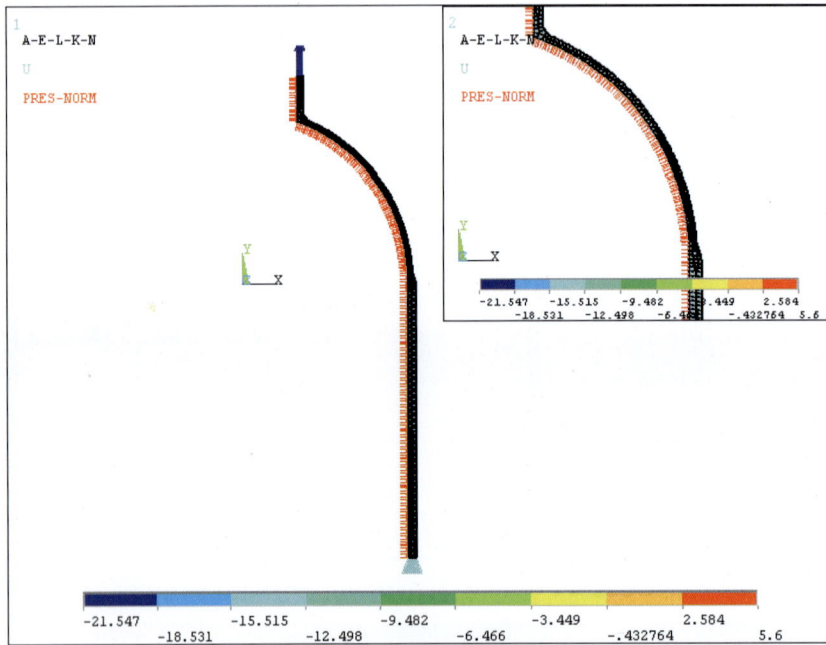

图 1.7　结构几何模型

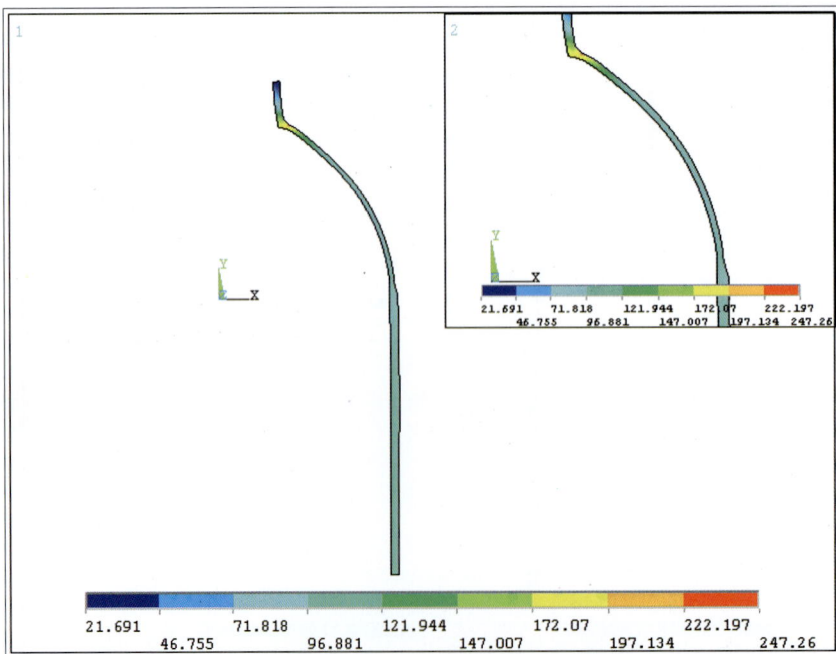

图 1.8　应力分析结果（应力强度分布）

1.1.3　带补强圈的椭圆形封头中心接管结构

壳体几何参数（mm）：

筒体内径 D_i=1600；筒体壁厚 t_1=10；封头壁厚 t_2=10；补强圈厚度 t_3=10；中间接管尺寸 $\phi410$ ×10；补强圈外径 D=800

载荷参数：仅承受内压载荷，P=1.6 MPa

单元选择：ANSYS PLANE82 轴对称单元，考虑接触。

结构几何模型见图 1.9；线弹性分析结果见图 1.10。

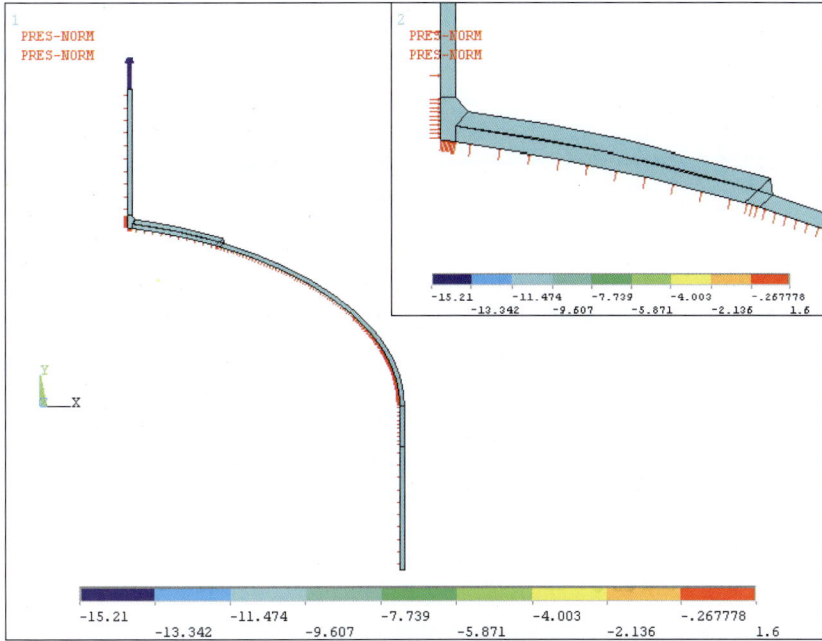

图 1.9　结构几何模型

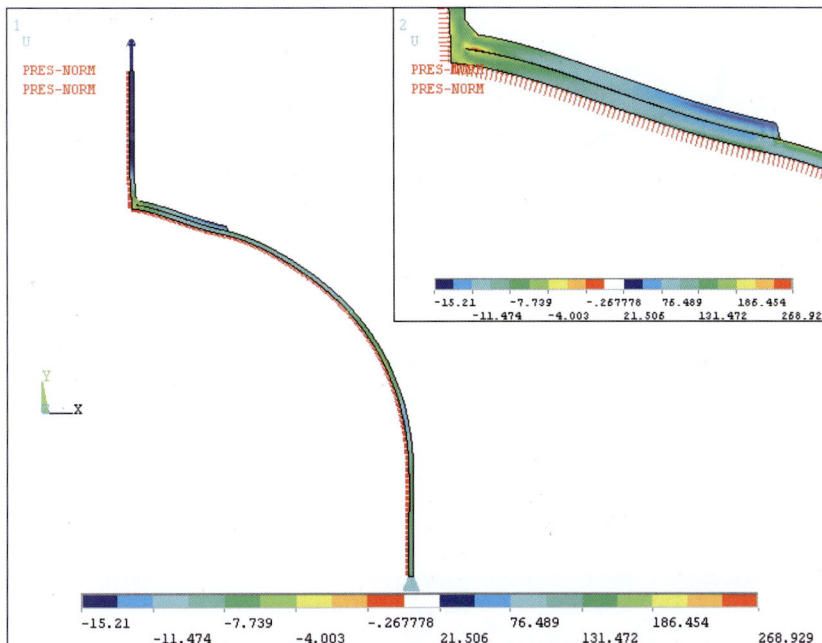

图 1.10　应力分析结果（应力强度分布）

1.1.4 不带补强圈的碟形封头中心接管结构

1.1.4.1 接管焊缝倒圆

壳体几何参数（mm）：

筒体内径 D_i= 2266；筒体壁厚 t_1=18；封头壁厚 t_2=18；碟形封头球面部分半径 R_1= 2034；碟形封头转角部分半径 R_2= 384；中间接管尺寸 $\phi540\times20$；中间接管外倒圆半径 R_3=20；中间接管内倒圆半径 r=5

载荷参数：仅承受内压载荷，P=2.0 MPa

单元选择：ANSYS PLANE82 轴对称单元

结构几何模型见图 1.11；线弹性分析结果见图 1.12。

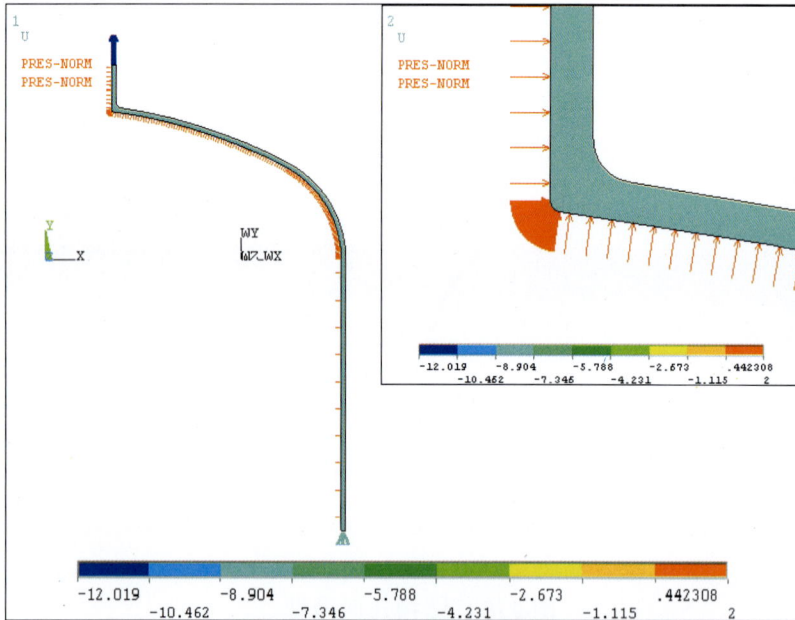

图 1.11 结构几何模型

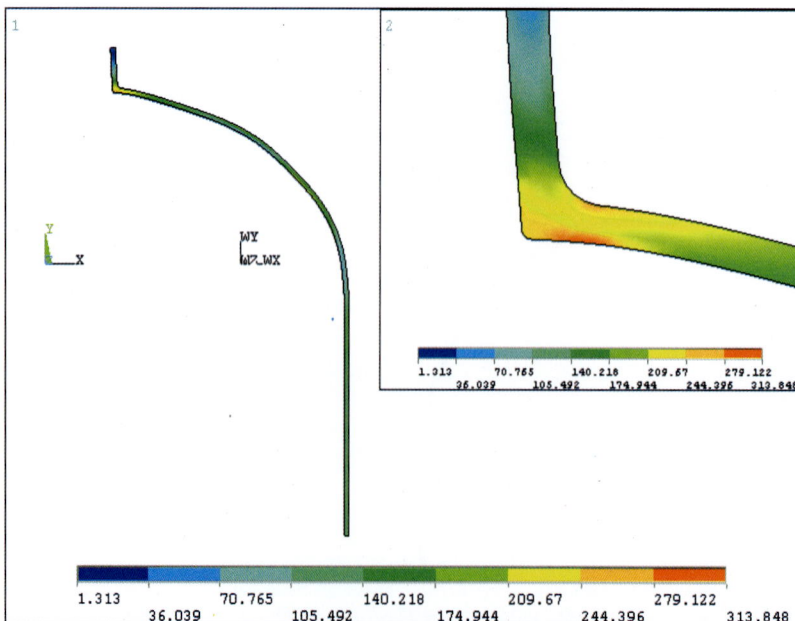

图 1.12 应力分析结果（应力强度分布）

1.1.4.2 接管焊缝不倒圆

壳体几何参数（mm）：

筒体内径 D_i= 2266；筒体壁厚 t_1=18；封头壁厚 t_2=18；碟形封头球面部分半径 R_1= 2034；碟形封头转角部分半径 R_2= 384；中间接管尺寸 $\phi540 \times 20$；中间接管焊脚高度 H_W=8

载荷参数：仅承受内压载荷，P=2.0 MPa

单元选择：ANSYS PLANE82 轴对称单元

结构几何模型见图 1.13；线弹性分析结果见图 1.14。

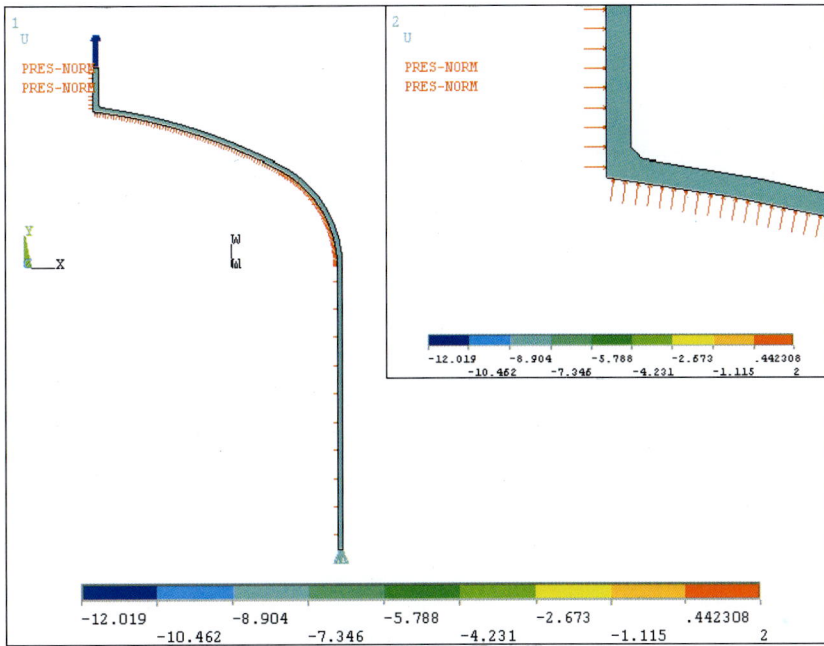

图 1.13 结构几何模型

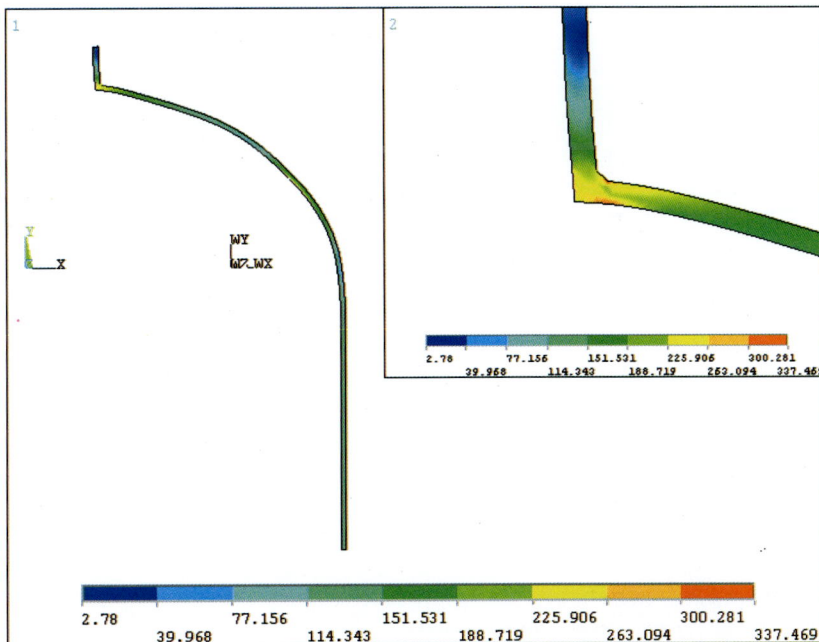

图 1.14 应力分析结果（应力强度分布）

1.1.5 轴对称锥壳结构

1.1.5.1 无折边锥壳

壳体几何参数（mm）：

大端筒体内径 D_i= 1200；大端筒体壁厚 t_1=20；小端筒体内径 D_i= 600；小端筒体壁厚 t_2=18；锥壳段厚度 t_3=16；锥壳半锥角=22.5°

载荷参数：仅承受内压载荷，P=2.5 MPa

单元选择：ANSYS PLANE82 轴对称单元

结构几何模型见图 1.15；线弹性分析结果见图 1.16。

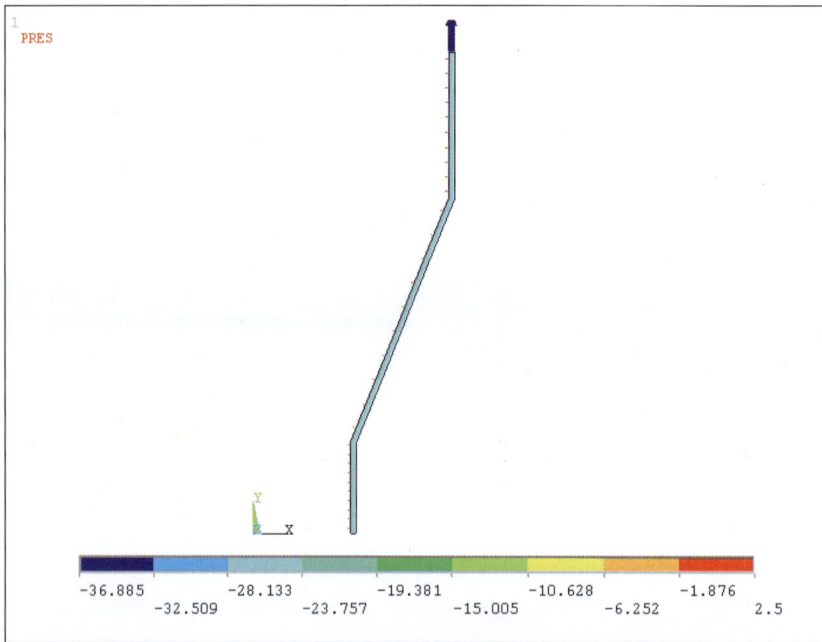

图 1.15　结构几何模型

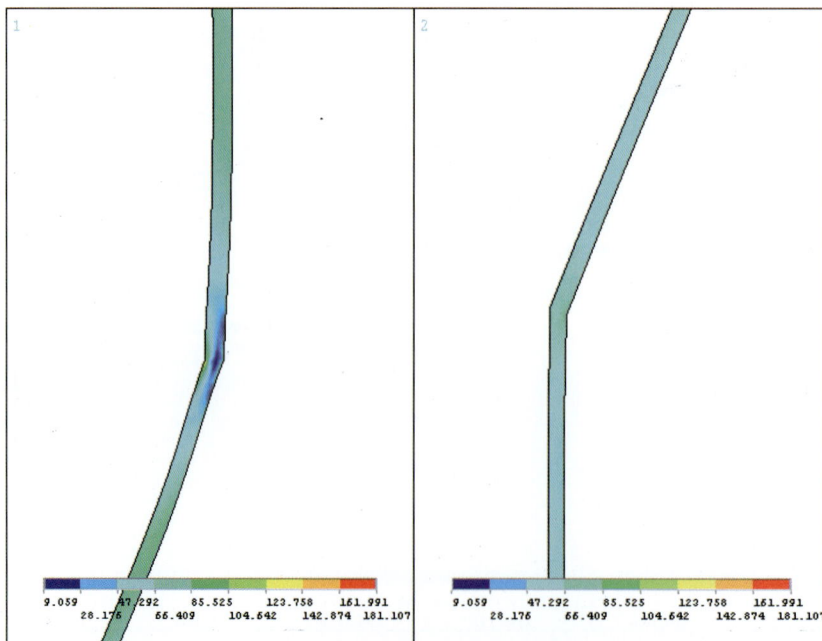

图 1.16　应力分析结果（应力强度分布）

1.1.5.2　带折边锥壳

壳体几何参数（mm）：

大端筒体内径 D_i= 1200；大端筒体壁厚 t_1=20；小端筒体内径 D_i= 600；小端筒体壁厚 t_2=18；锥壳段厚度 t_3=16；锥壳半锥角=22.5°；锥壳大端转角半径 R=80；锥壳小端转角半径 r=50

载荷参数：仅承受内压载荷，P=2.5 MPa

单元选择：ANSYS PLANE82 轴对称单元

结构几何模型见图 1.17；线弹性分析结果见图 1.18。

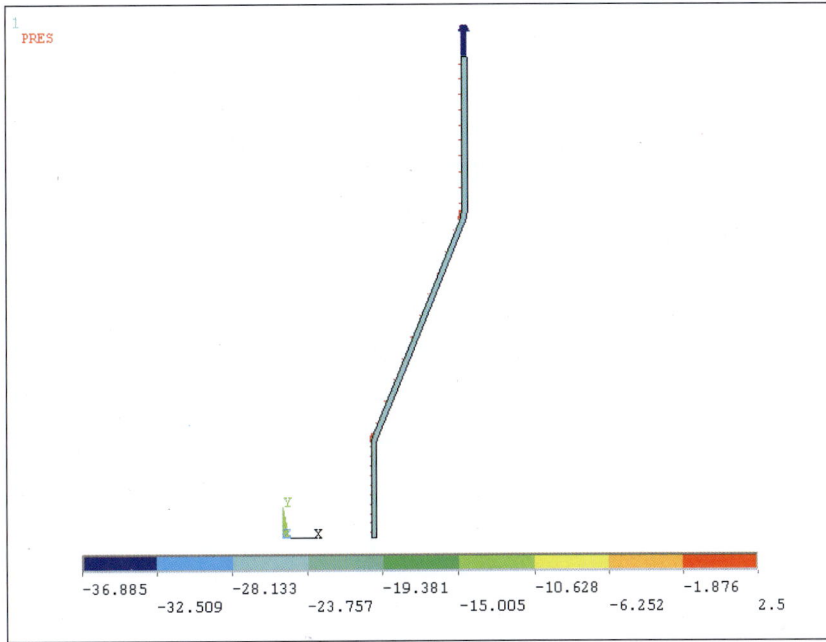

图 1.17　结构几何模型

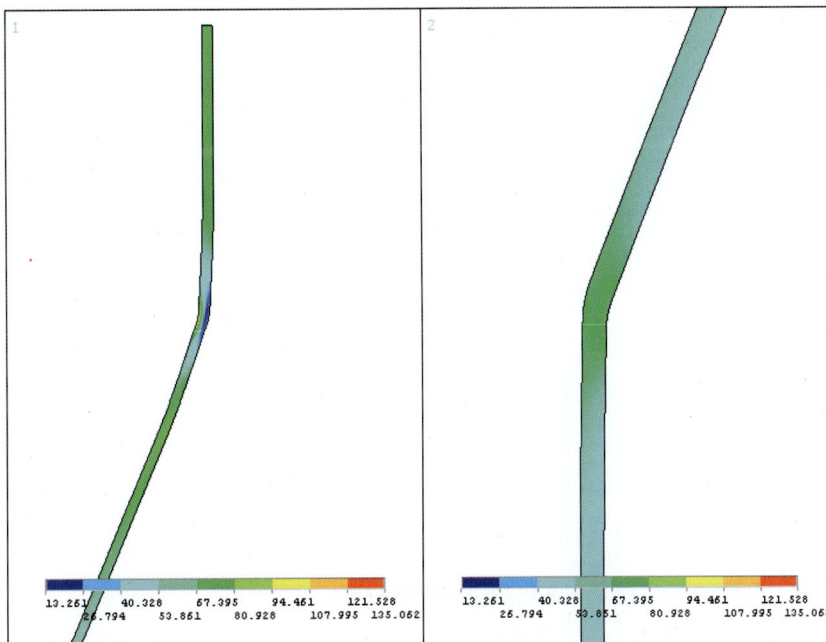

图 1.18　应力分析结果（应力强度分布）

1.1.6 裙座支撑轴对称结构（仅考虑内压和自重载荷）

1.1.6.1 圆筒式裙座

壳体几何参数（mm）：

简体内径 D_i =1200；简体壁厚 t_1=16；标准椭圆形封头 t_2=16；中心接管规格 $\phi 440 \times 20$；裙座内径 D_s=1192；裙座厚度 t_s=12

载荷参数：内压载荷，P=2.5 MPa；自重 30 吨

单元选择：ANSYS PLANE82 轴对称单元

结构几何模型见图 1.19；线弹性分析结果见图 1.20。

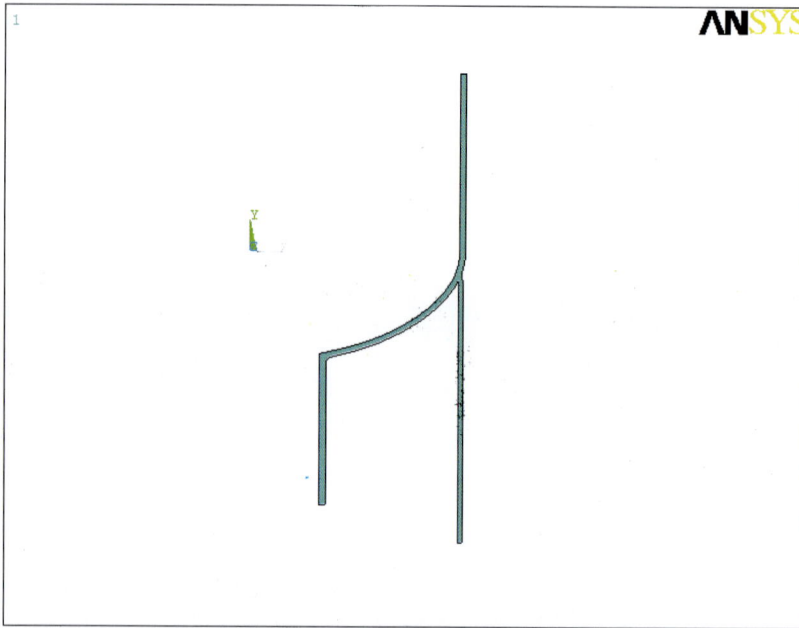

图 1.19 结构几何模型

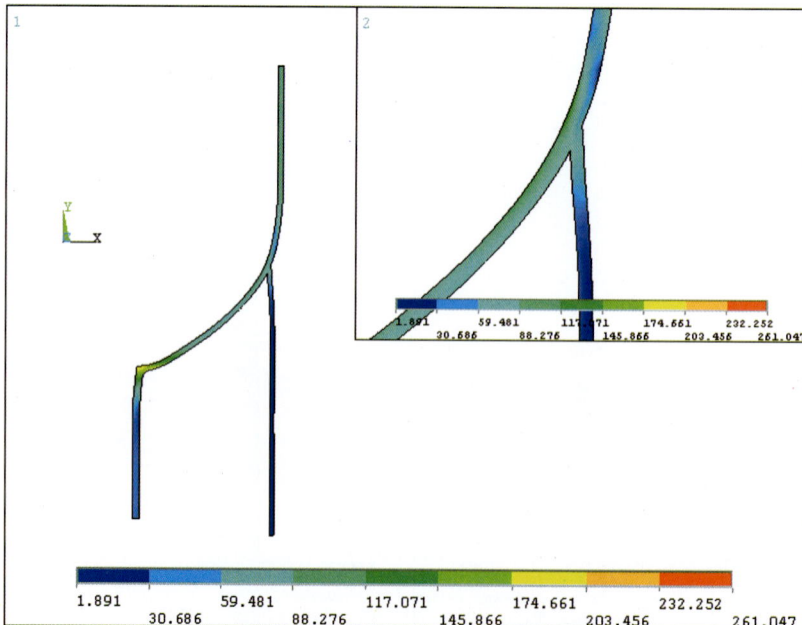

图 1.20 应力分析结果（应力强度分布）

1.1.6.2　锥壳式裙座

壳体几何参数（mm）：

筒体内径 D_i =1200；筒体壁厚 t_1=16；标准椭圆形封头壁厚 t_2=16；中心接管规格 $\phi440\times20$；裙座内径 D_s=1192；裙座厚度 t_s=12；裙座半锥角 7.5°

载荷参数：内压载荷，P=2.5 MPa；自重 30 吨

单元选择：ANSYS PLANE82 轴对称单元

结构几何模型见图 1.21；线弹性分析结果见图 1.22。

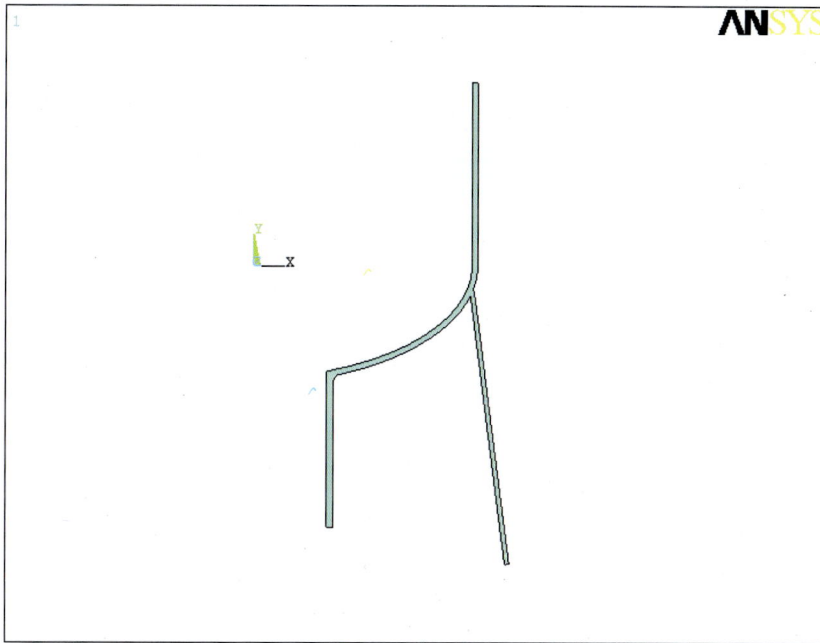

图 1.21　结构几何模型

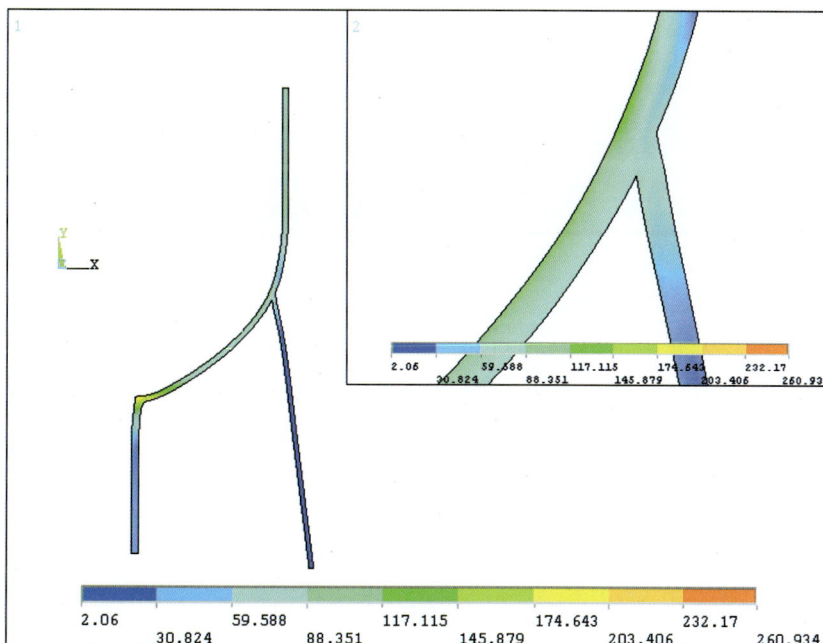

图 1.22　应力分析结果（应力强度分布）

11

1.1.7 法兰结构（考虑内压和螺栓垫片载荷）

1.1.7.1 长颈对焊法兰

几何参数（mm）：

法兰内径 D_i= 1980；法兰外径 D_o=2345；法兰颈直径 D_n=2072；突台直径 D_t=2150；法兰颈长 h=80；法兰厚度 t_1=61；接管厚度 t_2=20；突台高度 t_t=5；螺栓圆直径 D_b=2230；螺栓孔直径 d=62

载荷参数：内压载荷，P=1.6 MPa；垫片系数 m=1.0；预紧密封比压 y=1.4 MPa

单元选择：ANSYS PLANE82 轴对称单元

结构几何模型见图 1.23；线弹性分析结果见图 1.24。

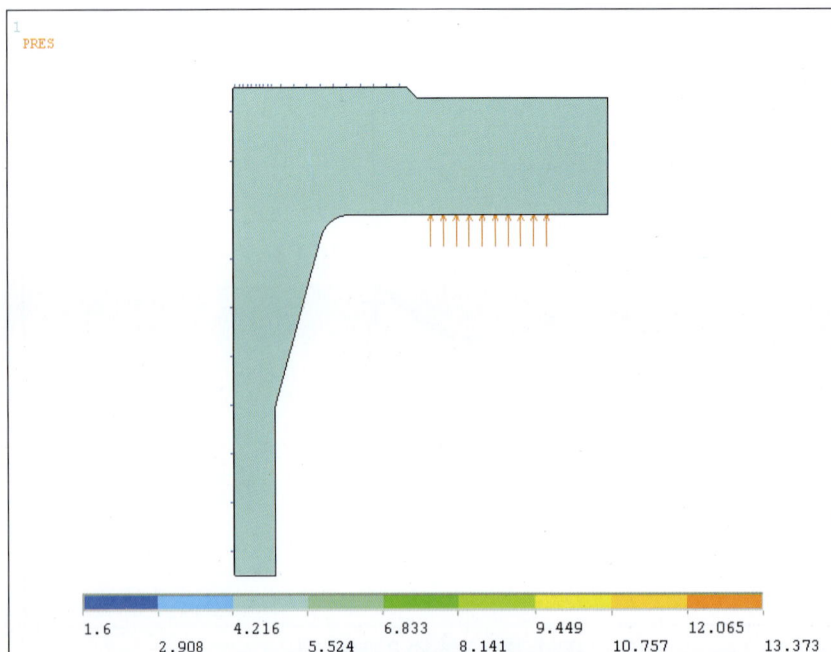

图 1.23　结构几何模型

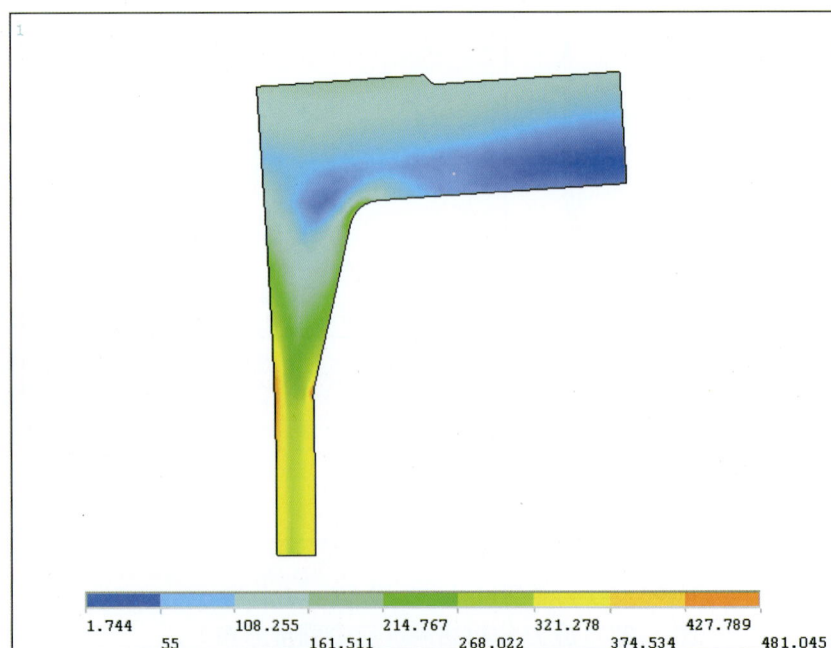

图 1.24　应力分析结果（应力强度分布）

1.1.7.2 平焊法兰

几何参数（mm）：

法兰内径 $D_i=1980$；法兰外径 $D_o=2345$；法兰厚度 $t_1=100$；筒体厚度 $t_2=20$；突台直径 $D_t=2150$；突台高度 $t_t=5$；螺栓圆直径 $D_b=2230$；螺栓孔直径 $d=62$

载荷参数：内压载荷，$P=1.0$ MPa；垫片系数 $m=1.0$；预紧密封比压 $y=1.6$ MPa

单元选择：ANSYS PLANE82 轴对称单元

结构几何模型见图 1.25；线弹性分析结果见图 1.26。

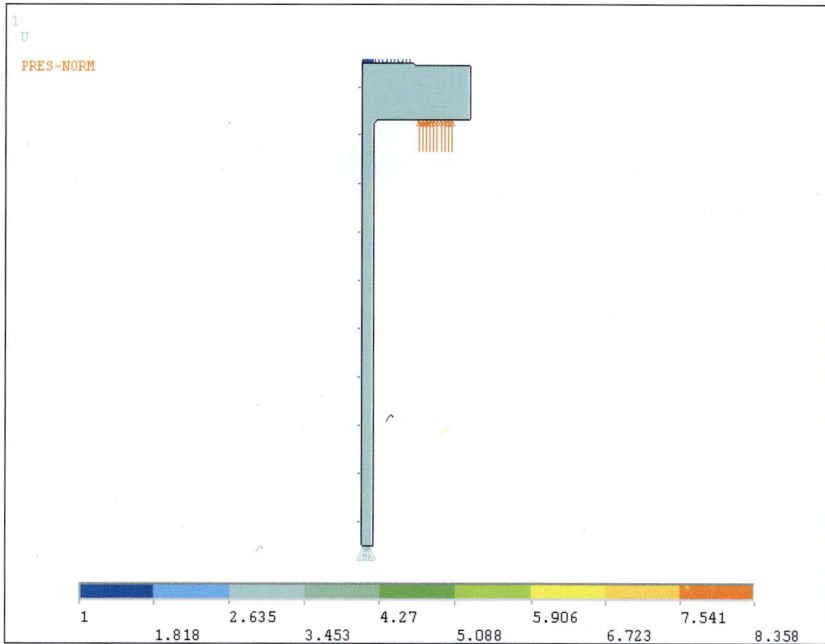

图 1.25 结构几何模型

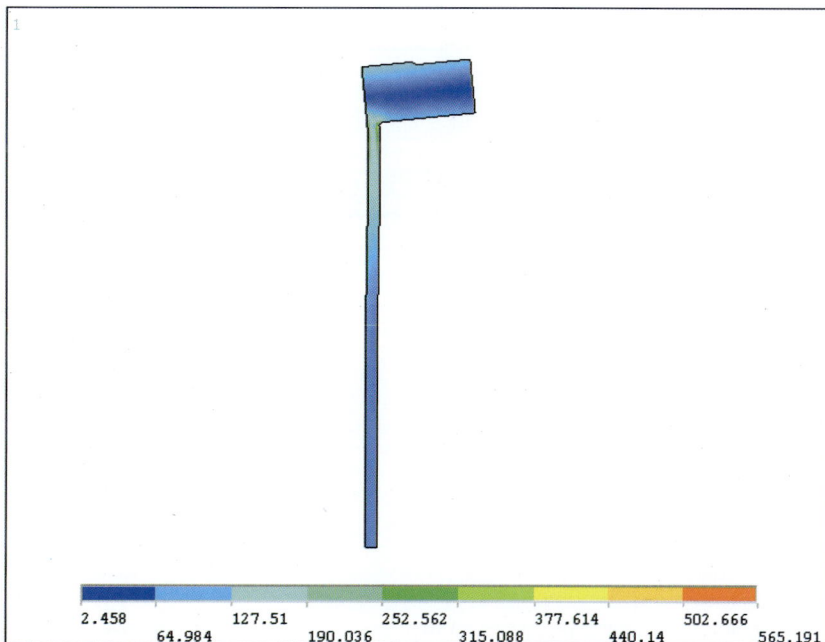

图 1.26 应力分析结果（应力强度分布）

1.1.8 典型平盖结构

1.1.8.1 平盖结构 1

几何参数（mm）：

筒体内径 D_i= 1000；筒体壁厚 t=12；平盖厚度 t_1=40；平盖锥径高度 h=200；平盖等厚部分直径 D_t=850；外倒角半径 R=35；内倒角半径 r=50

载荷参数：内压载荷，P=1.6 MPa

单元选择：ANSYS PLANE82 轴对称单元

结构几何模型见图 1.27；线弹性分析结果见图 1.28。

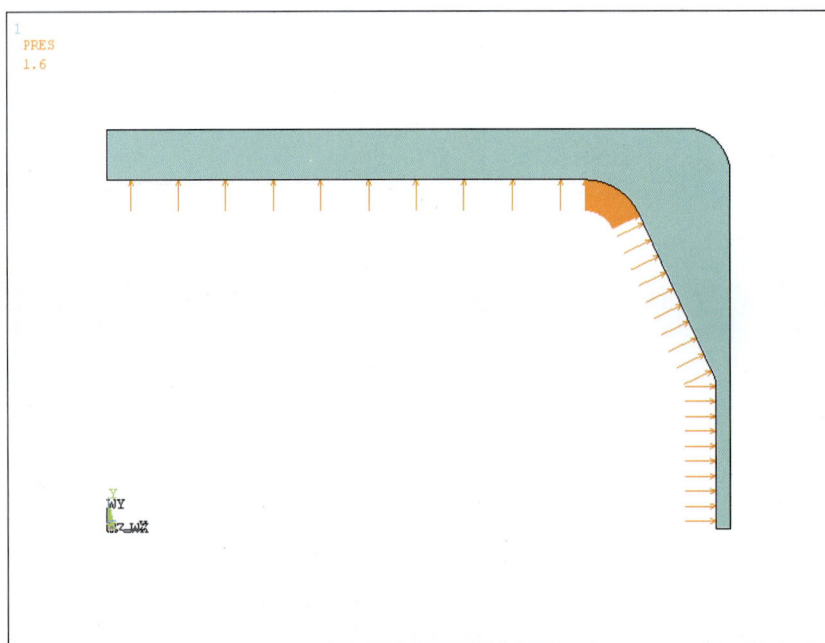

图 1.27　结构几何模型

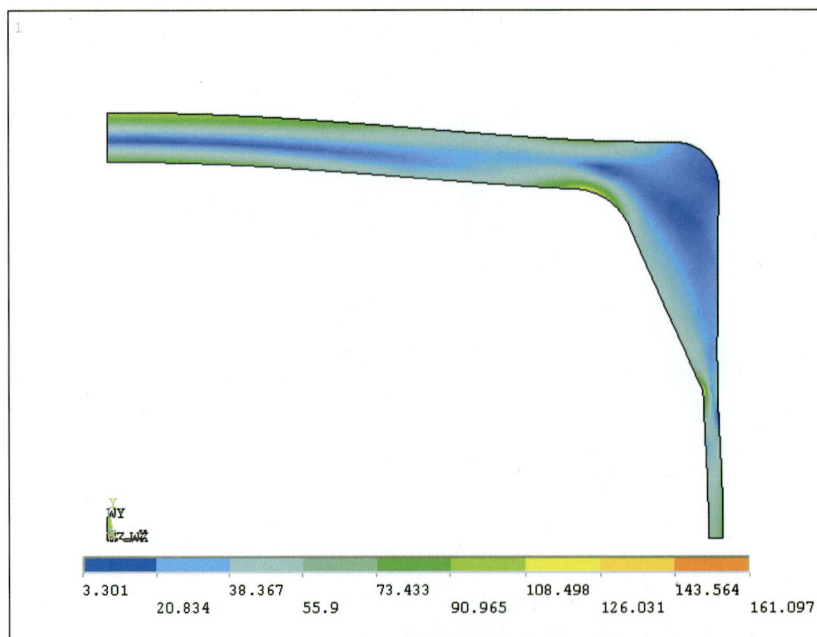

图 1.28　应力分析结果（应力强度分布）

1.1.8.2　平盖结构 2

几何参数（mm）：

筒体内径 $D_i = 1000$；筒体壁厚 $t=12$；平盖厚度 $t_1=60$；圆角半径 $r=25$

载荷参数：内压载荷，$P=1.6\,\mathrm{MPa}$

单元选择：ANSYS PLANE82 轴对称单元

结构几何模型见图 1.29；线弹性分析结果见图 1.30。

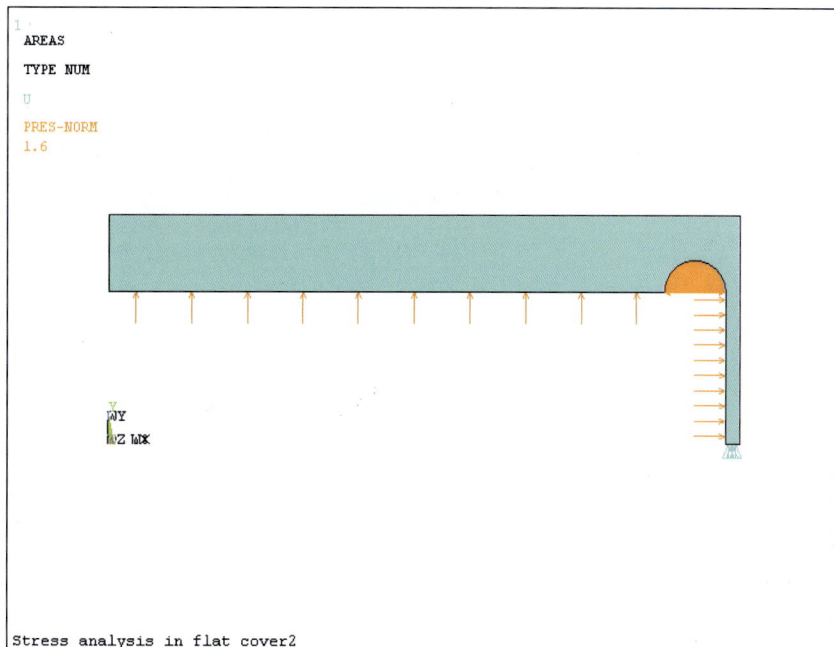

图 1.29　结构几何模型

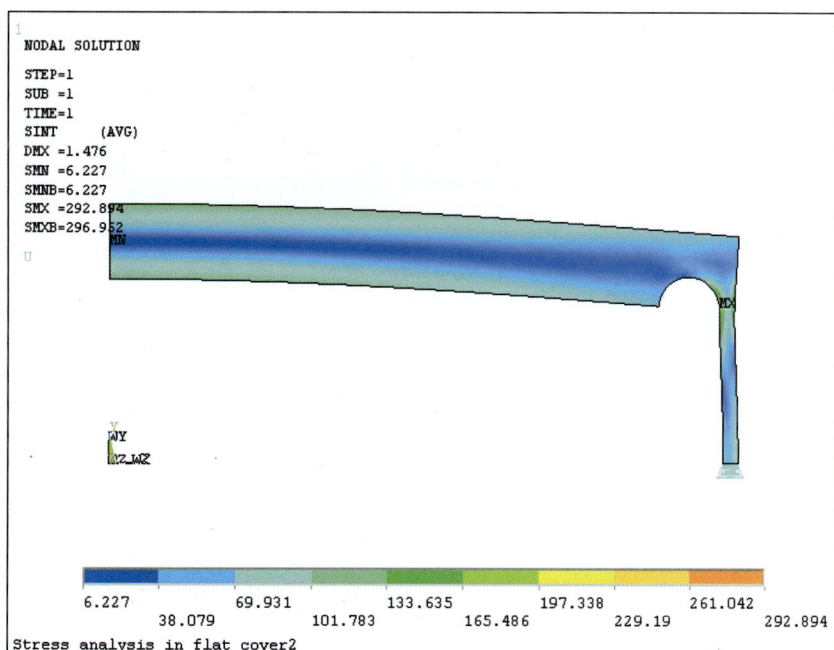

图 1.30　应力分析结果（应力强度分布）

1.1.8.3　平盖结构3

几何参数（mm）：

筒体内径 $D_i = 1000$；筒体壁厚 $t=18$；平盖厚度 $t_1=40$；焊脚高度 $h=20$

载荷参数：内压载荷，$P=1.6$ MPa

单元选择：ANSYS PLANE82 轴对称单元

结构几何模型见图 1.31；线弹性分析结果见图 1.32。

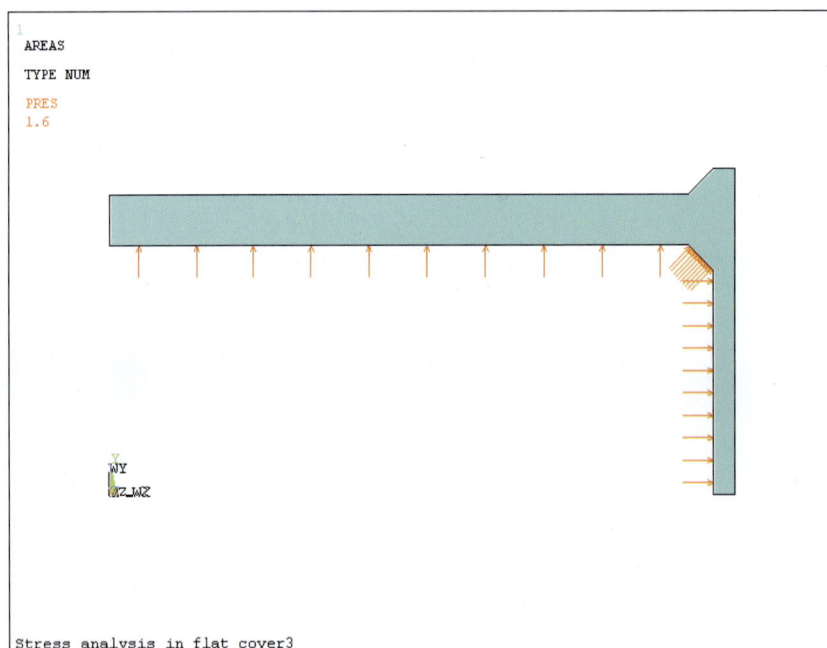

图 1.31　结构几何模型

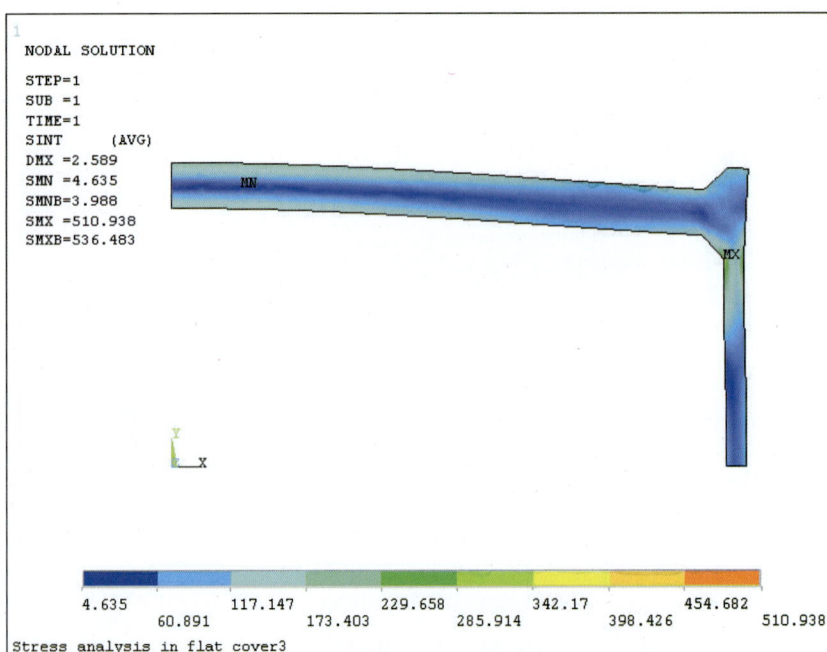

图 1.32　应力分析结果（应力强度分布）

1.2　筒体接管结构

1.2.1　平齐正交接管结构

1.2.1.1　考虑焊缝

几何参数（mm）：

筒体内径 D_i = 1500；筒体壁厚 t=20；筒体接管 $\phi 500 \times 20$；焊脚高度 h=20

载荷参数：内压载荷，P=3.2 MPa

单元选择：ANSYS SOLID185

结构几何模型见图 1.33；线弹性分析结果见图 1.34。

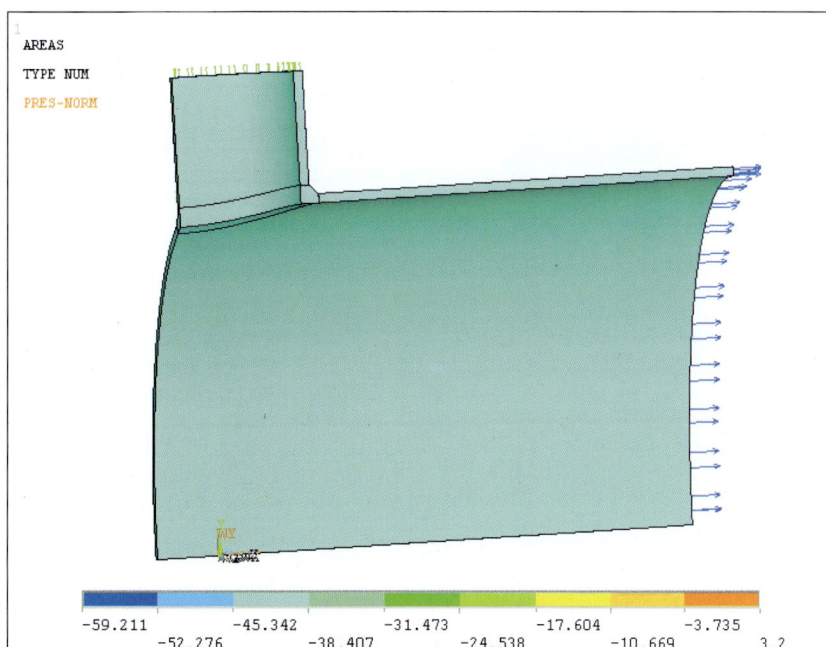

图 1.33　结构几何模型

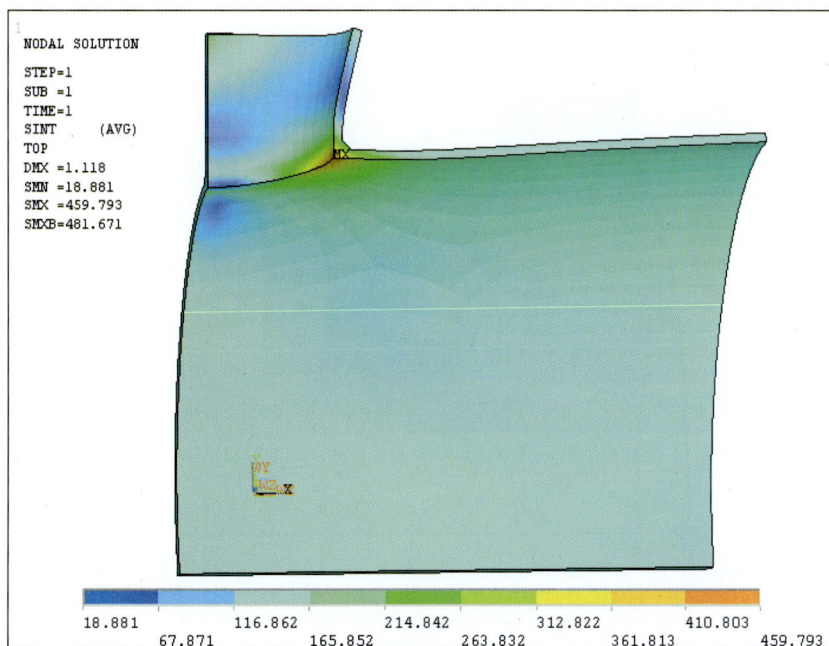

图 1.34　应力分析结果（应力强度分布）

1.2.1.2 内外倒圆

几何参数（mm）：

筒体内径 $D_i = 1500$；筒体壁厚 $t=20$；筒体接管 $\phi 500 \times 20$；外倒角半径 $R=20$；内倒角半径 $r=5$

载荷参数：内压载荷，$P=3.2$ MPa

单元选择：ANSYS SOLID185

结构几何模型见图 1.35；线弹性分析结果见图 1.36。

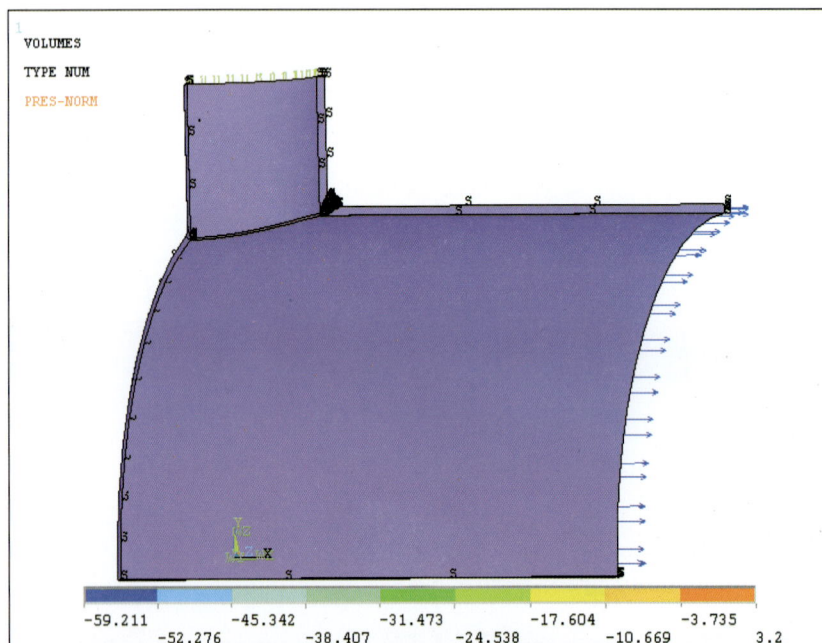

图 1.35　结构几何模型

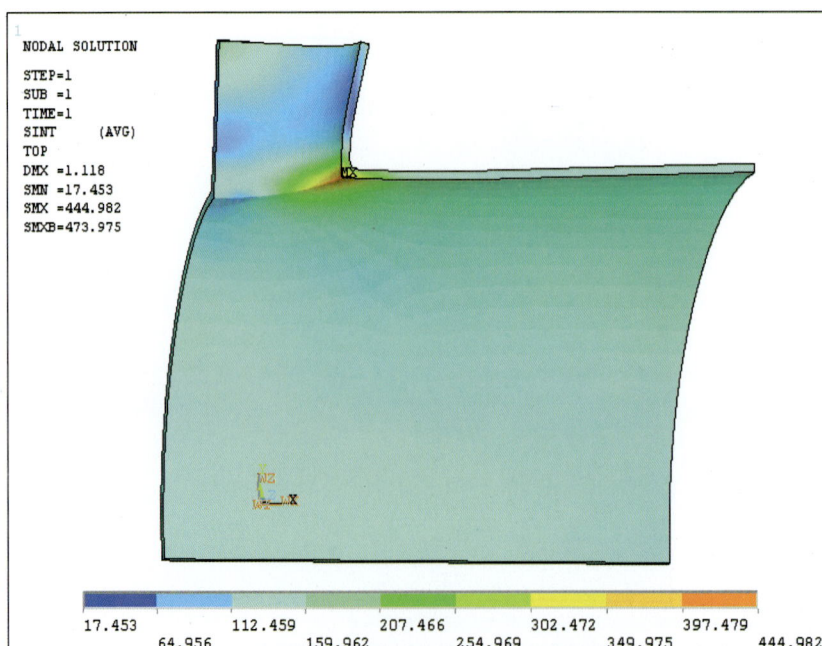

图 1.36　应力分析结果（应力强度分布）

1.2.1.3 考虑焊缝的标准椭圆封头附近接管

几何参数（mm）：

简体内径 D_i = 1500；简体壁厚 t=20；简体接管 $\phi 500 \times 20$；焊脚高度 h=20；接管距封头切线距离 l=400

载荷参数：内压载荷，P=3.2 MPa

单元选择：ANSYS SOLID185

结构几何模型见图 1.37；线弹性分析结果见图 1.38。

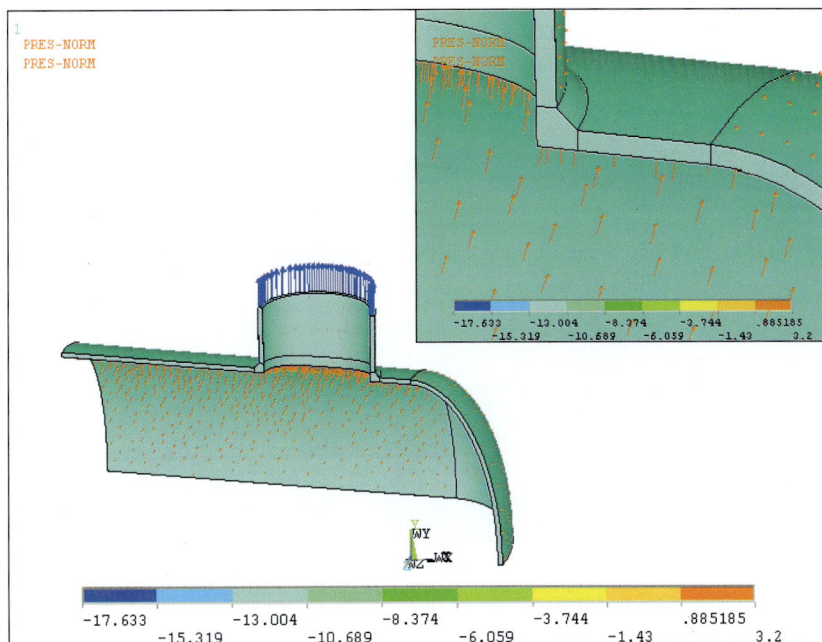

图 1.37 结构几何模型

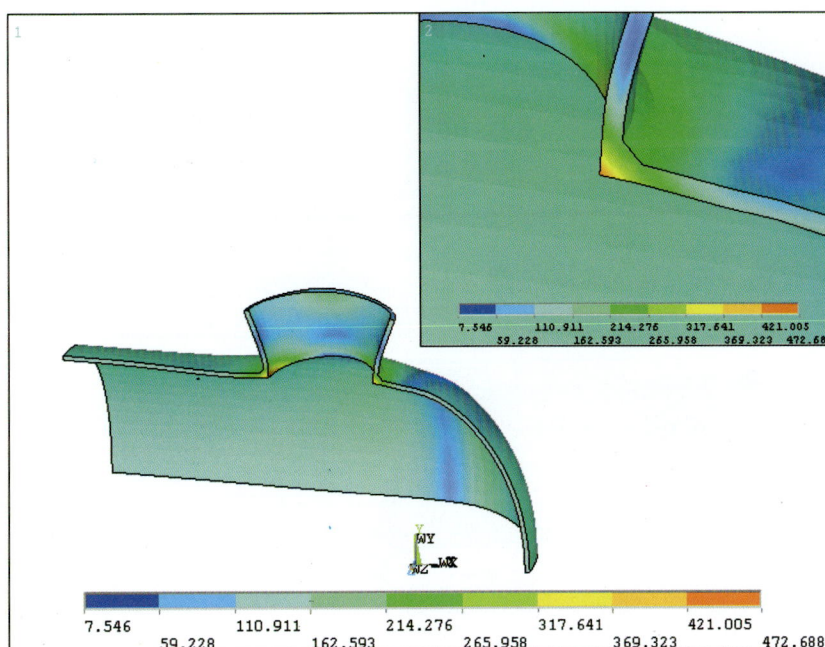

图 1.38 应力分析结果（应力强度分布）

1.2.1.4 焊缝内外倒圆的标准椭圆封头附近接管

几何参数（mm）：

筒体内径 $D_i = 1500$；筒体壁厚 $t=20$；筒体接管 $\phi 500 \times 20$；外倒角半径 $R=20$；内倒角半径 $r=5$；接管距封头切线距离 $l=400$

载荷参数：内压载荷，$P=3.2$ MPa

单元选择：ANSYS SOLID185

结构几何模型见图 1.39；线弹性分析结果见图 1.40。

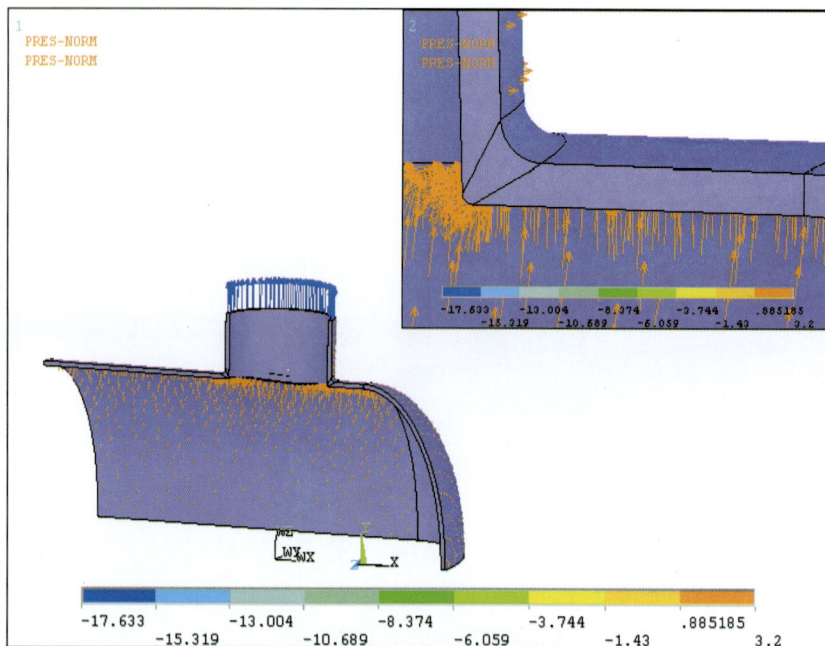

图 1.39　结构几何模型

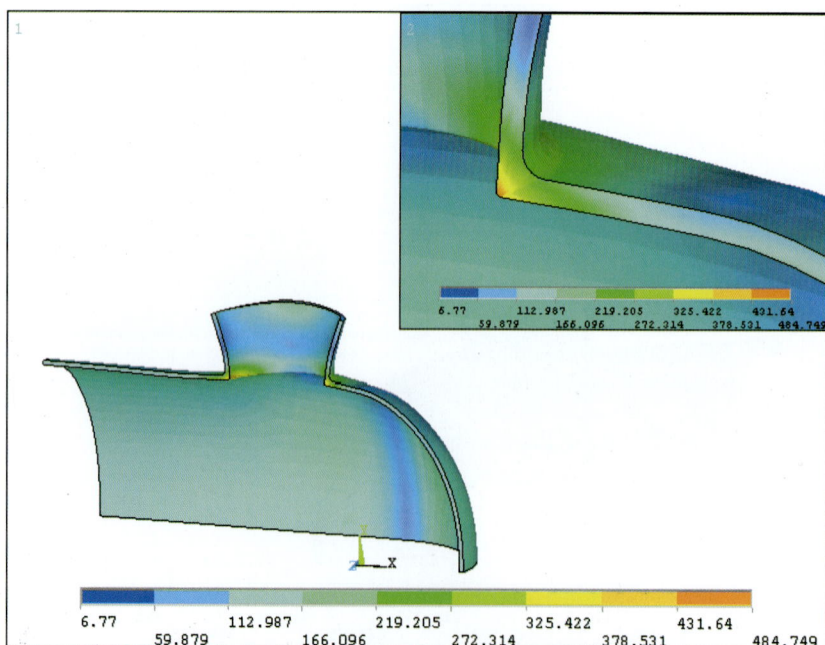

图 1.40　应力分析结果（应力强度分布）

1.2.1.5　带焊缝的方形接管

几何参数（mm）：

筒体内径 $D_i = 1600$；筒体壁厚 $t=30$；方孔长 $l=400$；方孔宽 $w=200$；方孔转角半径 $R=60$；焊脚高度 $h=30$

载荷参数：内压载荷，$P=3$ MPa

单元选择：ANSYS SOLID185

结构几何模型见图 1.41；线弹性分析结果见图 1.42。

图 1.41　结构几何模型

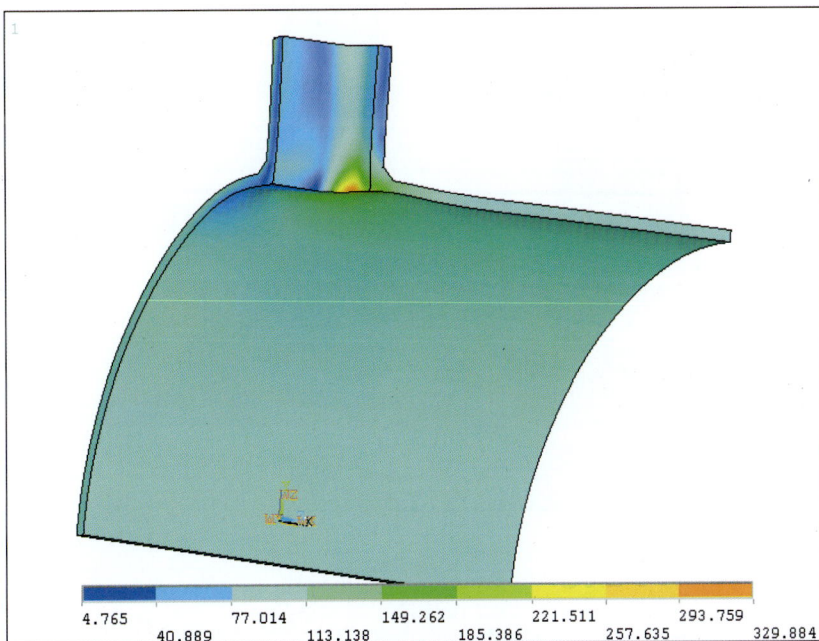

| 4.765 | | 77.014 | | 149.262 | | 221.511 | | 293.759 | |
| 40.889 | | 113.138 | | 185.386 | | 257.635 | | 329.884 |

图 1.42　应力分析结果（应力强度分布）

1.2.2 内伸正交接管结构

1.2.2.1 考虑焊缝

几何参数（mm）：

筒体内径 $D_i = 1500$；筒体壁厚 $t=20$；筒体接管 $\phi 500 \times 20$；焊脚高度 $h=20$

载荷参数：内压载荷，$P=3.2\,\text{MPa}$

单元选择：ANSYS SOLID185

结构几何模型见图 1.43；线弹性分析结果见图 1.44。

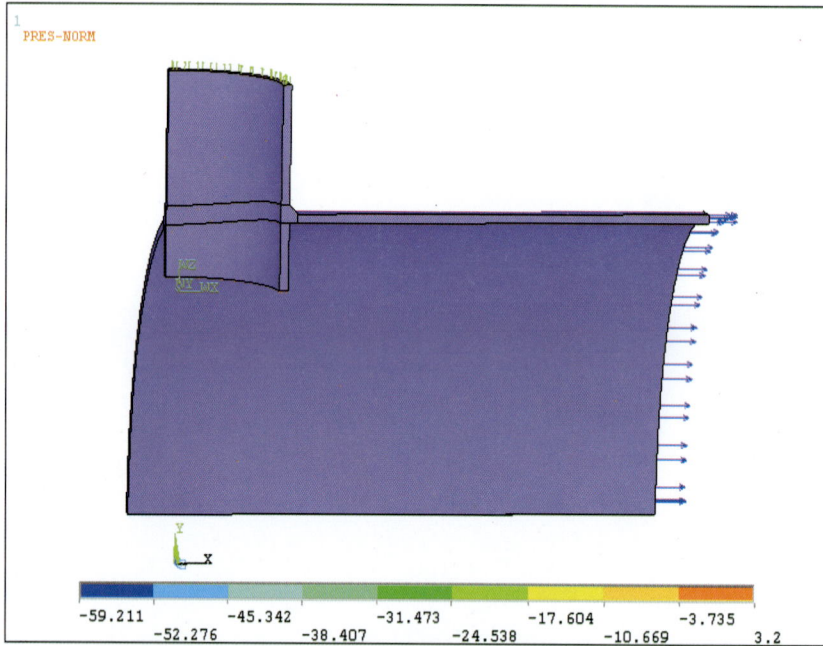

图 1.43　结构几何模型

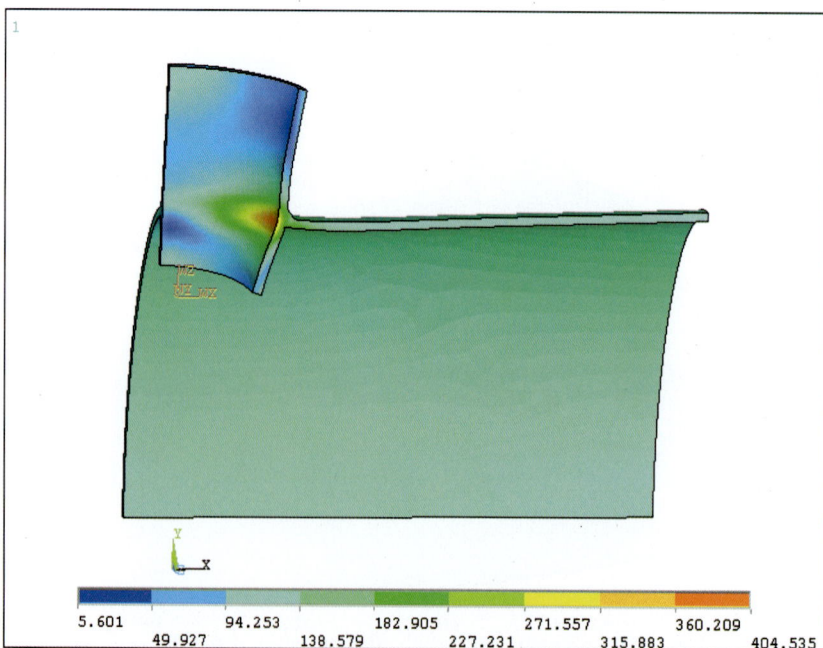

图 1.44　应力分析结果（应力强度分布）

1.2.2.2　内外倒圆

几何参数（mm）：

筒体内径 $D_i = 1500$；筒体壁厚 $t=20$；筒体接管 $\phi 500 \times 20$；外倒角半径 $R=20$；内倒角半径 $r=20$

载荷参数：内压载荷，$P=3.2\,\text{MPa}$

单元选择：ANSYS SOLID185

结构几何模型见图 1.45；线弹性分析结果见图 1.46。

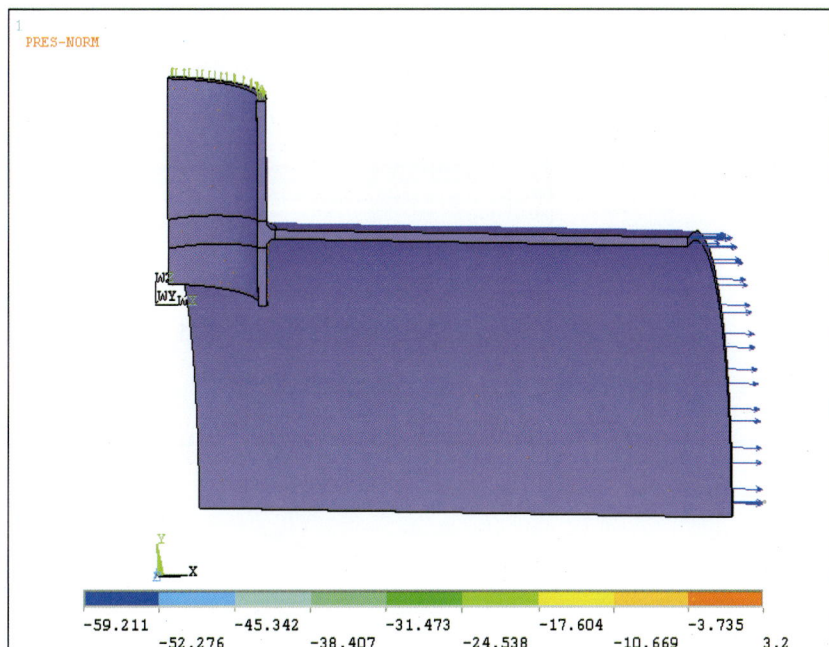

图 1.45　结构几何模型

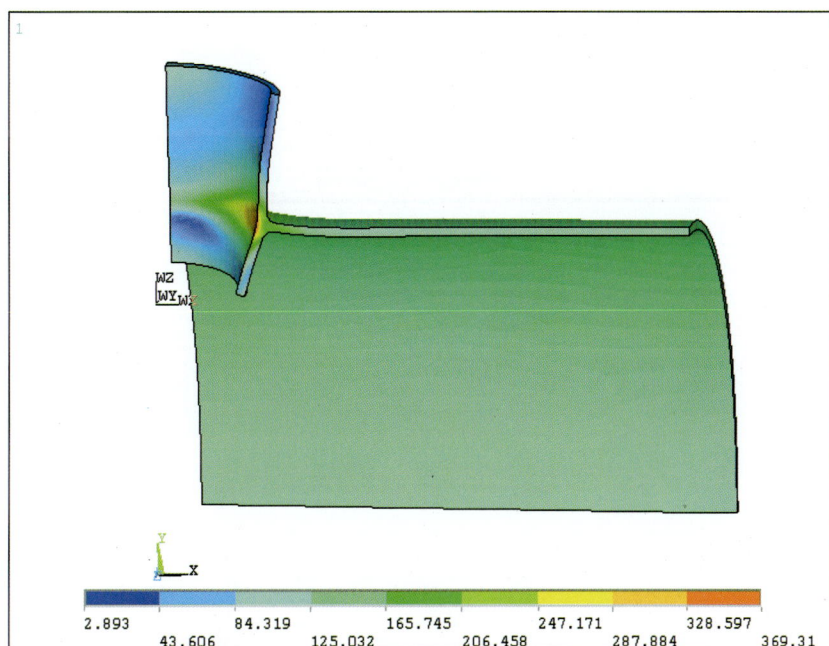

图 1.46　应力分析结果（应力强度分布）

1.2.2.3 考虑焊缝的标准椭圆封头附近接管

几何参数（mm）：

筒体内径 D_i = 1500；筒体壁厚 t=20；筒体接管 $\phi 500 \times 20$；焊脚高度 h=20；接管距封头切线距离 l=400

载荷参数：内压载荷，P=3.2 MPa

单元选择：ANSYS SOLID185

结构几何模型见图 1.47；线弹性分析结果见图 1.48。

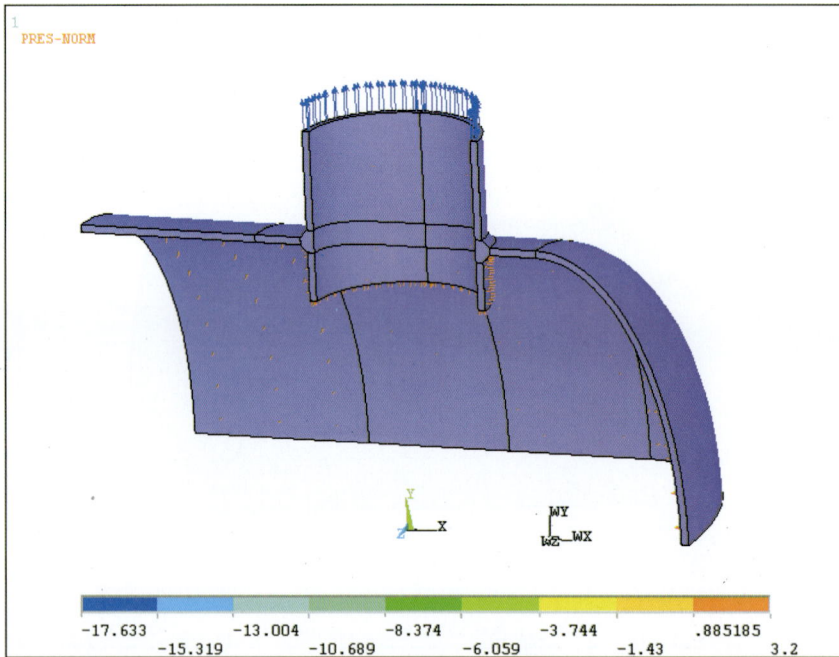

图 1.47　结构几何模型

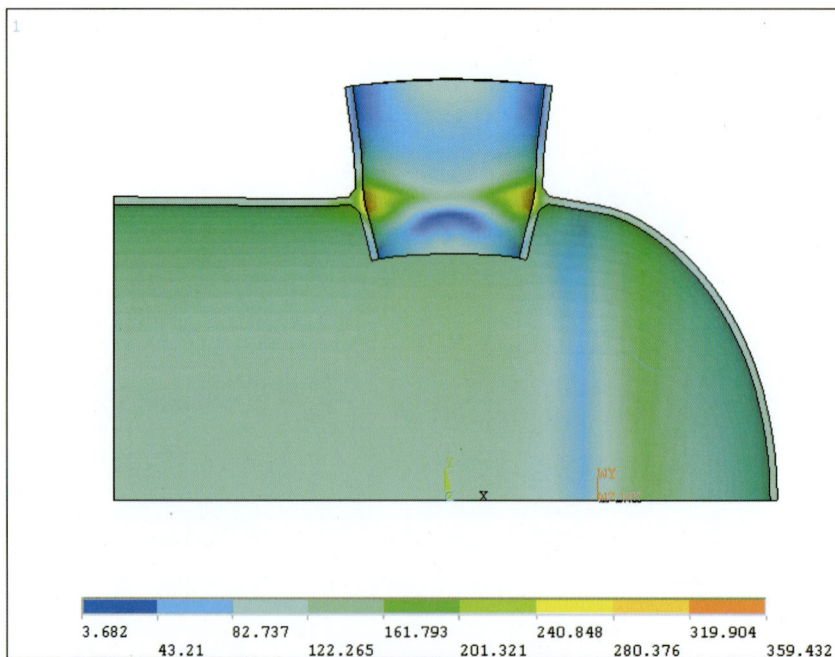

图 1.48　应力分析结果（应力强度分布）

1.2.2.4　焊缝内外倒圆的标准椭圆封头附近接管

几何参数（mm）：

筒体内径 D_i = 1500；筒体壁厚 t=20；筒体接管 $\phi 500 \times 20$；外倒角半径 R=20；内倒角半径 r=20；接管距封头切线距离 l=400

载荷参数：内压载荷，P=3.2 MPa

单元选择：ANSYS SOLID185

结构几何模型见图 1.49；线弹性分析结果见图 1.50。

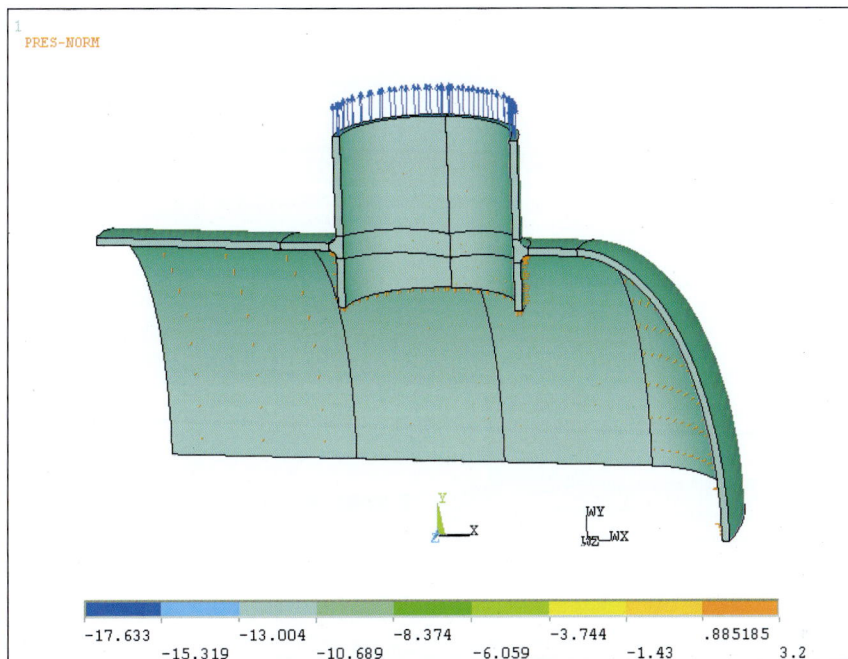

图 1.49　结构几何模型

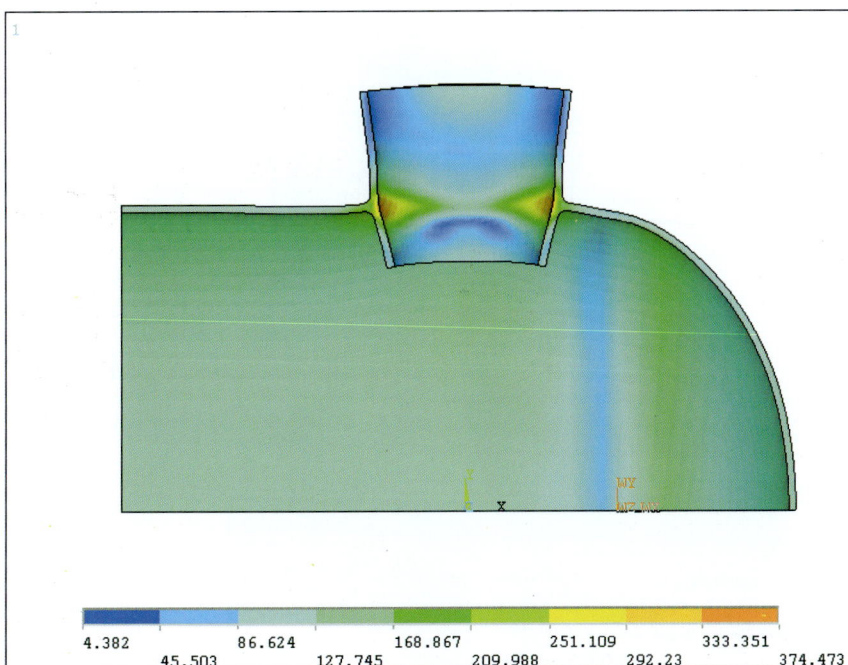

图 1.50　应力分析结果（应力强度分布）

1.2.3 平齐正交补强接管结构

1.2.3.1 整体补强—考虑焊缝

几何参数（mm）：

筒体内径 $D_i = 1500$；筒体壁厚 $t=20$；筒体接管 $\phi 500 \times 20$；焊脚高度 $h=20$；整体补强件外径 $D_b=800$；整体补强件厚度 $t_b=40$；整体补强件削边长度 $l=60$

载荷参数：内压载荷，$P=4.0$ MPa

单元选择：ANSYS SOLID185

结构几何模型见图 1.51；线弹性分析结果见图 1.52。

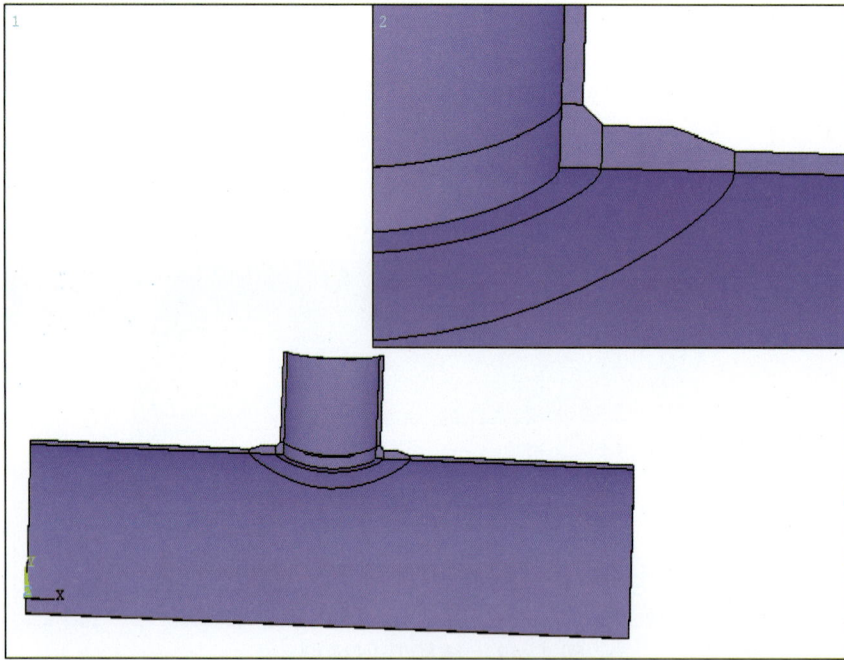

图 1.51 结构几何模型

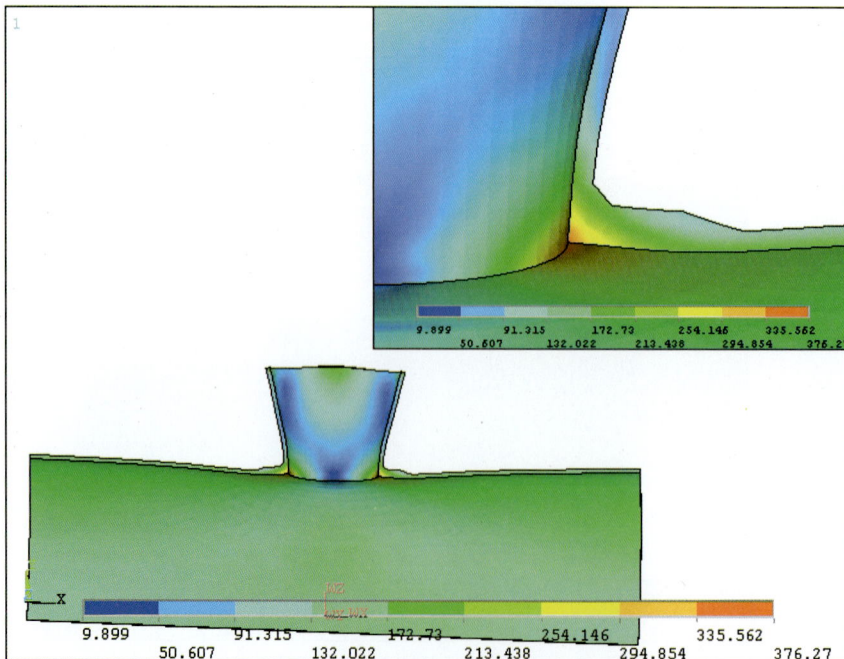

图 1.52 应力分析结果（应力强度分布）

1.2.3.2 整体补强—焊缝倒圆

几何参数（mm）：

简体内径 D_i = 1500；简体壁厚 t=20；简体接管 ϕ500×20；焊缝外倒角半径 R=20；焊缝内倒角半径 r=5；整体补强件外径 D_b=800；整体补强件厚度 t_b=40

载荷参数：内压载荷，P=4.0 MPa

单元选择：ANSYS SOLID185

结构几何模型见图 1.53；线弹性分析结果见图 1.54。

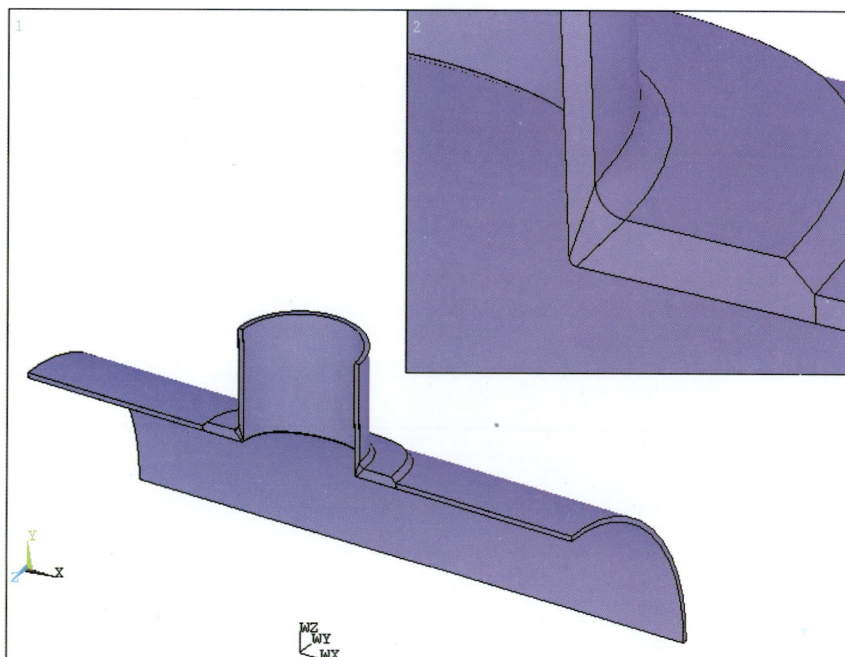

图 1.53 结构几何模型

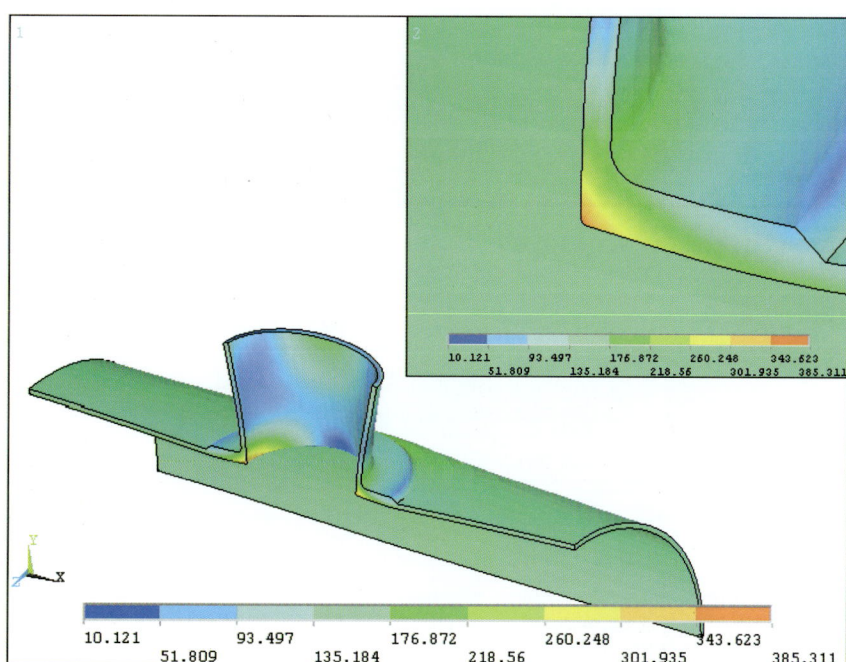

图 1.54 应力分析结果（应力强度分布）

1.2.3.3　补强圈补强—考虑焊缝

几何参数（mm）：

筒体内径 D_i= 1500；筒体壁厚 t=20；筒体接管 ϕ 500×20；焊脚高度 h=20；补强圈外径 D_b=800；补强圈厚度 t_b=20

载荷参数：内压载荷，P=4.0 MPa

单元选择：ANSYS SOLID185

结构几何模型见图 1.55；线弹性分析结果见图 1.56。

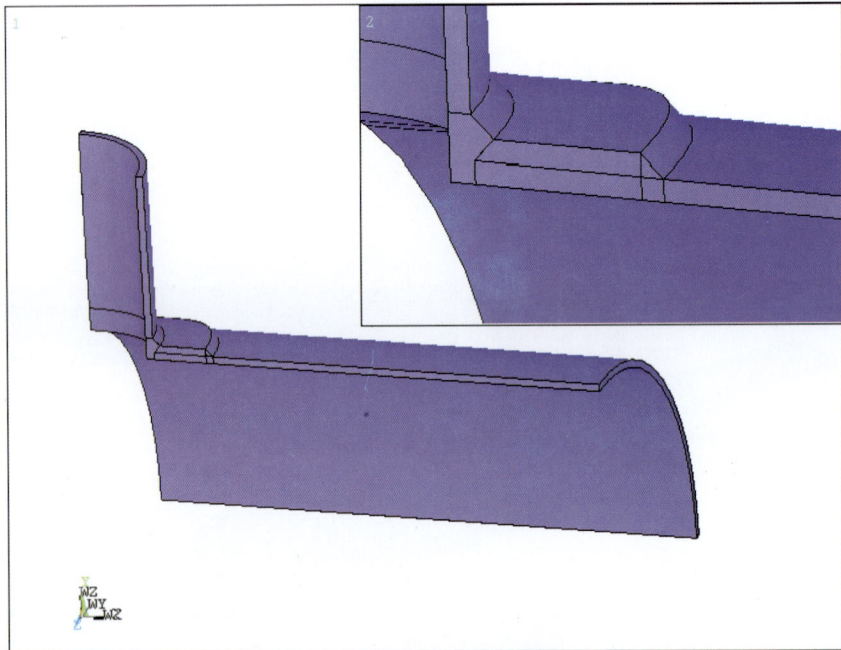

图 1.55　结构几何模型

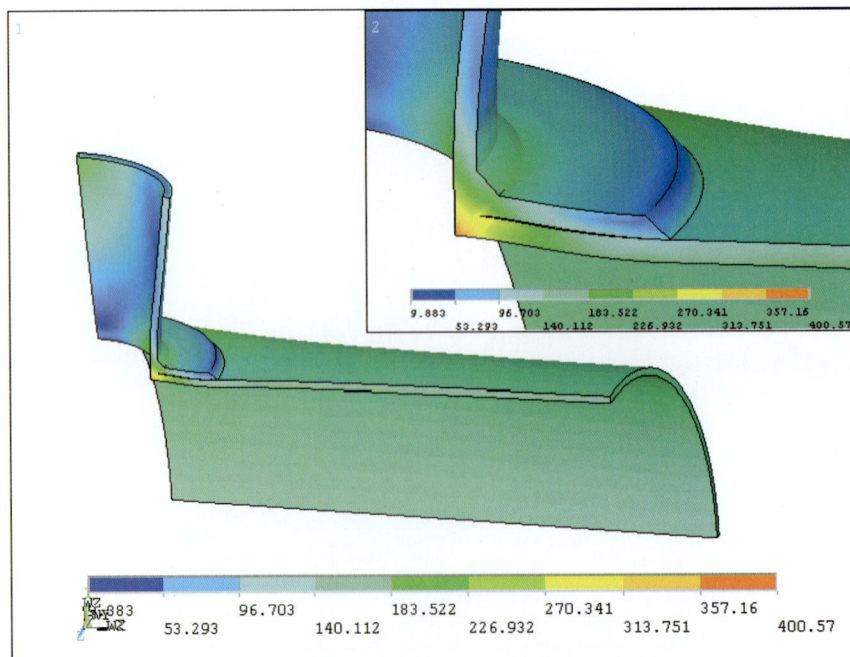

图 1.56　应力分析结果（应力强度分布）

1.2.4　筒体轴线与接管轴线相交的斜向接管结构

1.2.4.1　考虑焊缝

几何参数（mm）：

筒体内径 D_i = 1500；筒体壁厚 t=20；筒体接管 $\phi 500 \times 20$；焊脚高度 h=20；接管与筒体轴线夹角 $60°$

载荷参数：内压载荷，P=4.0 MPa

单元选择：ANSYS SOLID185

结构几何模型见图 1.57；线弹性分析结果见图 1.58。

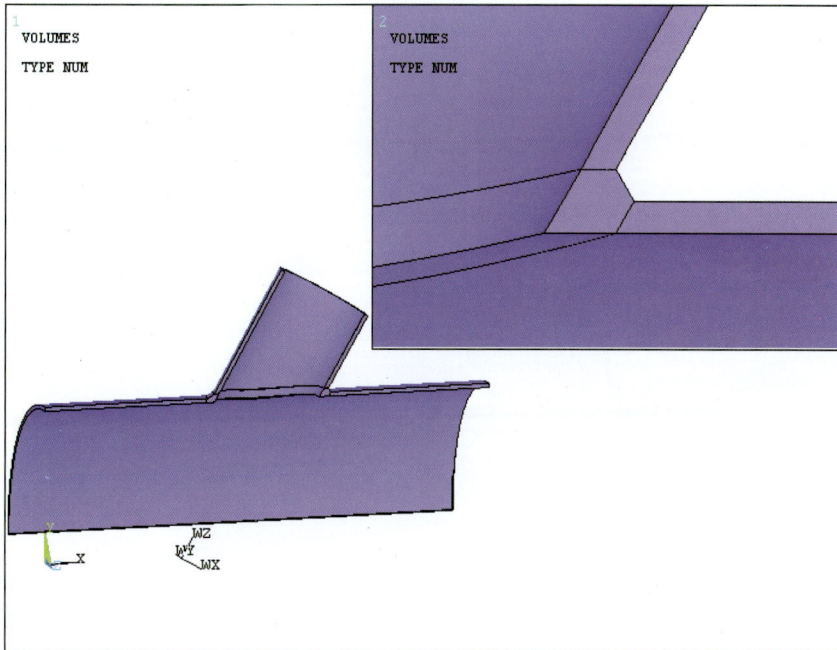

图 1.57　结构几何模型

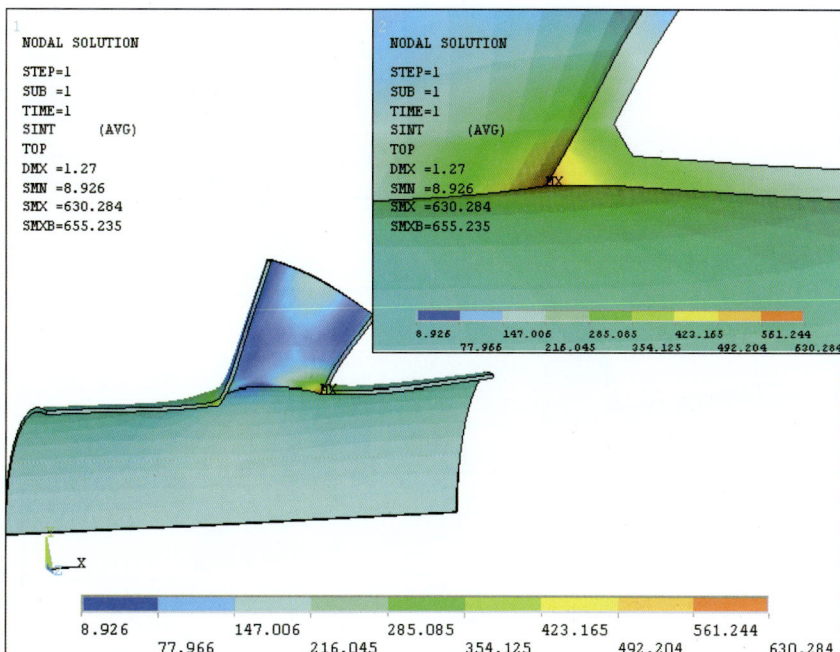

图 1.58　应力分析结果（应力强度分布）

1.2.4.2 焊缝倒圆

几何参数（mm）：

筒体内径 $D_i = 1500$；筒体壁厚 $t=20$；筒体接管 $\phi 500 \times 20$；外倒角半径 $R=20$；内倒角半径 $r=5$；接管与筒体轴线夹角 60°

载荷参数：内压载荷，$P=4.0$ MPa

单元选择：ANSYS SOLID185

结构几何模型见图 1.59；线弹性分析结果见图 1.60。

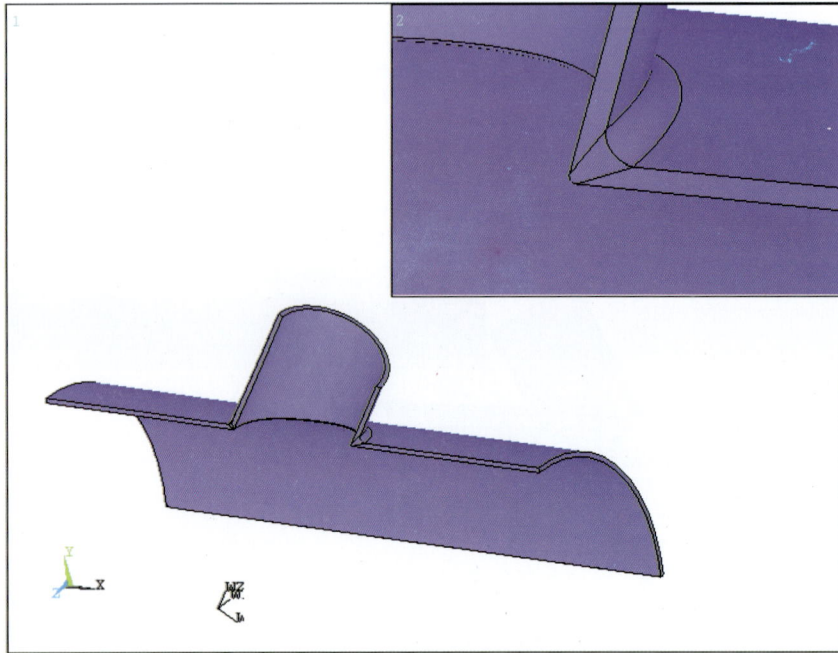

图 1.59　结构几何模型

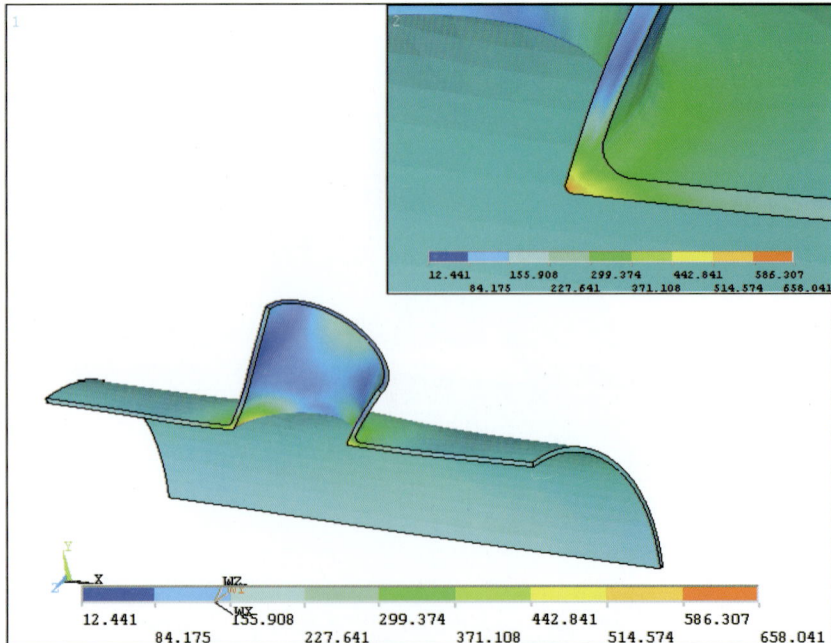

图 1.60　应力分析结果（应力强度分布）

1.2.4.3　整体补强—考虑焊缝

几何参数（mm）：

筒体内径 D_i = 1500；筒体壁厚 t=20；筒体接管 $\phi 500 \times 20$；接管与筒体轴线夹角 60°；焊脚高度 h=20；整体补强件外径 D_b=800；整体补强件厚度 t_b=40；整体补强件削边长度 l=60

载荷参数：内压载荷，P=4.0 MPa

单元选择：ANSYS SOLID185

结构几何模型见图 1.61；线弹性分析结果见图 1.62。

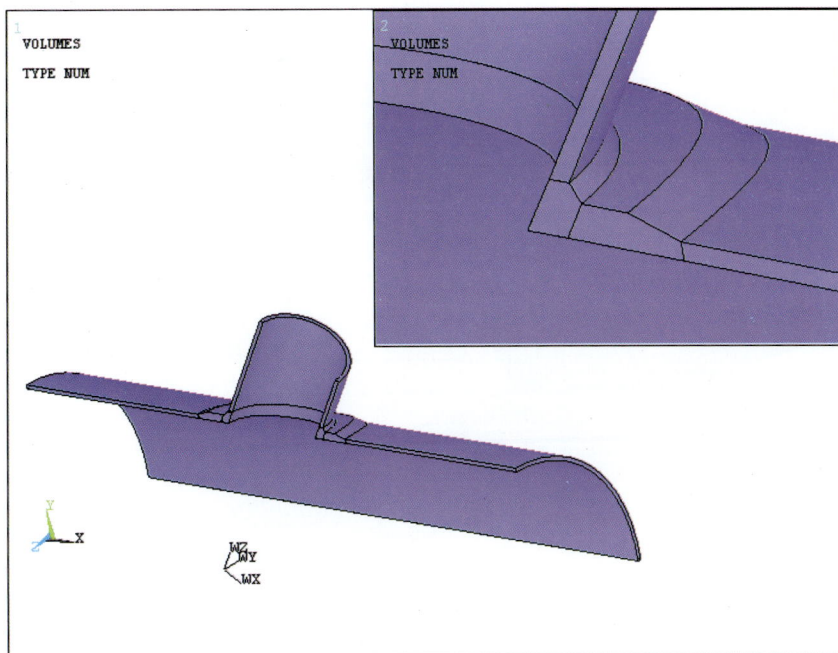

图 1.61　结构几何模型

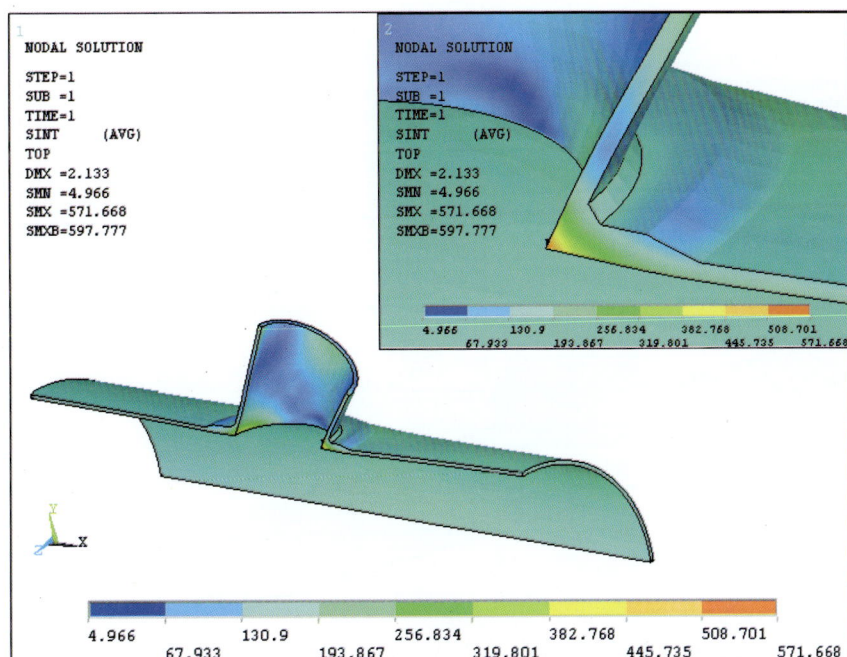

图 1.62　应力分析结果（应力强度分布）

1.2.4.4 整体补强—焊缝倒圆

几何参数（mm）：

筒体内径 $D_i = 1500$；筒体壁厚 $t=20$；筒体接管 $\phi 500 \times 20$；接管与筒体轴线夹角 60°；焊缝外倒角半径 $R=20$；焊缝内倒角半径 $r=5$；整体补强件外径 $D_b=900$；整体补强件厚度 $t_b=40$

载荷参数：内压载荷，$P=4.0$ MPa

单元选择：ANSYS SOLID185

结构几何模型见图 1.63；线弹性分析结果见图 1.64。

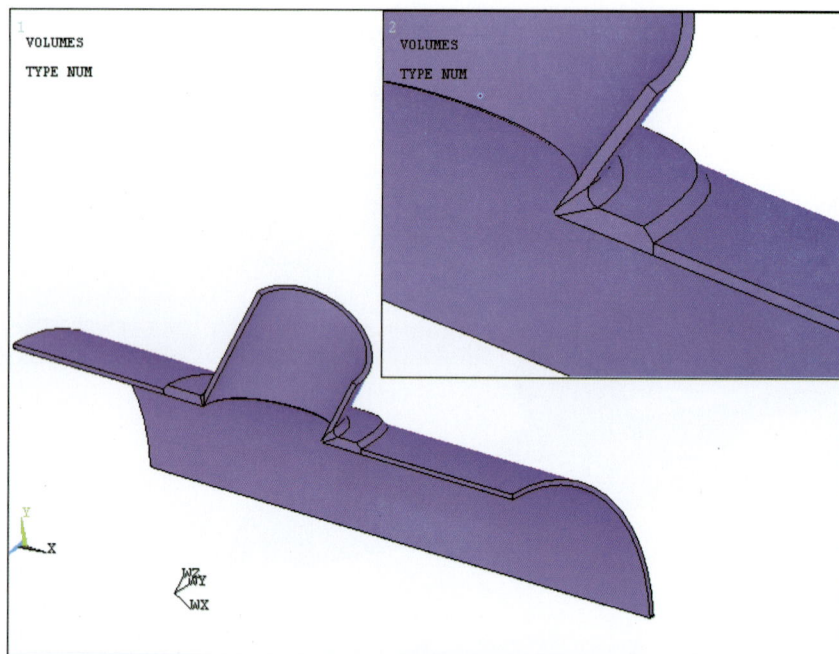

图 1.63　结构几何模型

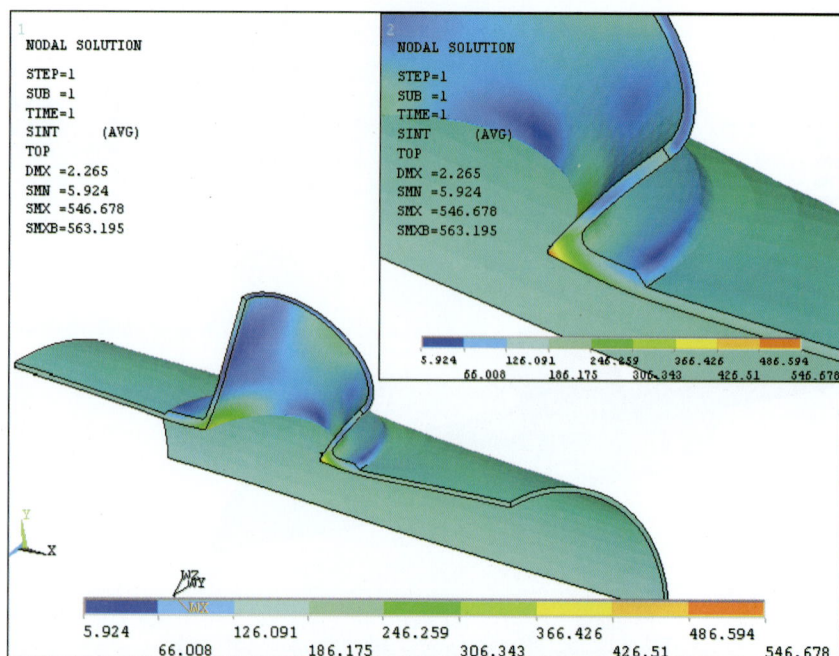

图 1.64　应力分析结果（应力强度分布）

1.2.4.5　补强圈补强—考虑焊缝

几何参数（mm）：

筒体内径 $D_i = 1500$；筒体壁厚 $t=20$；筒体接管 $\phi 500 \times 20$；接管与筒体轴线夹角 60°；焊脚高度 $h=20$；补强圈外径 $D_b=900$；补强圈厚度 $t_b=20$

载荷参数：内压载荷，$P=4.0$ MPa

单元选择：ANSYS SOLID185

结构几何模型见图 1.65；线弹性分析结果见图 1.66。

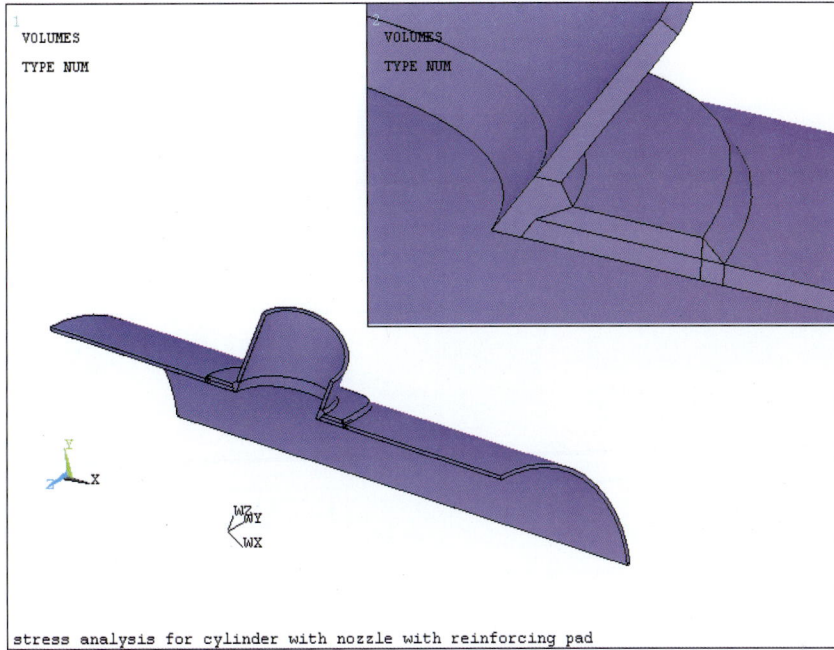

图 1.65　结构几何模型

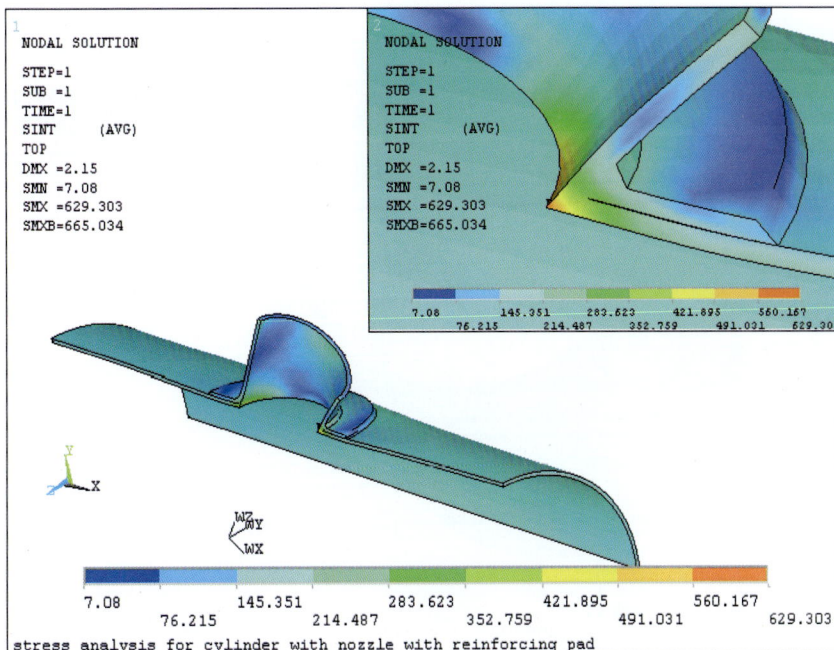

图 1.66　应力分析结果（应力强度分布）

1.2.5 筒体轴线与接管轴线异面正交的切向接管结构

实体单元分析

几何参数（mm）：

筒体内径 $D_i = 1500$；筒体壁厚 $t=20$；筒体接管 $\phi 500 \times 30$；焊脚高度 $h=20$

载荷参数：内压载荷，$P=4.0$ MPa

单元选择：ANSYS SOLID185

结构几何模型见图1.67；线弹性分析结果见图1.68。

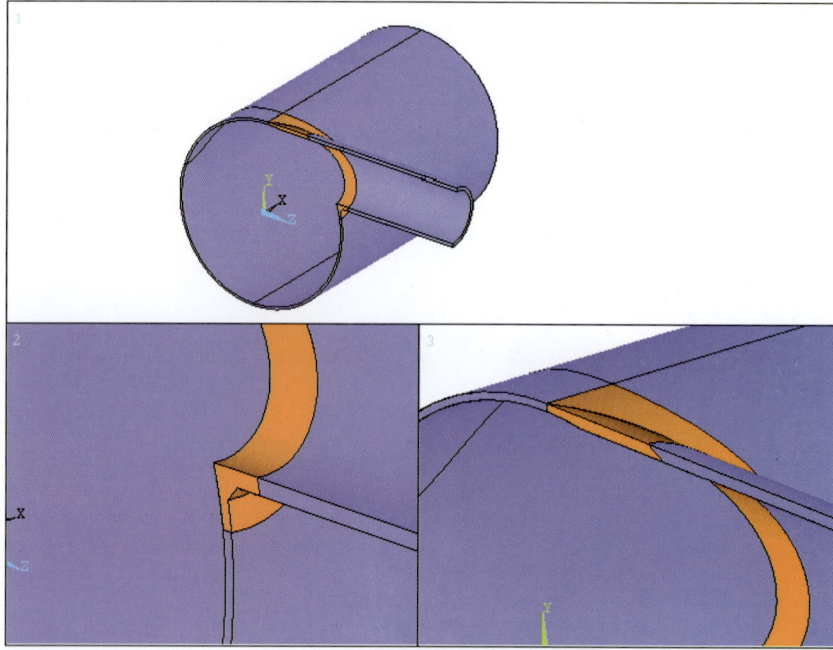

图1.67 结构几何模型

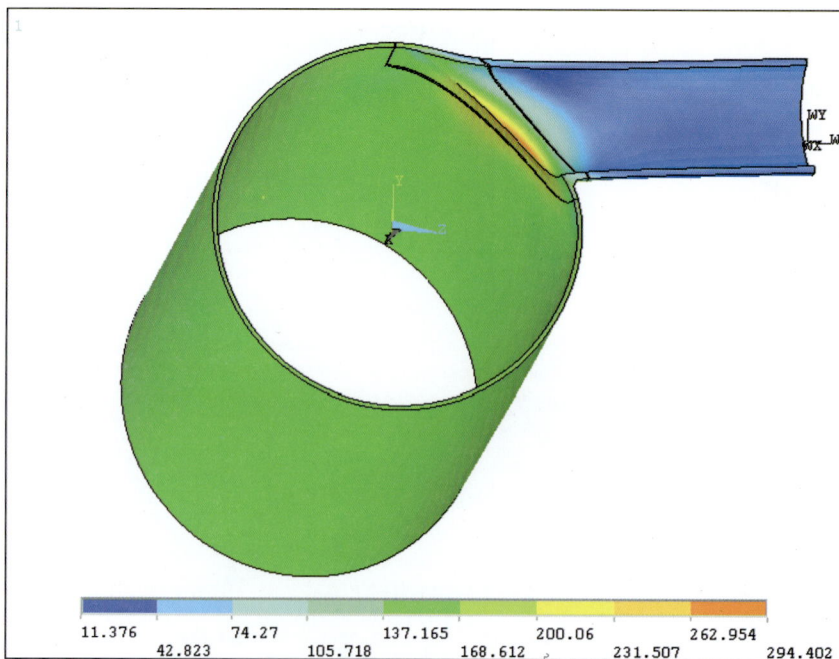

| 11.376 | 74.27 | 137.165 | 200.06 | 262.954 |
| 42.823 | 105.718 | 168.612 | 231.507 | 294.402 |

图1.68 应力分析结果（应力强度分布）

1.3　椭圆封头（含球形封头）接管结构

1.3.1　考虑焊缝的平齐接管结构

1.3.1.1　椭圆封头—两个接管

几何参数（mm）：

筒体内径 D_i = 1500；筒体壁厚 t_1=20；封头厚度 t_2=20，封头中心接管 $\phi 500 \times 20$；封头侧接管 $\phi 250 \times 20$；侧接管中心线与封头内壁虚拟交点距壳体轴线距离 l=550；侧接管中心线与壳体轴线夹角 β=30°；焊脚高度 h=20

载荷参数：内压载荷，P=4.0 MPa

单元选择：ANSYS SOLID185

结构几何模型见图 1.69；线弹性分析结果见图 1.70 a）、b）。

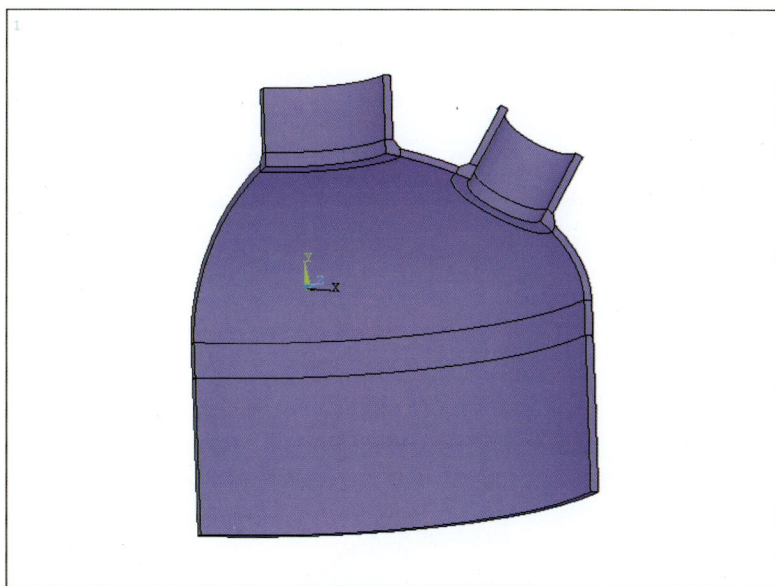

图 1.69　结构几何模型

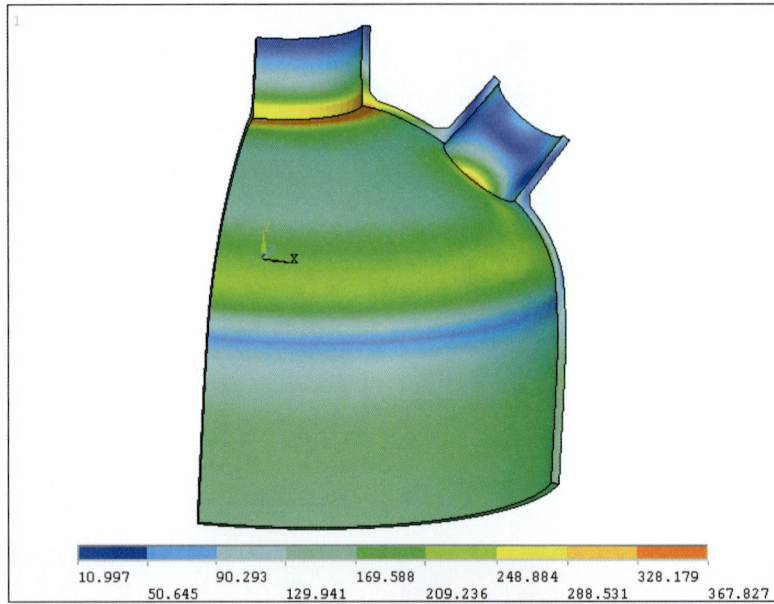

图 1.70 a) 应力分析结果（应力强度分布）

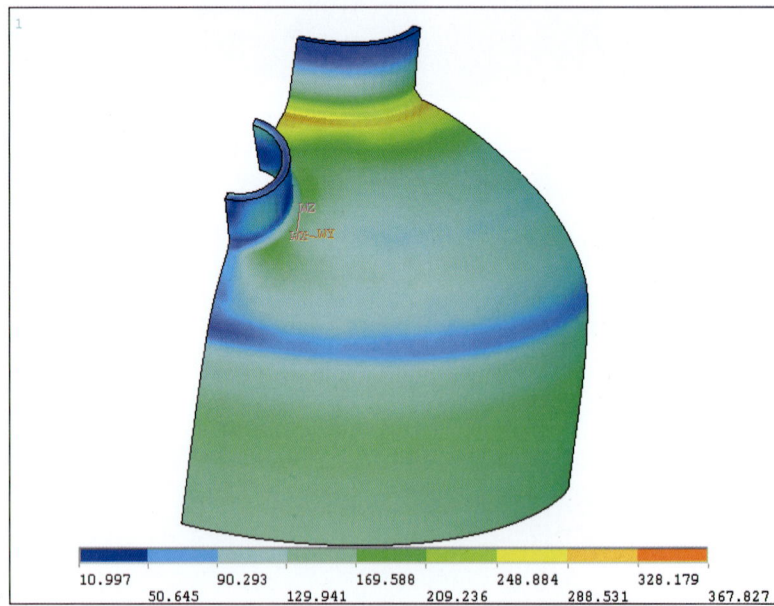

图 1.70 b) 应力分析结果（应力强度分布）

1.3.1.2 椭圆封头—三个接管

几何参数（mm）：

筒体内径 D_i = 1500；筒体壁厚 t_1=20；封头厚度 t_2=19，封头中心接管 $\phi 500 \times 20$；封头侧接管 $\phi 250 \times 20$；侧接管中心线与封头内壁虚拟交点距壳体轴线距离 l_1=550；侧接管中心线与壳体轴线夹角 β_1=30°；第三接管 $\phi 200 \times 20$；接管中心线与封头内壁虚拟交点距壳体轴线距离 l_2=600；接管中心线与壳体轴线夹角 β_2=45°；接管沿周向方位角 α=65°；焊脚高度 h=20

载荷参数：内压载荷，P=4.0 MPa

单元选择：ANSYS SOLID185

结构几何模型见图 1.71 a）、b）；线弹性分析结果见图 1.72 a）、b）。

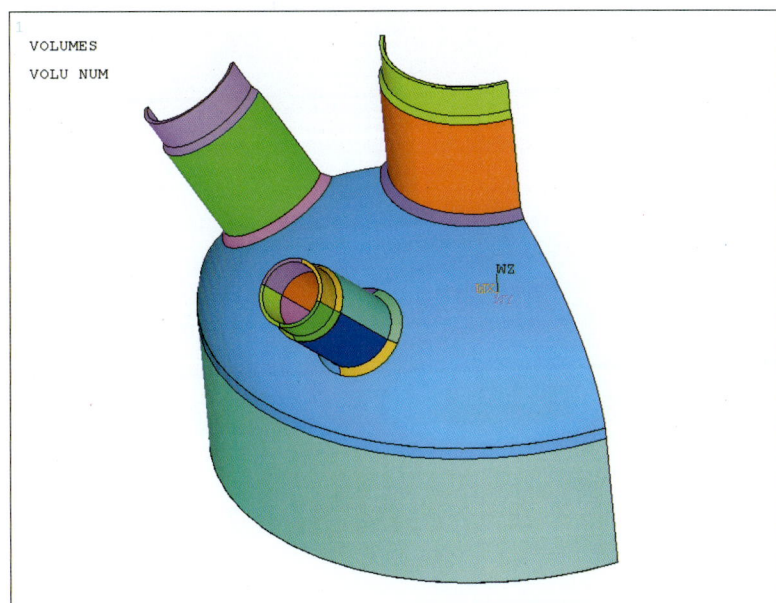

图 1.71 a） 结构几何模型

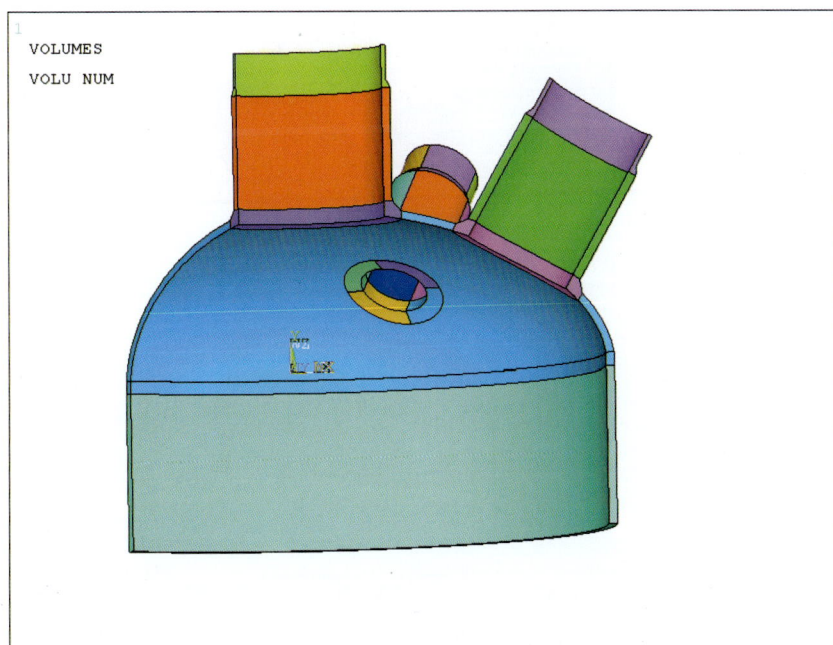

图 1.71 b） 结构几何模型

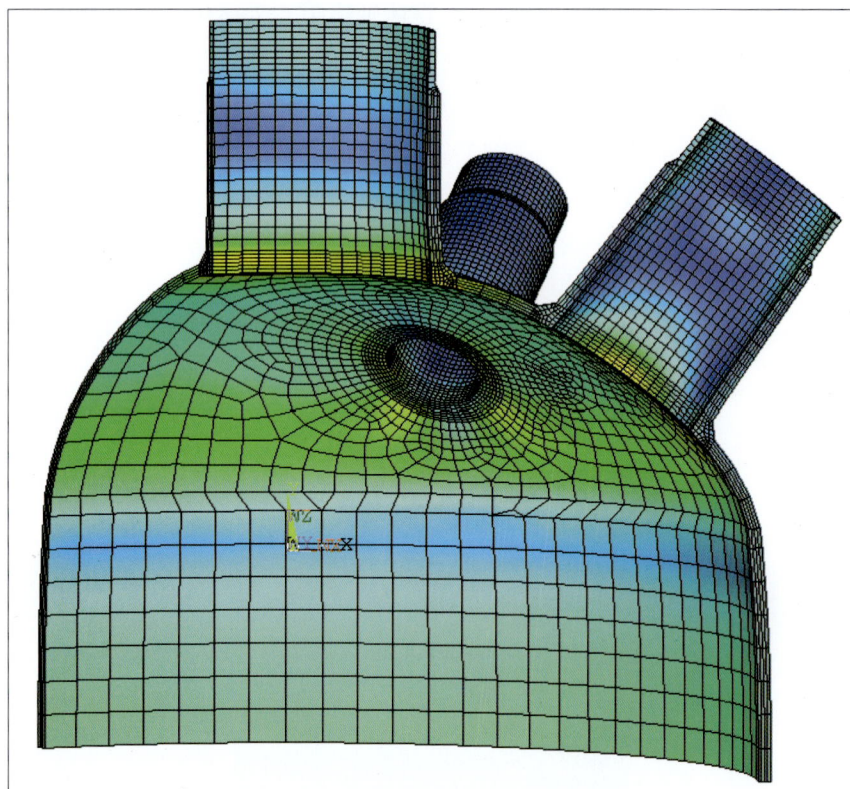

图 1.72 a)　应力分析结果（应力强度分布）

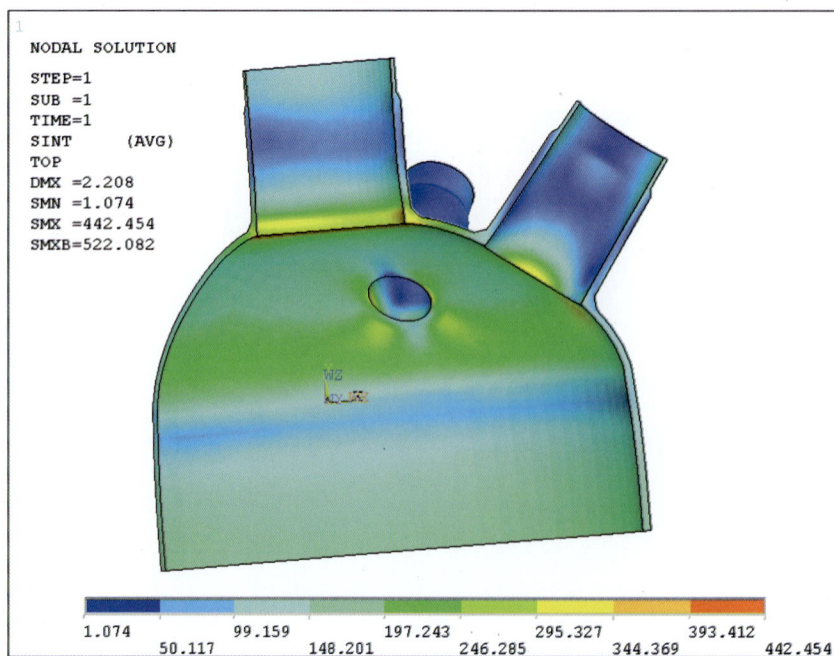

图 1.72 b)　应力分析结果（应力强度分布）

1.3.1.3　球形封头

几何参数（mm）：

筒体内径 $D_i = 1500$；筒体壁厚 $t_1=20$；削边长度 $L=30$；封头厚度 $t_2=14$；封头中心接管 $\phi 500 \times 20$；封头侧接管 $\phi 250 \times 20$；侧接管中心线与封头内壁虚拟交点距壳体轴线距离 $l=550$；侧接管中心线与壳体轴线夹角 $\beta=30°$；焊脚高度 $h=20$

载荷参数：内压载荷，$P=4.0$ MPa

单元选择：ANSYS SOLID185

结构几何模型见图 1.73；线弹性分析结果见图 1.74。

图 1.73　结构几何模型

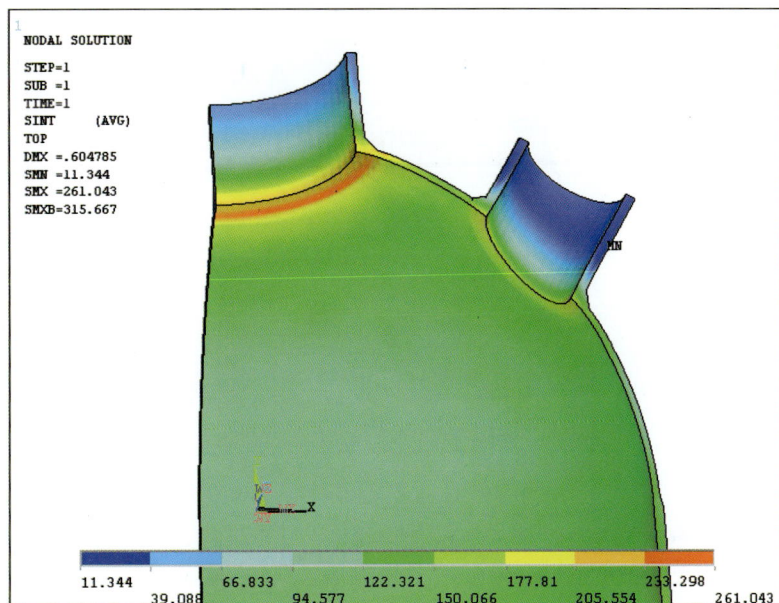

图 1.74　应力分析结果（应力强度分布）

1.3.2 焊缝倒圆的平齐接管结构

1.3.2.1 椭圆封头—两个接管

几何参数（mm）：

筒体内径 $D_i = 1500$；筒体壁厚 $t_1 = 20$；封头厚度 $t_2 = 20$；封头中心接管 $\phi 500 \times 20$；封头侧接管 $\phi 250 \times 20$；侧接管中心线与封头内壁虚拟交点距壳体轴线距离 $l = 550$；侧接管中心线与壳体轴线夹角 $\beta = 30°$；外倒角半径 $R = 20$；内倒角半径 $r = 5$

载荷参数：内压载荷，$P = 4.0$ MPa

单元选择：ANSYS SOLID185

结构几何模型见图 1.75；线弹性分析结果见图 1.76。

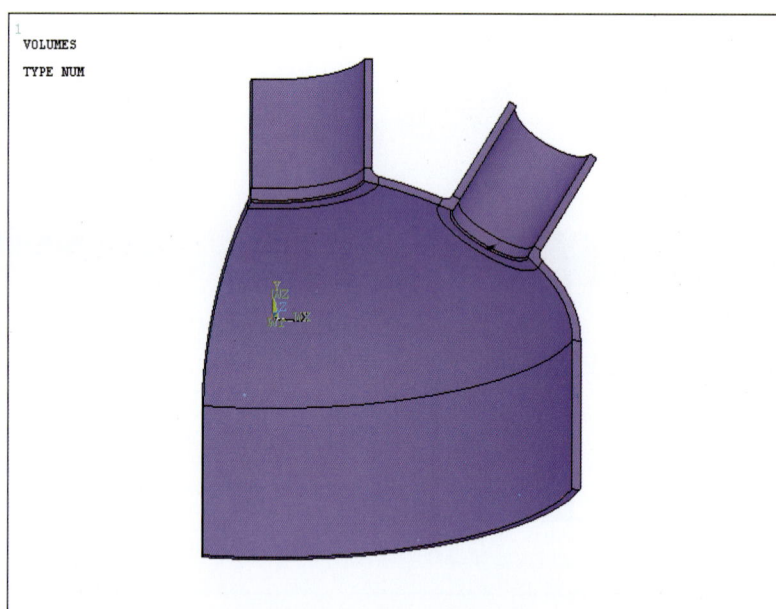

图 1.75 结构几何模型

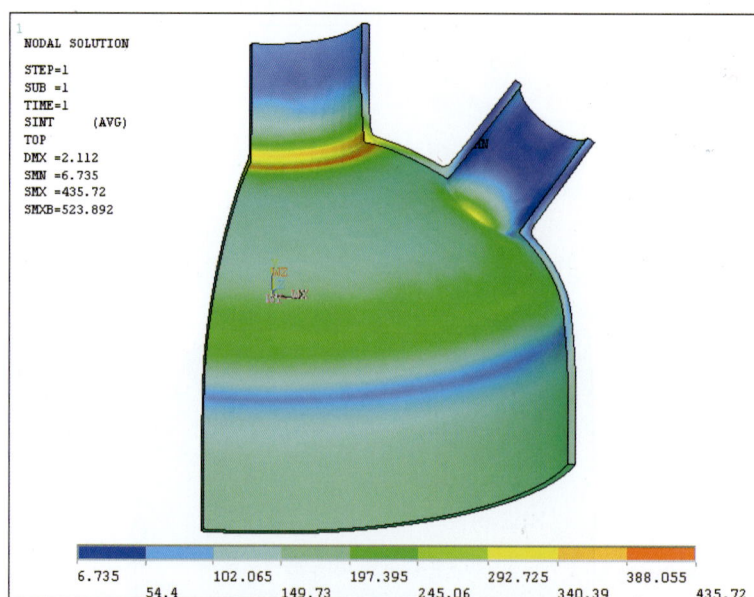

图 1.76 应力分析结果（应力强度分布）

1.3.2.2　椭圆封头—三个接管

几何参数（mm）：

筒体内径 D_i = 2412；筒体壁厚 t_1=114；封头厚度 t_2=114；封头中心接管 $\phi700\times110$；中心接管外倒角半径 R=50；中心接管内倒角半径 r=40；封头侧接管 $\phi400\times61.5$；侧接管中心线与封头内壁虚拟交点距壳体轴线距离 l=900；侧接管中心线与壳体轴线夹角 β=30°；侧接管外倒角半径 R=40；侧接管内倒角半径 r=20；第三个接管 $\phi300\times40$；第三个接管中心线与封头内壁虚拟交点距壳体轴线距离 l=1000；第三个接管方位角 α=45°；第三个接管中心线与壳体轴线夹角 β=30°；第三个接管外倒角半径 R=40；第三个接管内倒角半径 r=20

载荷参数：内压载荷，P=14.28 MPa

单元选择：ANSYS SOLID185

结构几何模型见图 1.77 a）、b）；线弹性分析结果见图 1.78 a）、b）、c）。

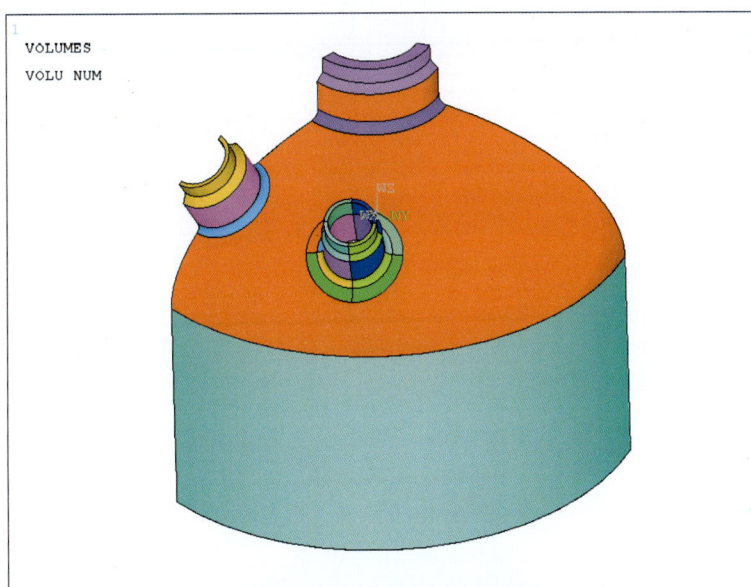

图 1.77　a）　结构几何模型

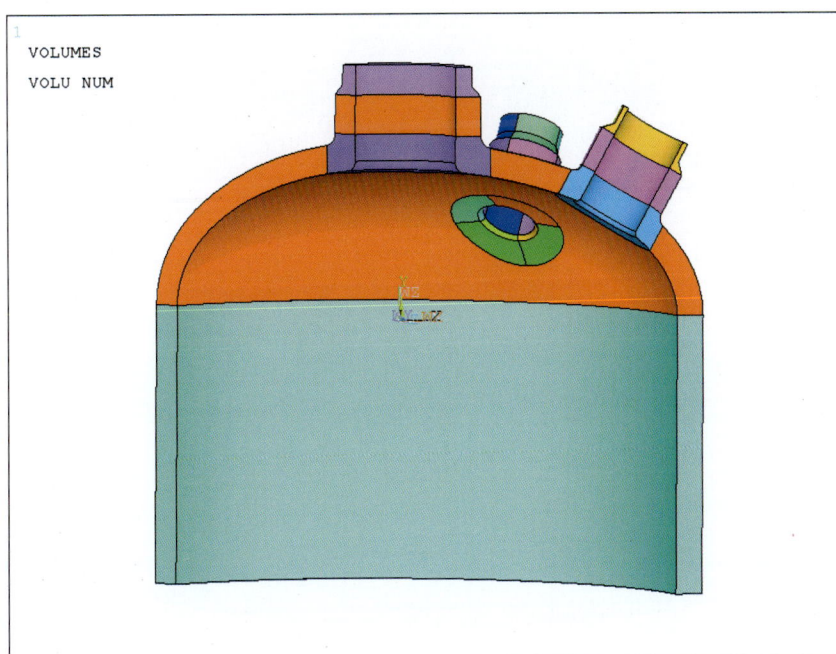

图 1.77　b）　结构几何模型

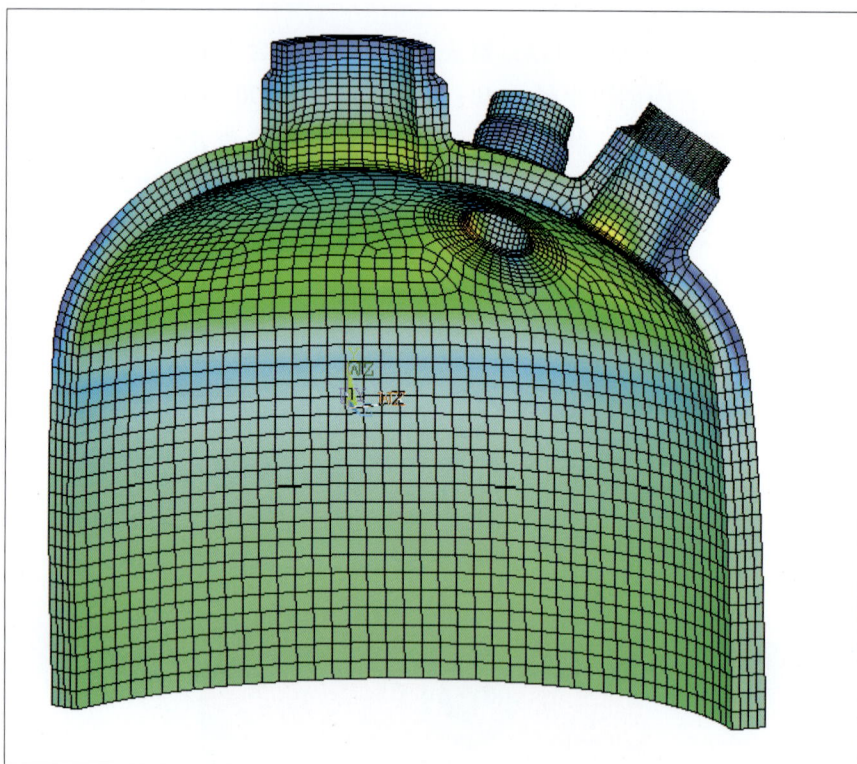

图 1.78 a)　应力分析结果（应力强度分布）

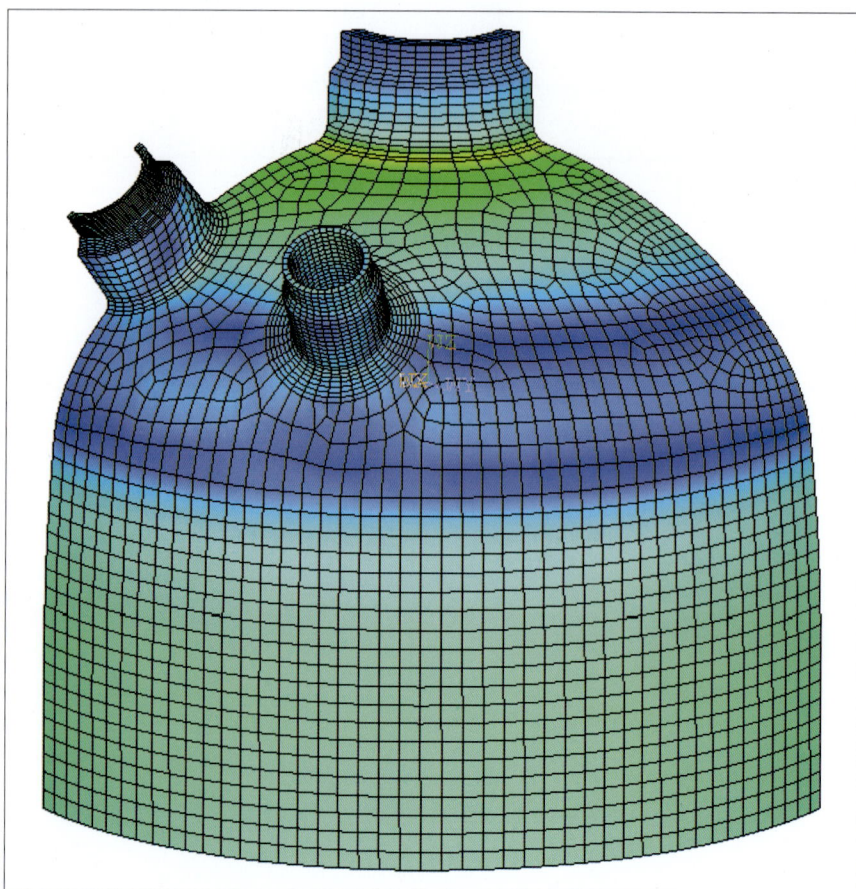

图 1.78 b)　应力分析结果（应力强度分布）

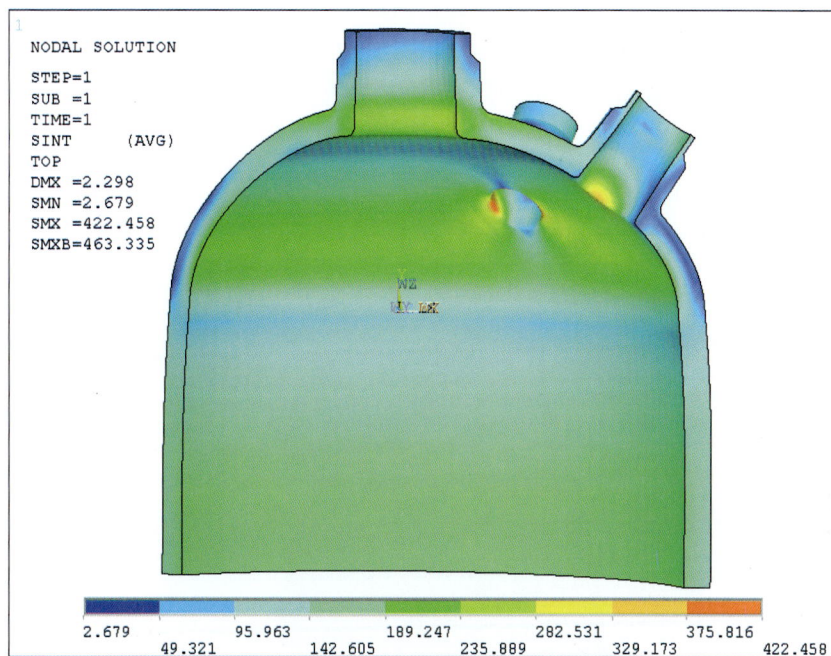

图 1.78 c)　应力分析结果（应力强度分布）

1.3.2.3 球形封头

几何参数（mm）：

筒体内径 D_i = 1500；筒体壁厚 t=20；削边长度 L=30；封头厚度 t=14；封头中心接管 $\phi 500 \times$ 20；封头侧接管 $\phi 250 \times 20$；侧接管中心线与封头内壁虚拟交点距壳体轴线距离 l=550；侧接管中心线与壳体轴线夹角 β=30°；外倒角半径 R=20；内倒角半径 r=5

载荷参数：内压载荷，P=4.0 MPa

单元选择：ANSYS SOLID185

结构几何模型见图 1.79；线弹性分析结果见图 1.80。

图 1.79　结构几何模型

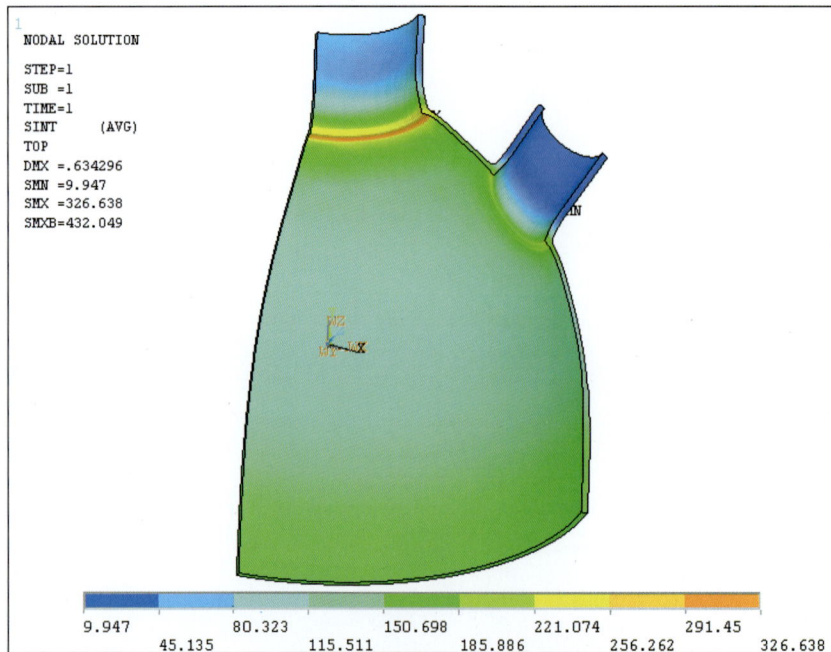

图 1.80　应力分析结果（应力强度分布）

1.3.3　带补强圈的平齐接管结构

1.3.3.1　椭圆封头

几何参数（mm）：

筒体内径 D_i = 2500；筒体壁厚 t=20；封头厚度 t=20；封头中心接管 $\phi 500 \times 20$；封头侧接管 $\phi 250 \times 20$；侧接管中心线与封头内壁虚拟交点距壳体轴线距离 l=750；侧接管中心线与壳体轴线夹角 β=30°；焊脚高度 h=20；中心接管补强圈外径 D_b=800；补强圈厚度 t_b=20；侧接管补强圈外径 D_b=400；补强圈厚度 t_b=20

载荷参数：内压载荷，P=2.0 MPa

单元选择：ANSYS SOLID185

结构几何模型见图 1.81；线弹性分析结果见图 1.82 a)、b)。

图 1.81　结构几何模型

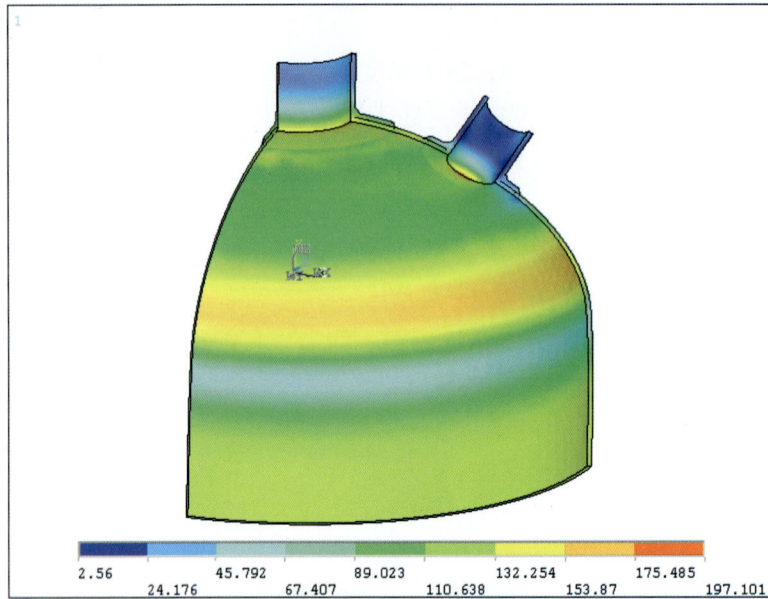

图1.82 a) 应力分析结果（应力强度分布）

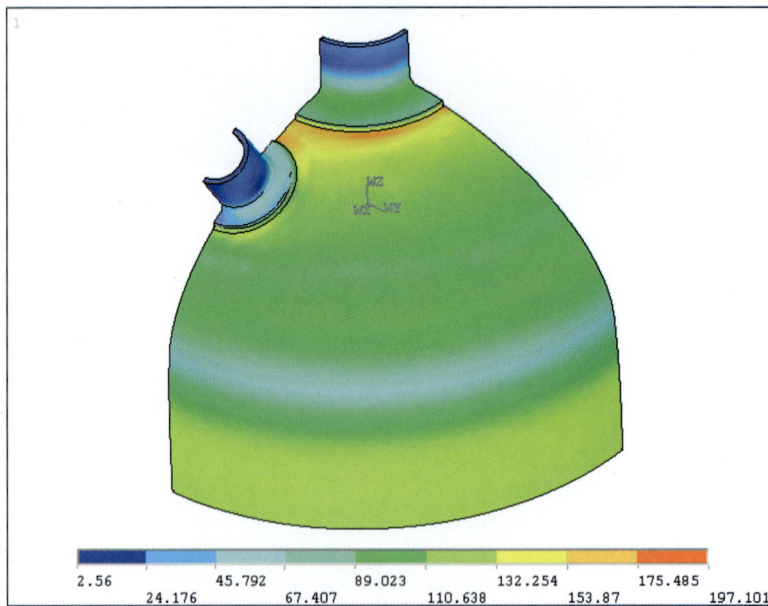

图1.82 b) 应力分析结果（应力强度分布）

1.3.3.2　球形封头

几何参数（mm）：

筒体内径 D_i = 2500；筒体壁厚 t=20；封头厚度 t=12；封头中心接管 $\phi 500 \times 20$；封头侧接管 $\phi 250 \times 20$；侧接管中心线与封头内壁虚拟交点距壳体轴线距离 l=750；侧接管中心线与壳体轴线夹角 β=30°；焊脚高度 h=20；中心接管补强圈外径 D_b=800；补强圈厚度 t_b=20；侧接管补强圈外径 D_b=400；补强圈厚度 t_b=20

载荷参数：内压载荷，P=2.0 MPa

单元选择：ANSYS SOLID185

结构几何模型见图 1.83；线弹性分析结果见图 1.84 a)、b)。

图 1.83　结构几何模型

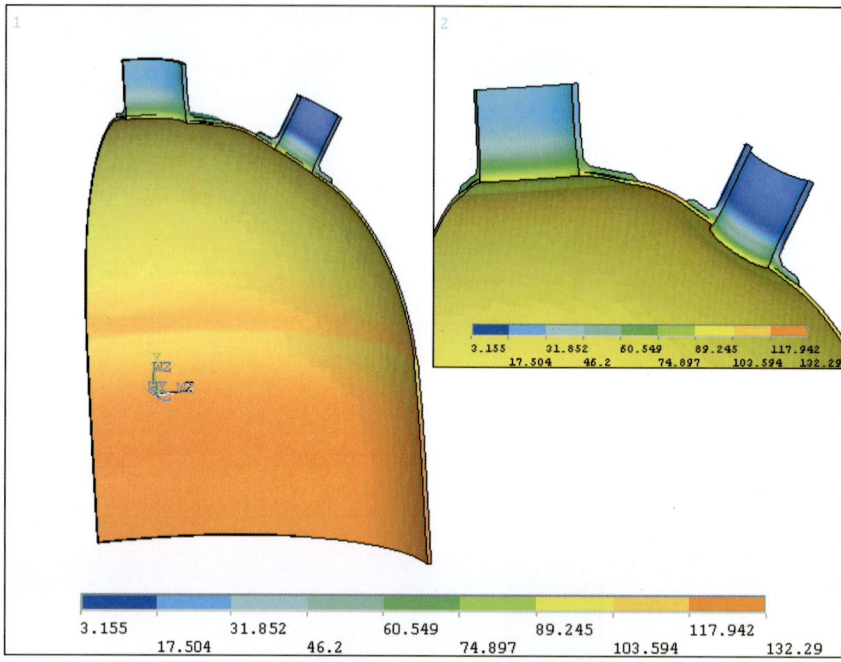

图 1.84 a)　应力分析结果（应力强度分布）

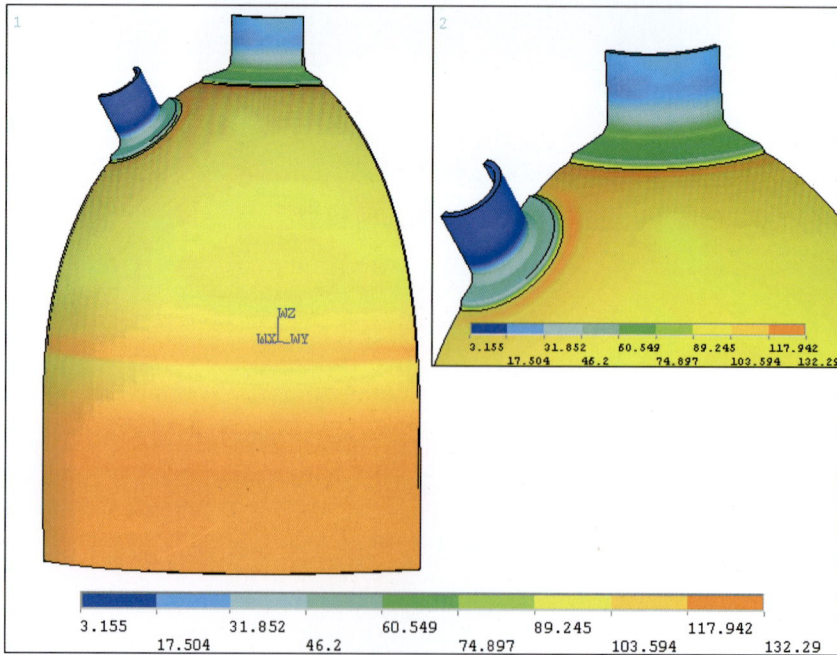

图 1.84 b)　应力分析结果（应力强度分布）

1.4　碟形封头接管结构

1.4.1　考虑焊缝的平齐接管结构

几何参数（mm）：

筒体内径 D_i = 1500；筒体壁厚 t=20；封头厚度 t=20；碟形封头球面部分半径 R=1500；转角半径 r=150；封头中心接管 $\phi500×20$；封头侧接管 $\phi250×20$；侧接管中心线与封头内壁虚拟交点距壳体轴线距离 l=550；侧接管中心线与壳体轴线夹角 β=30°；焊脚高度 h=20

载荷参数：内压载荷，P=4.0 MPa

单元选择：ANSYS SOLID185

结构几何模型见图 1.85；线弹性分析结果见图 1.86。

图 1.85　结构几何模型

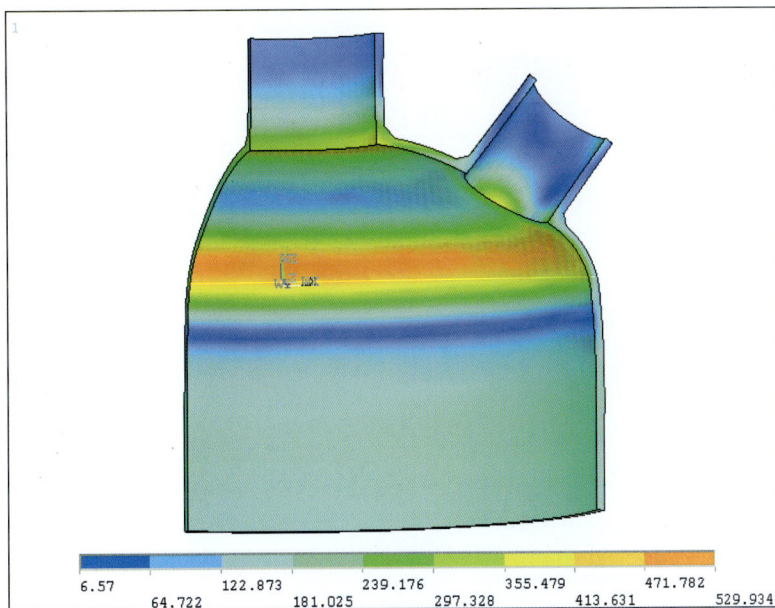

6.57		122.873		239.176		355.479		471.782	
	64.722		181.025		297.328		413.631		529.934

图 1.86　应力分析结果（应力强度分布）

1.4.2 焊缝倒圆的平齐接管结构

几何参数（mm）：

筒体内径 D_i = 1500；筒体壁厚 t=20；封头厚度 t=20；碟形封头球面部分半径 R=1500；转角半径 r=150；封头中心接管 ϕ500×20；封头侧接管 ϕ250×20；侧接管中心线与封头内壁虚拟交点距壳体轴线距离 l=550；侧接管中心线与壳体轴线夹角 β=30°；外倒角半径 R=20；内倒角半径 r=5

载荷参数：内压载荷，P=4.0 MPa

单元选择：ANSYS SOLID185

结构几何模型见图 1.87；线弹性分析结果见图 1.88。

图 1.87　结构几何模型

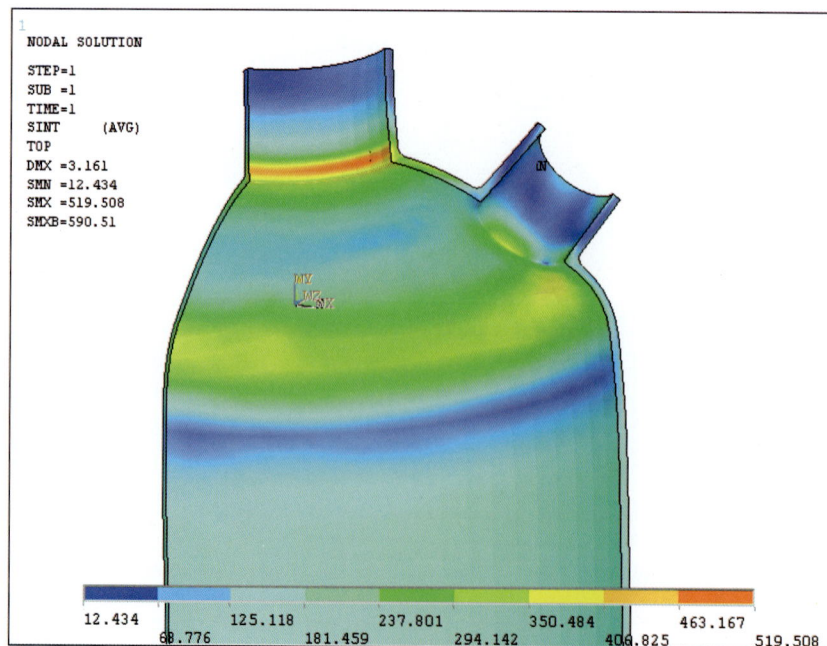

图 1.88　应力分析结果（应力强度分布）

1.5　锥壳接管结构

1.5.1　考虑焊缝的平齐接管结构

几何参数（mm）：

大端筒体内径 D_i = 2000；大端筒体壁厚 t=20；小端筒体内径 D_i= 400；小端筒体壁厚 t=12；锥壳厚度 t=18；锥壳半顶角 α=30°；大端转角半径 R=100；小端转角半径 R=50；锥壳接管 ϕ450×20；接管中心线与锥壳内壁虚拟交点距锥壳小端距离 l=660，接管中心线与壳体轴线夹角 β=50°；焊脚高度 h=20

载荷参数：内压载荷，P=3.0 MPa

单元选择：ANSYS SOLID185

结构几何模型见图 1.89；线弹性分析结果见图 1.90。

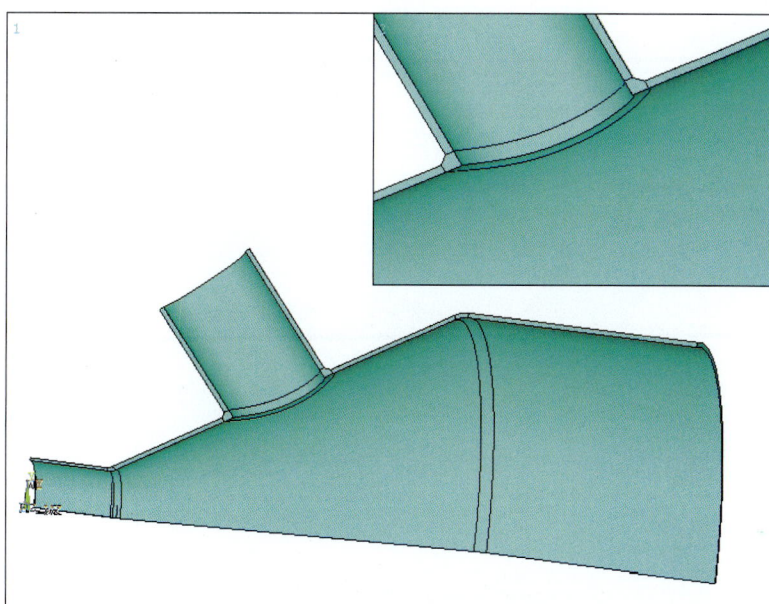

图 1.89　结构几何模型

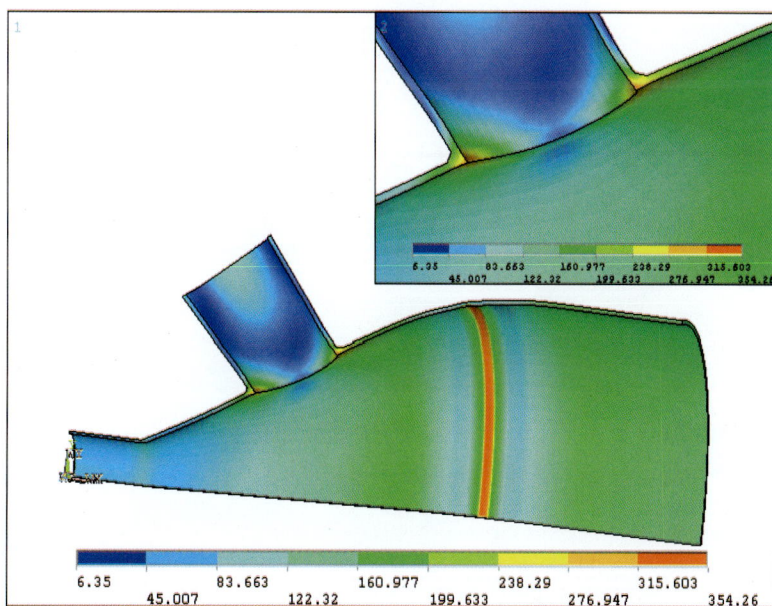

图 1.90　应力分析结果（应力强度分布）

1.5.2 焊缝倒圆的平齐接管结构

几何参数（mm）：

大端筒体内径 D_i = 2000；大端筒体壁厚 t=20；小端筒体内径 D_i = 400；小端筒体壁厚 t=12；锥壳厚度 t=18；锥壳半顶角 α=30°；大端转角半径 R=100；小端转角半径 R=50；锥壳接管 ϕ450 ×20；接管中心线与锥壳内壁虚拟交点距锥壳小端距离 l=660；接管中心线与壳体轴线夹角 β=50°；接管内倒角半径 r=5，接管外倒角半径 R=20

载荷参数：内压载荷，P=3.0 MPa

单元选择：ANSYS SOLID185

结构几何模型见图 1.91；线弹性分析结果见图 1.92。

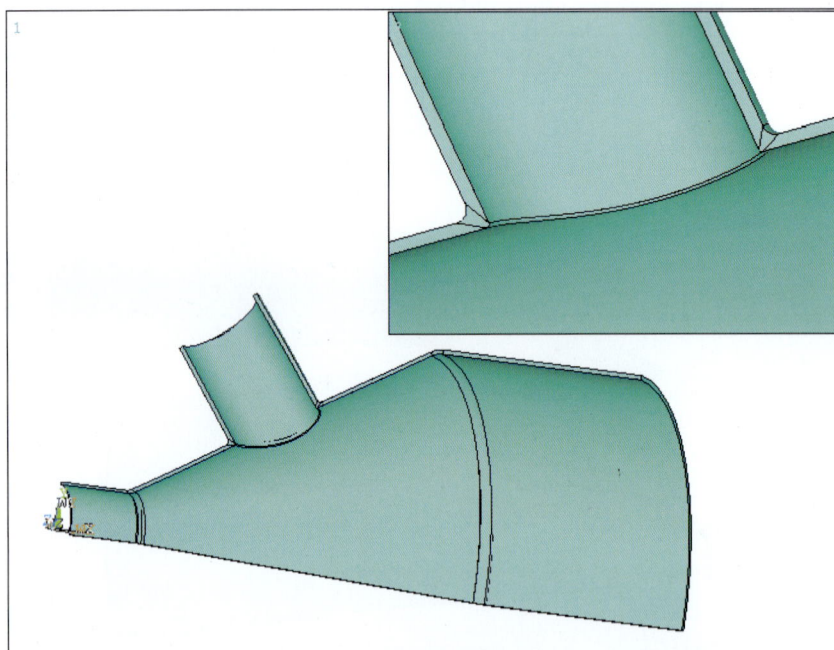

图 1.91　结构几何模型

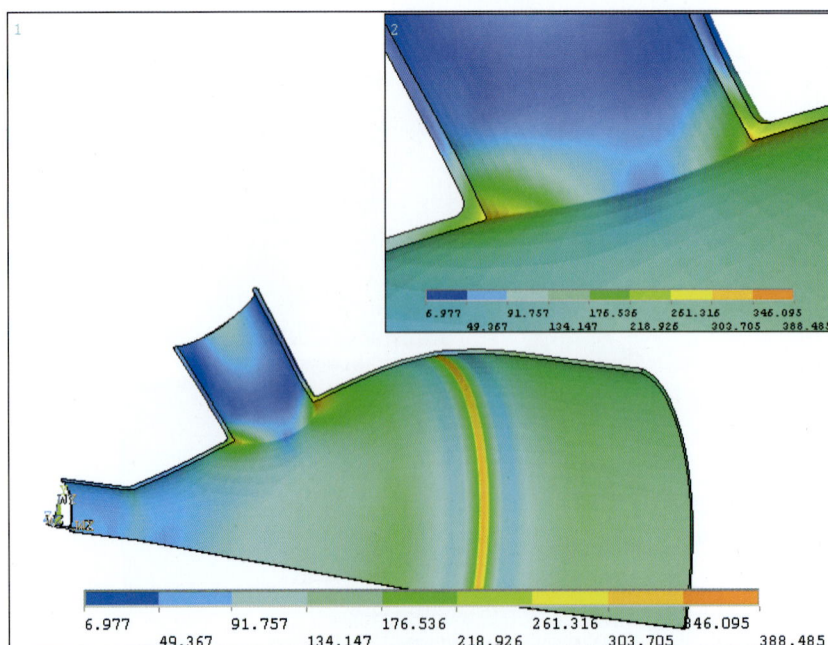

图 1.92　应力分析结果（应力强度分布）

1.5.3　带补强圈的平齐接管结构

几何参数（mm）：

大端筒体内径 D_i = 2000；大端筒体壁厚 t=20；小端筒体内径 D_i = 400；小端筒体壁厚 t=12；锥壳厚度 t=18；锥壳半顶角 α=30°；大端转角半径 R=100；小端转角半径 R=50；锥壳接管 ϕ450×20；接管中心线与锥壳内壁虚拟交点距锥壳小端距离 l=660；接管中心线与壳体轴线夹角 β=50°；补强圈外径 D_b=850；补强圈厚度 t_b=18；焊脚高度 h=20

载荷参数：内压载荷，P=3.0 MPa

单元选择：ANSYS SOLID185

结构几何模型见图 1.93；线弹性分析结果见图 1.94。

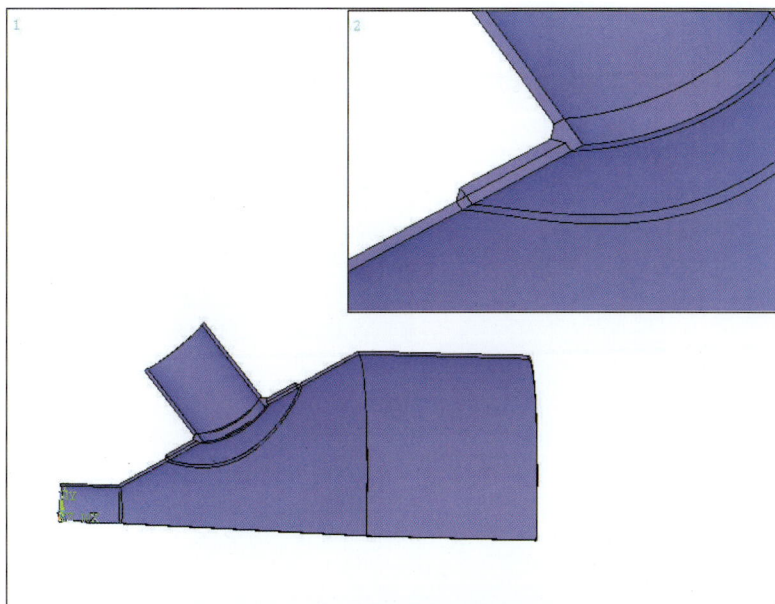

图 1.93　结构几何模型

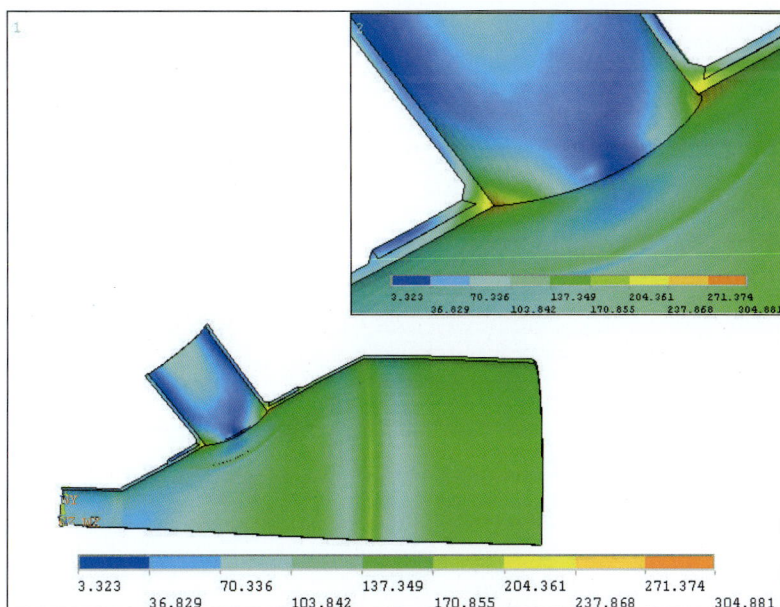

图 1.94　应力分析结果（应力强度分布）

1.5.4 不带折边的偏心锥壳结构

几何参数（mm）：

大端筒体内径 D_i = 2200；大端筒体壁厚 t=24；小端筒体内径 D_i = 1000；小端筒体壁厚 t=16；偏心锥壳长度 L=1800；偏心锥壳厚度 t=20；偏心距离 h_p=600

载荷参数：内压载荷，P=3.0 MPa

单元选择：ANSYS SOLID185

结构几何模型见图 1.95；线弹性分析结果见图 1.96 a）、b）。

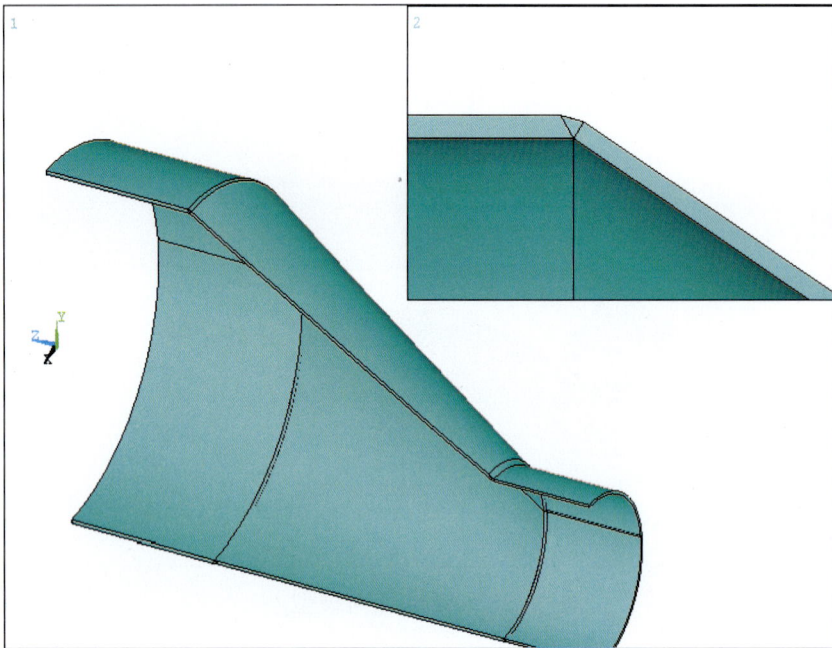

图 1.95　结构几何模型

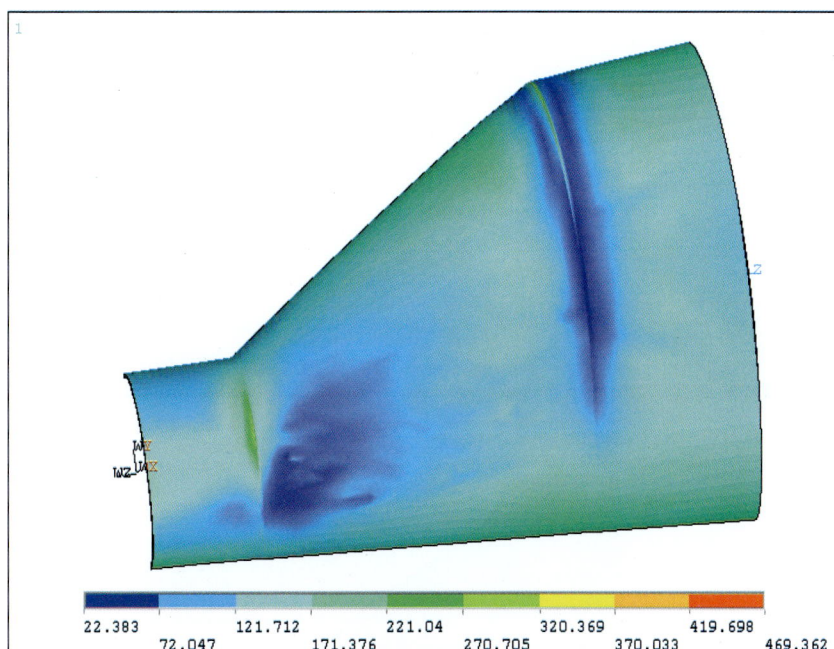

图 1.96 a)　应力分析结果（应力强度分布）

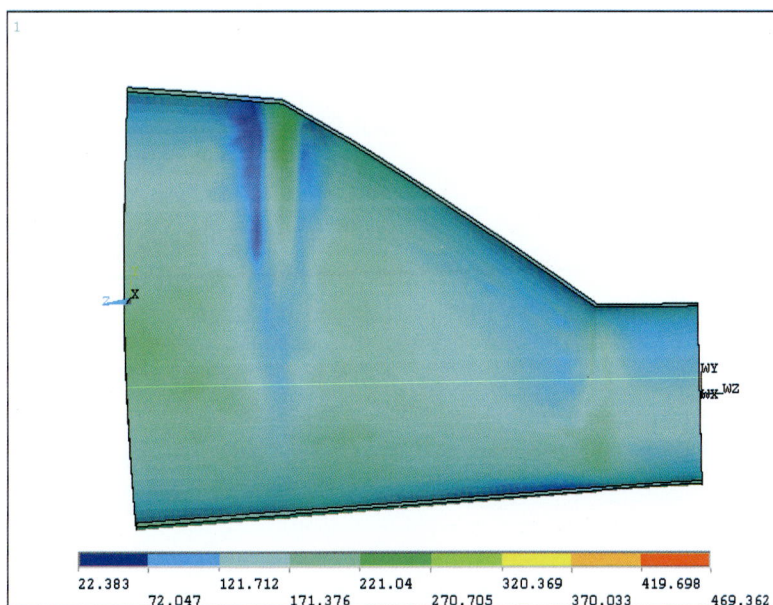

图 1.96 b)　应力分析结果（应力强度分布）

1.5.5 带折边的偏心锥壳结构

几何参数（mm）：

大端筒体内径 D_i = 2200；大端筒体壁厚 t=20；小端筒体内径 D_i = 1000；小端筒体壁厚 t=20；偏心锥壳长度 L=1800；偏心锥壳厚度 t=20；偏心距离 h_p=600；大端折边半径 R=250；小端折边半径 r=90

载荷参数：内压载荷，P=3.0 MPa

单元选择：ANSYS SOLID185

结构几何模型见图1.97；线弹性分析结果见图1.98 a）、b）。

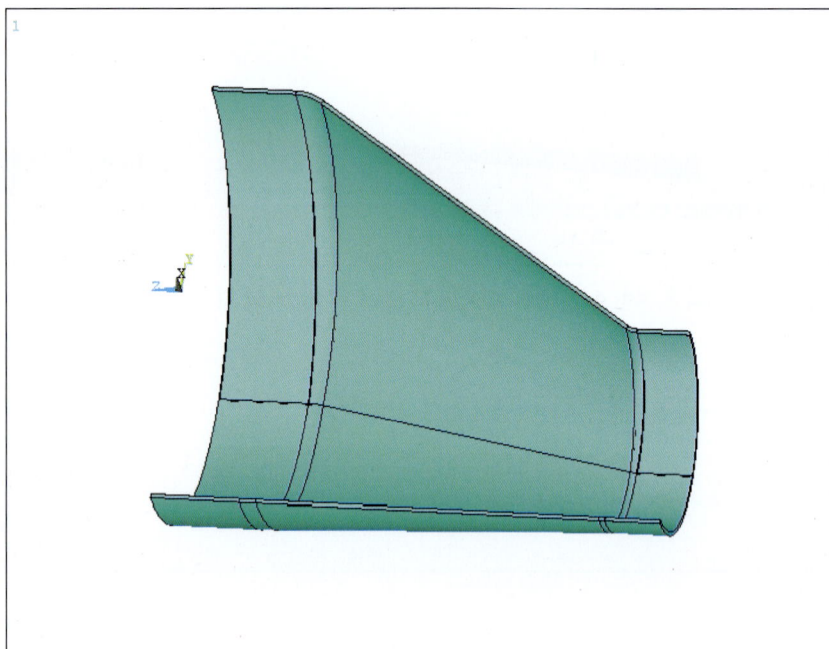

图1.97 结构几何模型

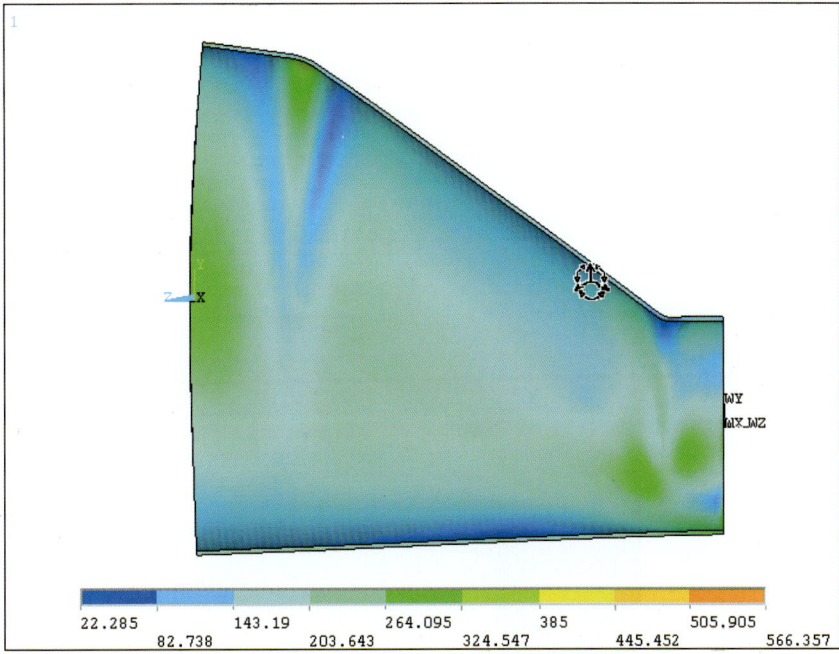

图 1.98 a)　应力分析结果（应力强度分布）

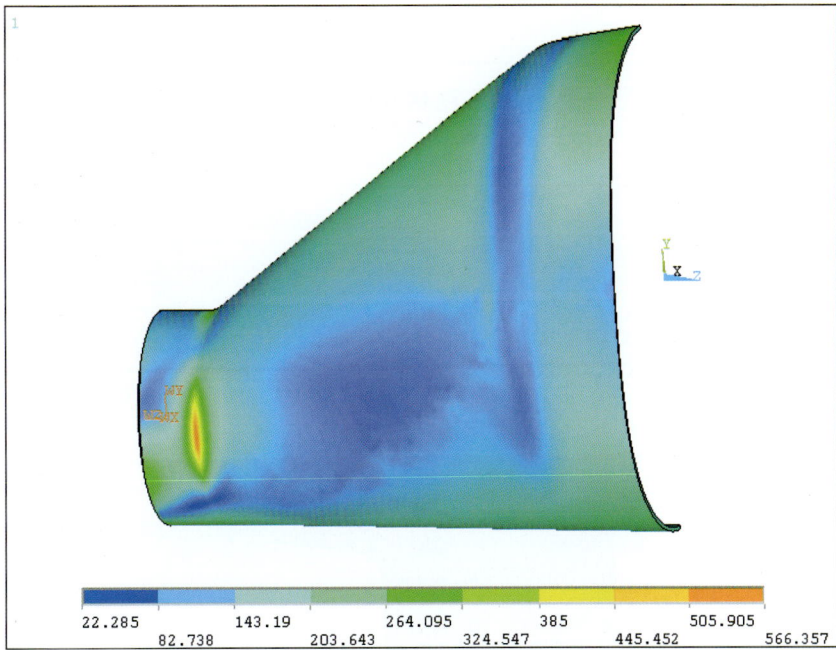

图 1.98 b)　应力分析结果（应力强度分布）

1.6 等径三通、四通结构

1.6.1 等径三通结构

1.6.1.1 考虑焊缝倒圆的三通结构

几何参数（mm）：

筒体内径 $D_i = 1000$；筒体壁厚 $t=42$；焊缝外倒圆半径 $R=100$；焊缝内倒圆半径 $R=20$

载荷参数：内压载荷，$P=4.0$ MPa

单元选择：ANSYS SOLID185

结构几何模型见图 1.99；线弹性分析结果见图 1.100。

图 1.99　结构几何模型

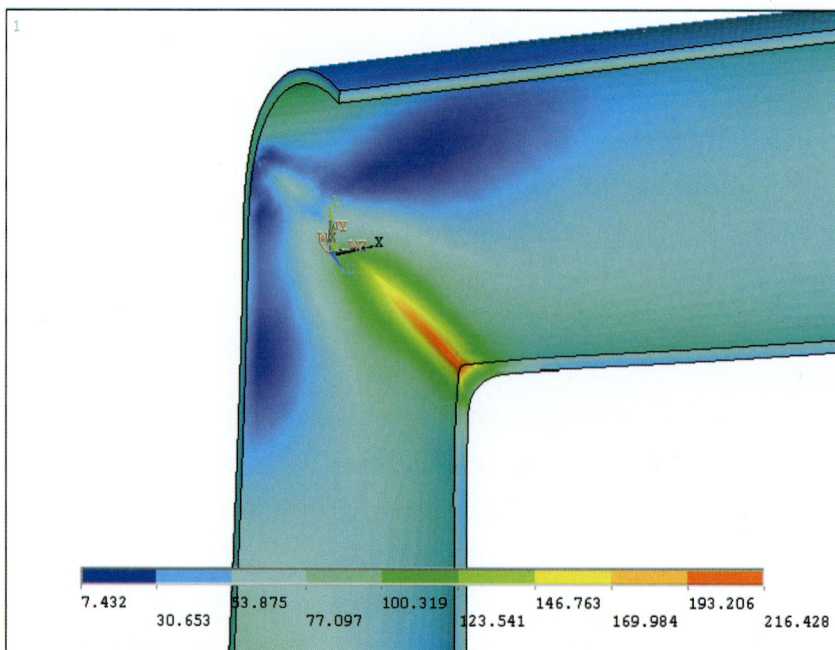

7.432		53.875		100.319		146.763		193.206	
	30.653		77.097		123.541		169.984		216.428

图 1.100　应力分析结果（应力强度分布）

1.6.1.2　考虑焊缝的三通结构

几何参数（mm）：

筒体内径 $D_i = 1000$；筒体壁厚 $t=42$；焊脚高度 $h=50$

载荷参数：内压载荷，$P=4.0$ MPa

单元选择：ANSYS SOLID185

结构几何模型见图 1.101；线弹性分析结果见图 1.102。

图 1.101　结构几何模型

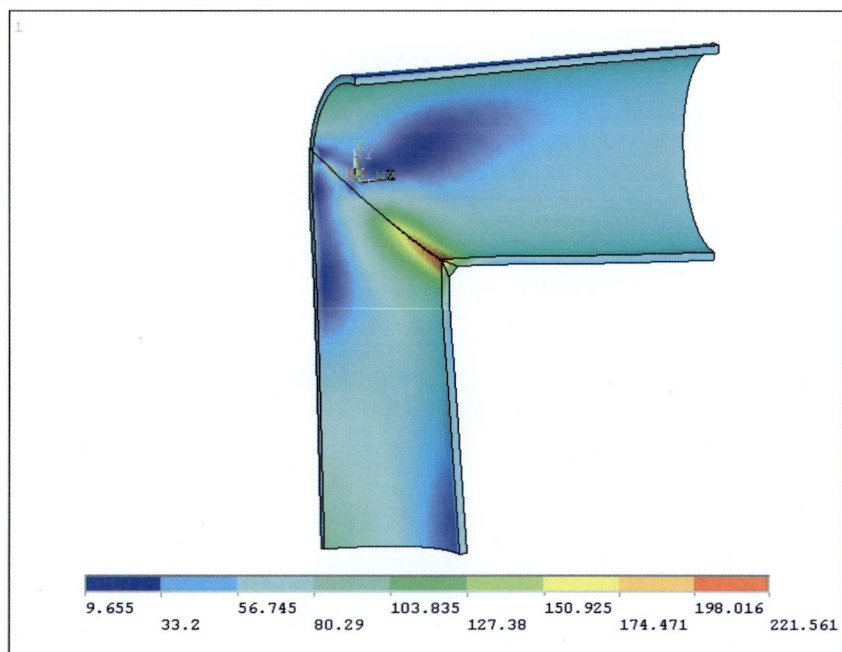

| 9.655 | | 56.745 | | 103.835 | | 150.925 | | 198.016 | |
| | 33.2 | | 80.29 | | 127.38 | | 174.471 | | 221.561 |

图 1.102　应力分析结果（应力强度分布）

1.6.2 等径四通结构

1.6.2.1 考虑焊缝的四通结构

几何参数（mm）：

筒体内径 $D_i = 1000$；筒体壁厚 $t=42$；焊脚高度 $h=30$

载荷参数：内压载荷，$P=4.0$ MPa

单元选择：ANSYS SOLID185

结构几何模型见图 1.103；线弹性分析结果见图 1.104。

图 1.103 结构几何模型

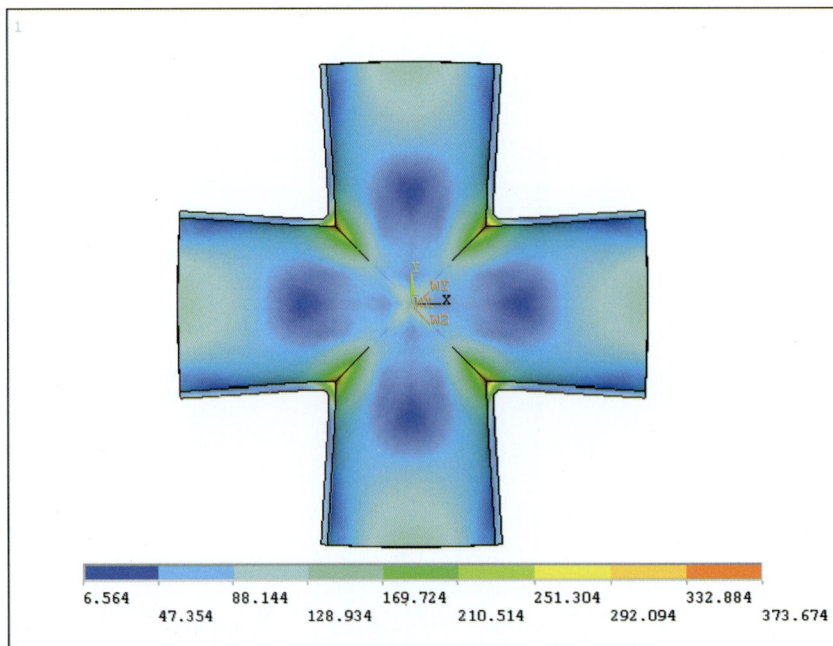

| 6.564 | | 88.144 | | 169.724 | | 251.304 | | 332.884 | |
| 47.354 | 128.934 | 210.514 | 292.094 | 373.674 |

图 1.104 应力分析结果（应力强度分布）

1.6.2.2　焊缝倒圆的四通结构

几何参数（mm）：

筒体内径 $D_i = 1000$；筒体壁厚 $t=42$；焊缝外倒圆半径 $R=50$；焊缝内倒圆半径 $r=20$

载荷参数：内压载荷，$P=4.0$ MPa

单元选择：ANSYS SOLID185

结构几何模型见图 1.105；线弹性分析结果见图 1.106。

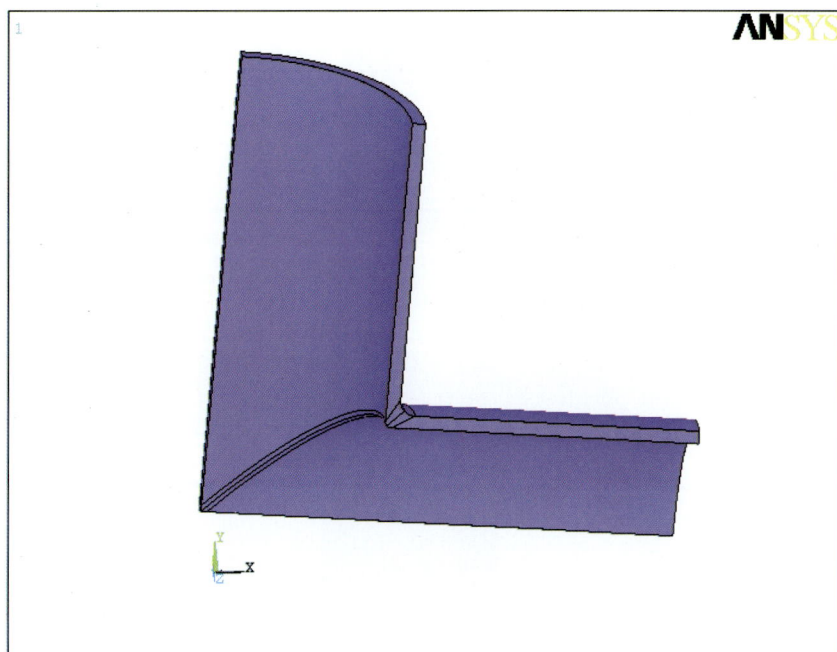

图 1.105　结构几何模型

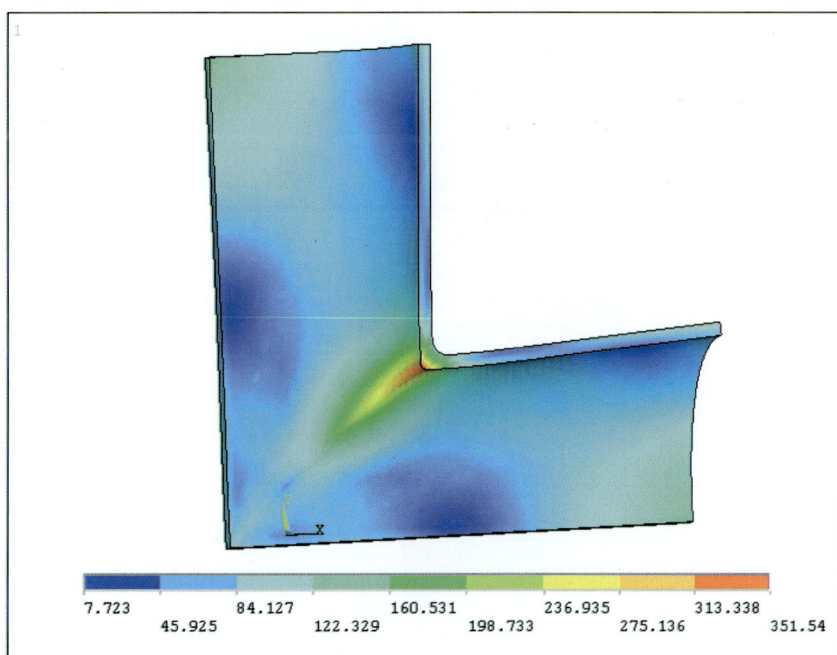

图 1.106　应力分析结果（应力强度分布）

1.6.2.3 考虑焊缝的带环板补强的四通结构

几何参数（mm）：

简体内径 D_i = 1000；简体壁厚 t=42；焊脚高度 h=30；补强板厚度 t_b=42；补强板高度 h=160

载荷参数：内压载荷，P=4.0 MPa

单元选择：ANSYS SOLID185

结构几何模型见图 1.107 a）、b）；线弹性分析结果见图 1.108。

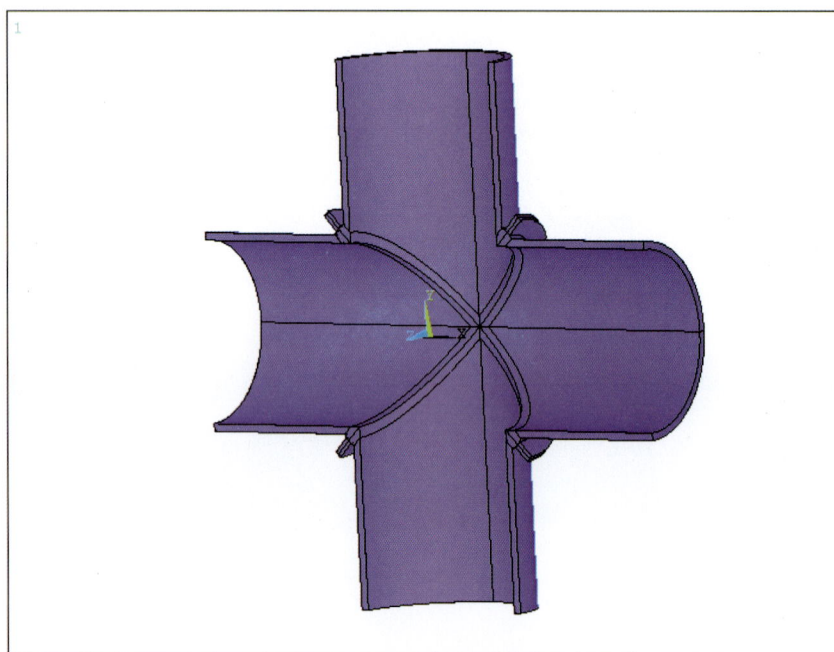

图 1.107 a） 结构几何模型

图 1.107 b） 结构几何模型

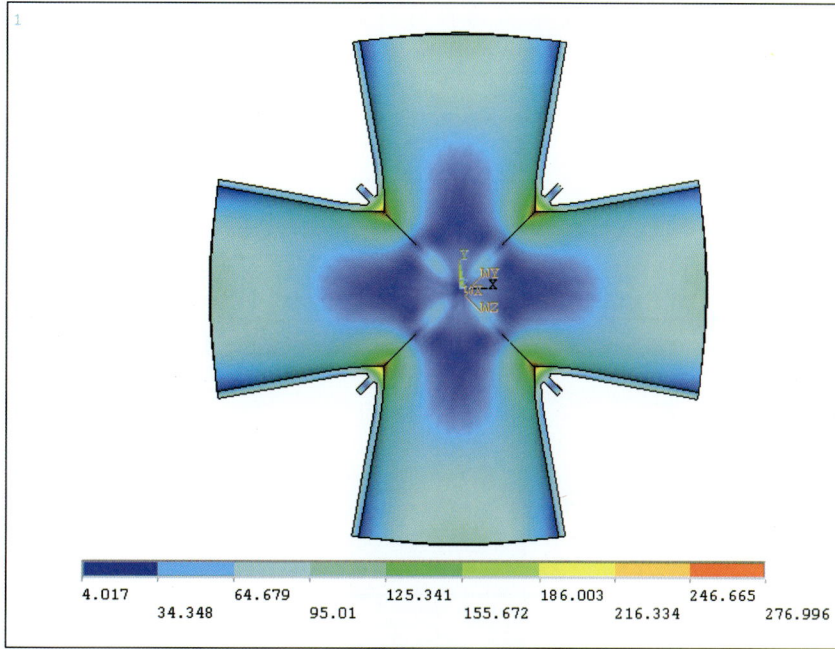

图 1.108　　应力分析结果（应力强度分布）

1.6.2.4 考虑焊缝倒圆的带环板补强的四通结构

几何参数（mm）：

简体内径 $D_i = 1000$；简体壁厚 $t=42$；倒圆半径 $r=20$；补强板厚度 $t_b=42$；补强板高度 $h=160$

载荷参数：内压载荷，$P=4.0$ MPa

单元选择：ANSYS SOLID185

结构几何模型见图 1.109 a）、b）、c）；线弹性分析结果见图 1.110。

图 1.109 a） 结构几何模型

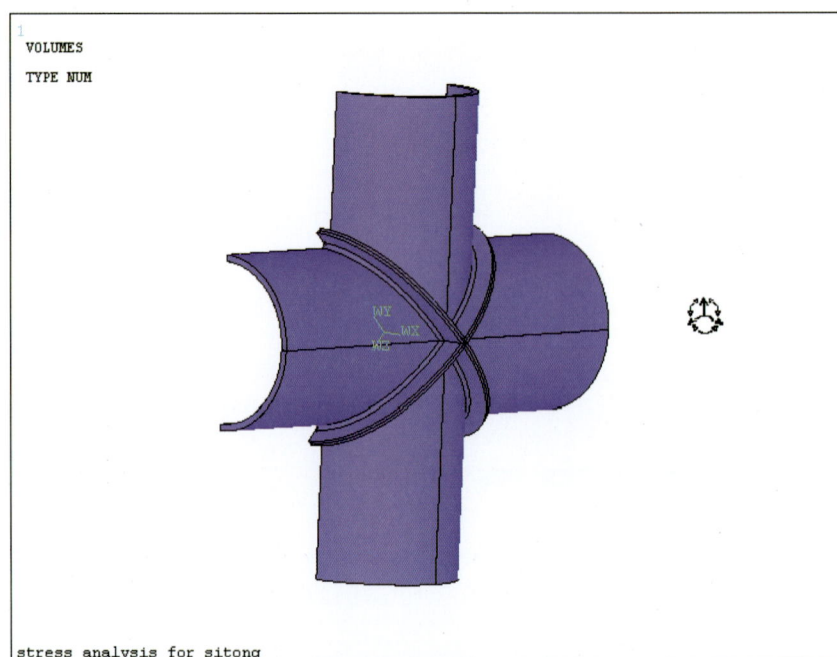

图 1.109 b） 结构几何模型

图 1.109 c)　结构几何模型

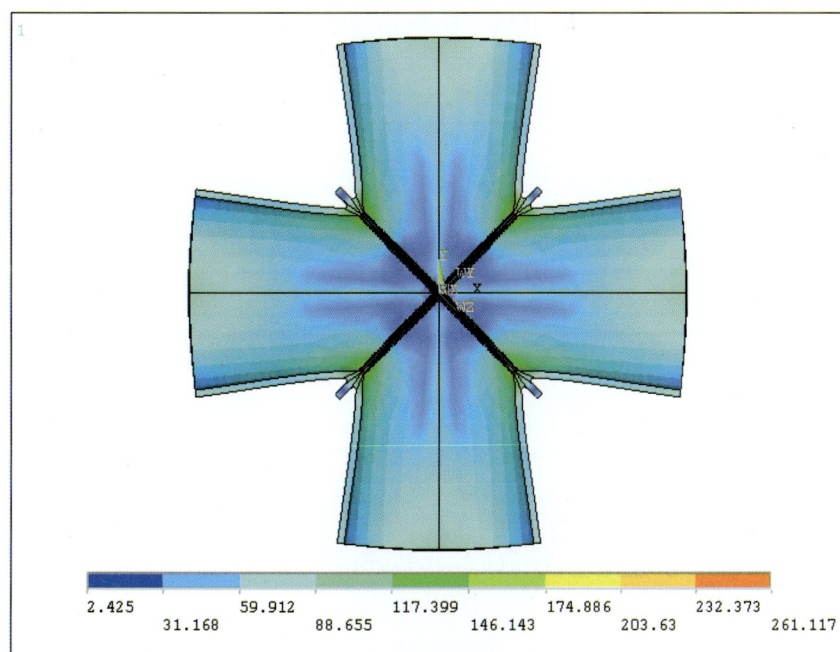

图 1.110　应力分析结果（应力强度分布）

1.7 弯头结构

1.7.1 普通弯头结构

几何参数（mm）：

弯头内径 D_i =500；弯头壁厚 t =20；弯头弯曲半径 R =500

载荷参数：内压载荷，P =6.0 MPa

单元选择：ANSYS SOLID185

结构几何模型见图 1.111；线弹性分析结果见图 1.112。

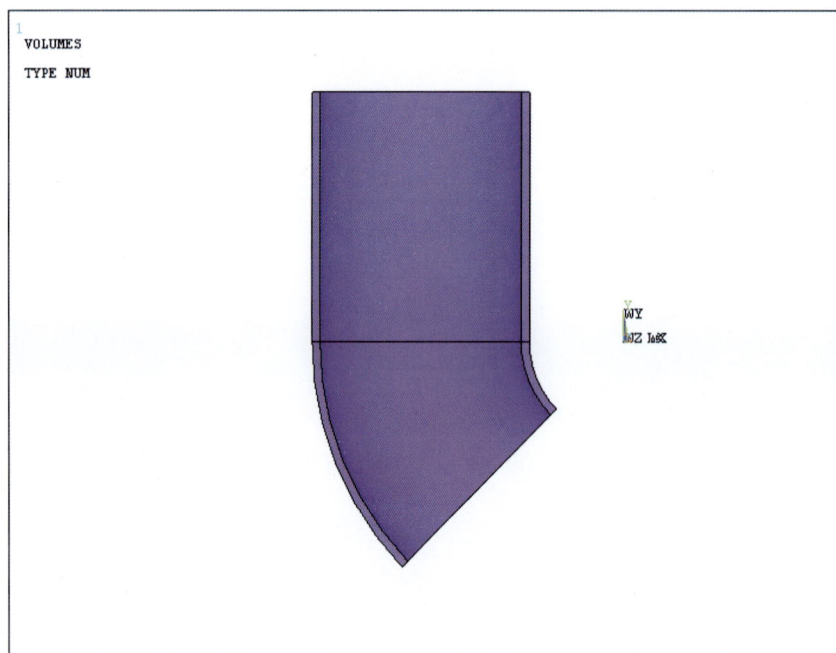

图 1.111　结构几何模型

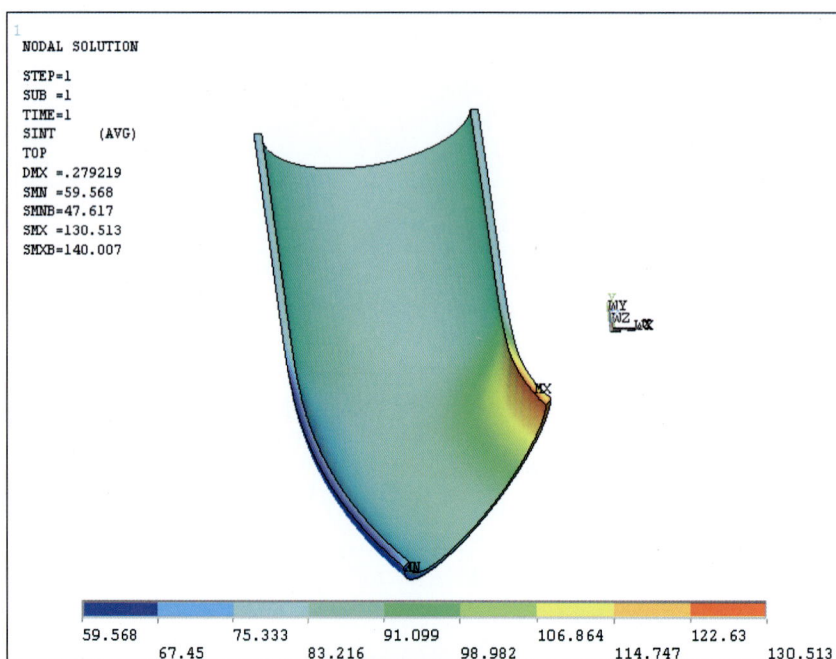

图 1.112　应力分析结果（应力强度分布）

1.7.2 虾米腰弯头结构

几何参数（mm）：

弯头内径 D_i =1000；弯头壁厚 t=20；弯头弯曲半径 R=2000；虾米腰分段数 n=6

载荷参数：内压载荷，P=4.5 MPa

单元选择：ANSYS SOLID185

结构几何模型见图 1.113；线弹性分析结果见图 1.114。

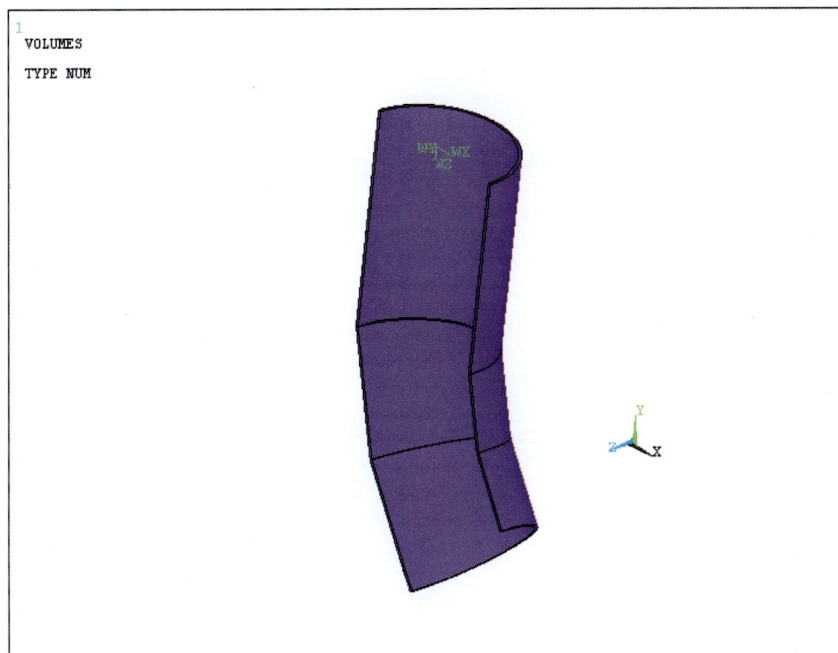

图 1.113 结构几何模型

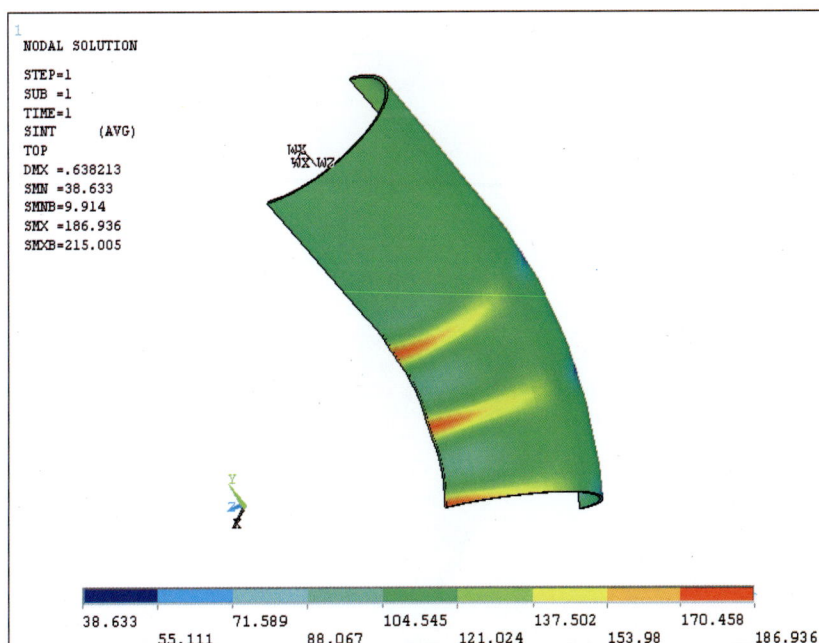

图 1.114 应力分析结果（应力强度分布）

1.7.3 矩形截面虾米腰弯头结构

几何参数（mm）：

矩形截面宽 a=600；矩形截面长 b=600；矩形截面转角半径 r=100；弯头壁厚 t=20；弯头弯曲半径 R=1600；虾米腰分段数 n=6

载荷参数：内压载荷，P=1.6 MPa

单元选择：ANSYS SOLID185

结构几何模型见图 1.115；线弹性分析结果见图 1.116。

图 1.115　结构几何模型

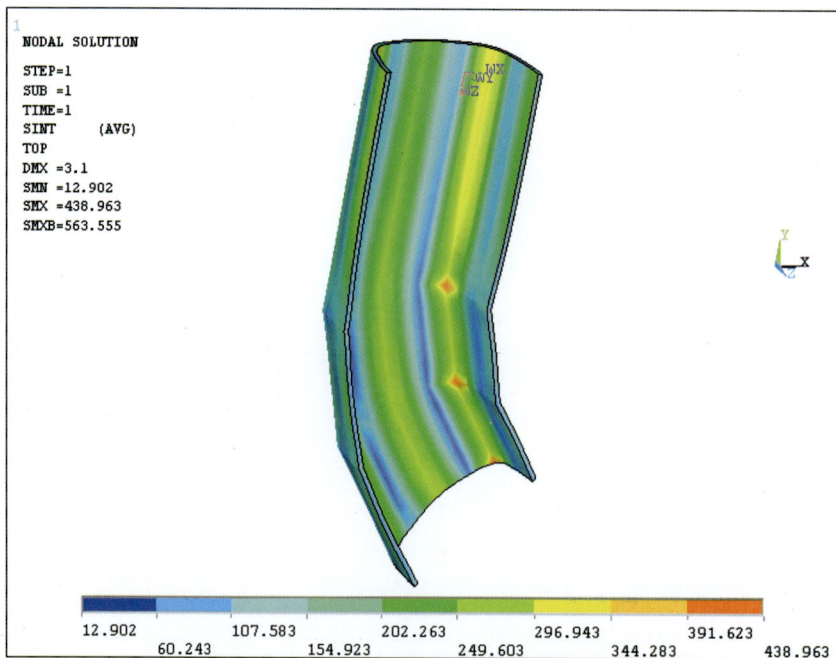

图 1.116　应力分析结果（应力强度分布）

1.7.4　异形变径虾米腰弯头结构

几何参数（mm）：

结构几何参数如图 1.117；虾米腰分段数 $n=7$

载荷参数：内压载荷，$P=3$ MPa

单元选择：ANSYS SOLID185

结构几何模型见图 1.118；线弹性分析结果见图 1.119。

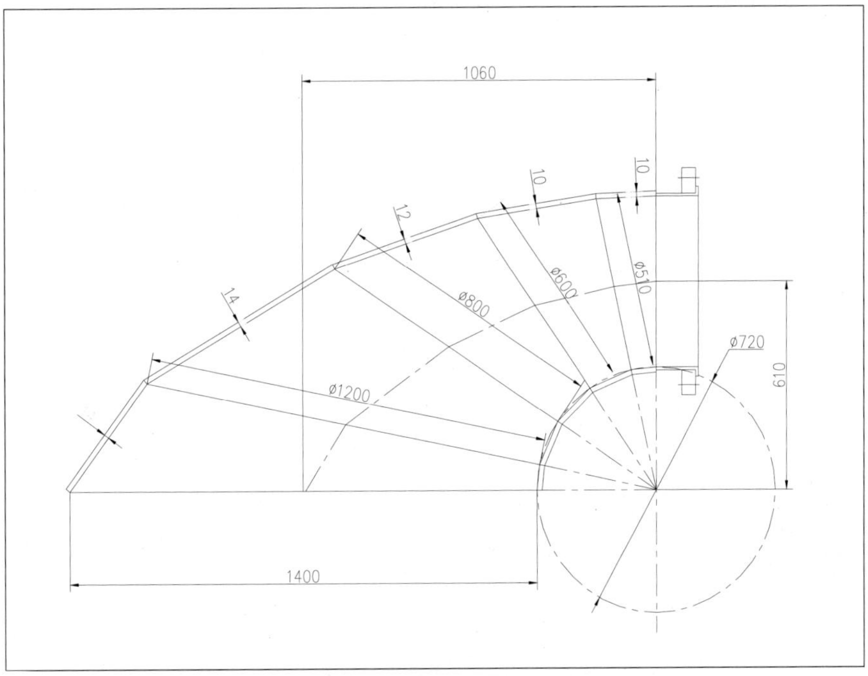

图 1.117　结构几何尺寸图

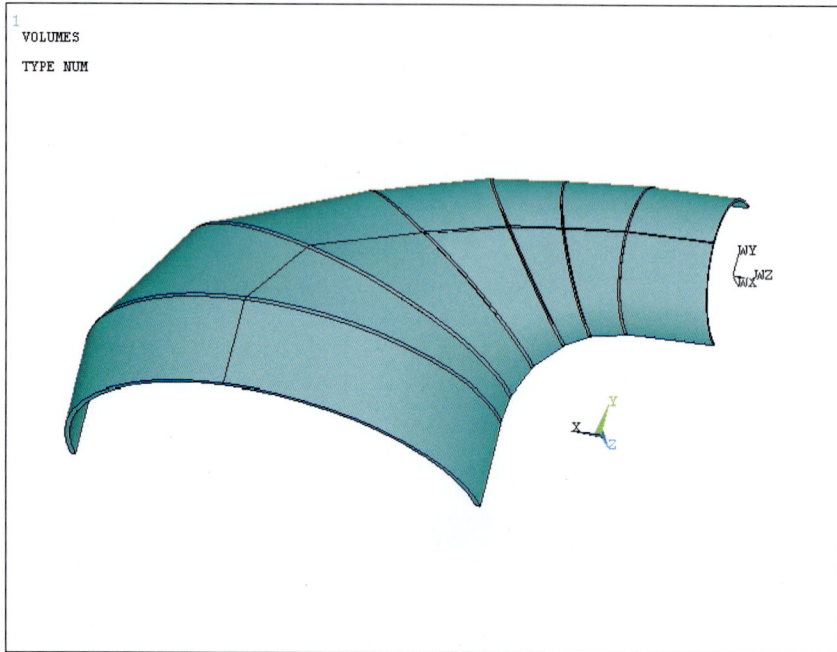

图 1.118　结构几何模型

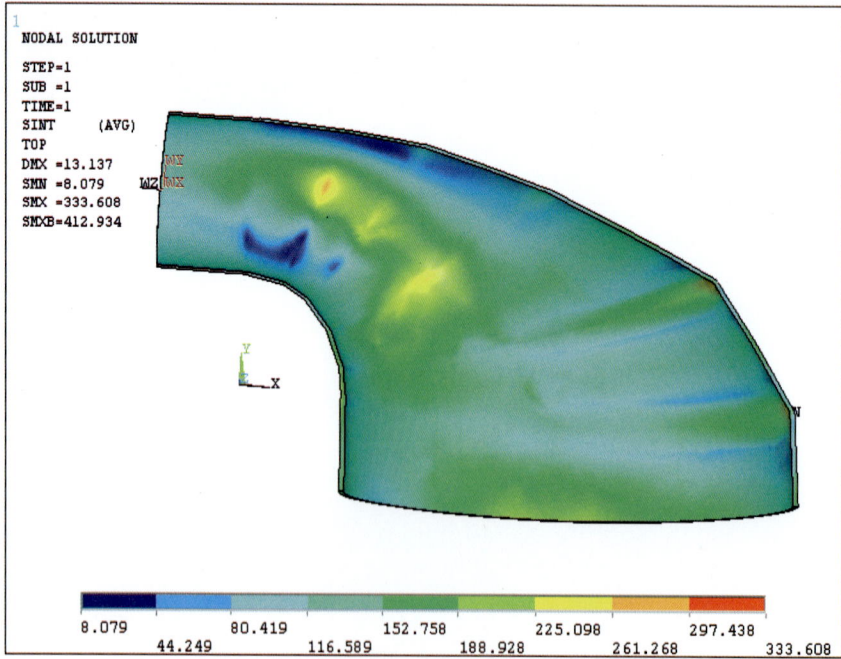

图 1.119　应力分析结果（应力强度分布）

1.8　膨胀节结构

U 形膨胀节结构

几何参数（mm）：

膨胀节内波半径（凹）R_1=45；膨胀节外波半径（凸）R_2=45；膨胀节外径 D=2562；膨胀节内径 d=2184；膨胀节厚度 t=9；膨胀节波数 n=3

载荷参数：内压载荷，P=2.3 MPa；考虑膨胀节轴向位移 S=5mm

单元选择：ANSYS SOLID185

结构几何模型见图 1.120；线弹性分析结果见图 1.121。

图 1.120　结构几何模型

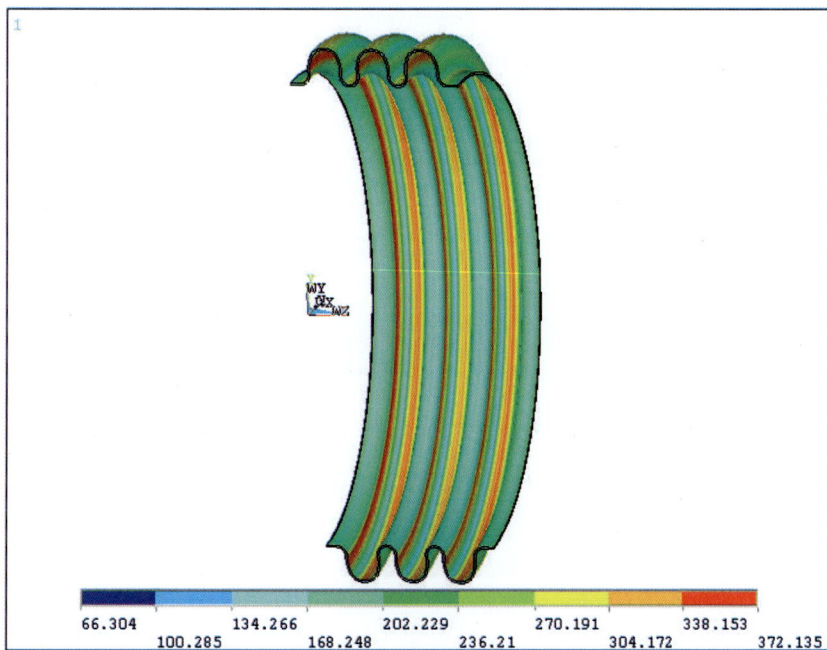

| 66.304 | 134.266 | 202.229 | 270.191 | 338.153 |
| 100.285 | 168.248 | 236.21 | 304.172 | 372.135 |

图 1.121　应力分析结果（应力强度分布）

1.9 典型法兰结构

1.9.1 甲型平焊法兰

几何参数（mm）：

法兰内径 D_i=1500；法兰外径 D_o=1630；法兰螺栓圆直径 D_b=1590；法兰凸台直径 D_t=1541；凸台高度 h=3；法兰焊接根径与接管外壁间距 s=2；接管厚度 t=10；法兰厚度 t_f=48；垫片外径 D_w=1541；垫片内径 D_n=1510；螺孔直径 d_l=23；螺栓直径 d_s=22；螺栓数量 n=44

载荷参数：内压载荷，P=1 MPa；螺栓许用应力 s_t=120 MPa

单元选择：ANSYS SOLID185

结构几何模型见图1.122；线弹性分析结果见图1.123。

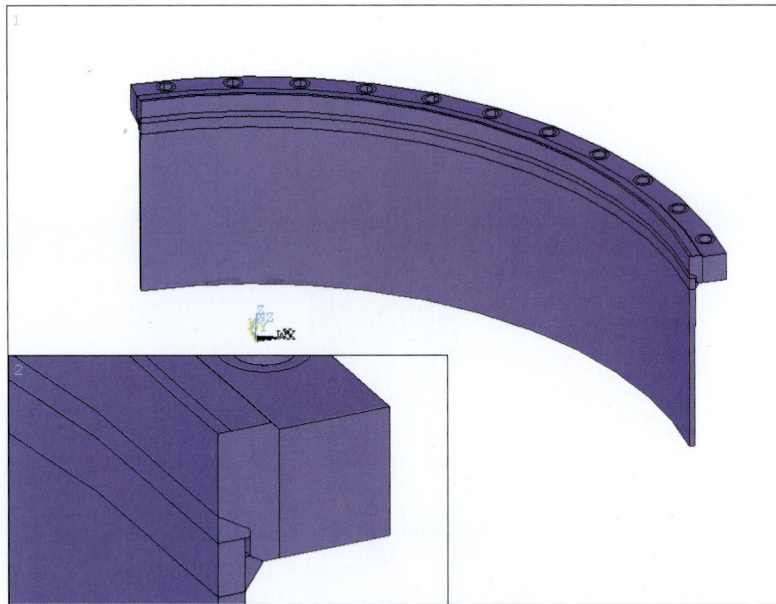

图1.122 结构几何模型

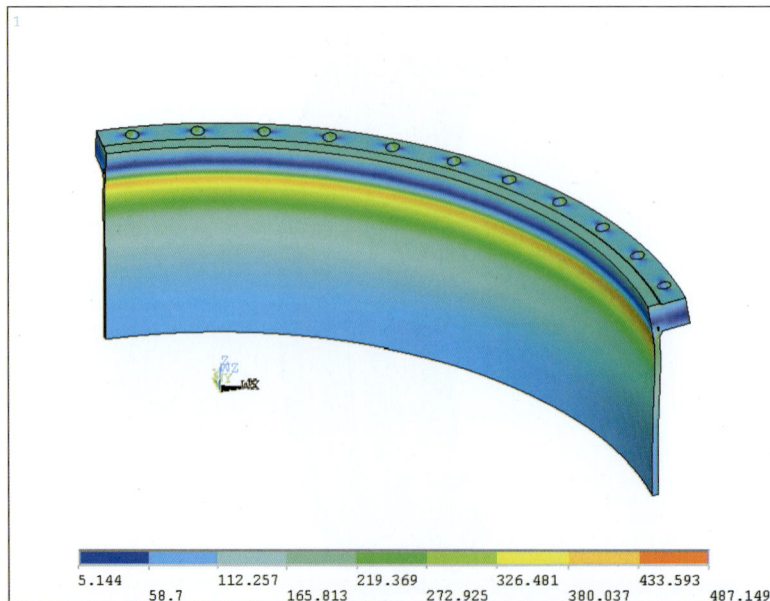

| 5.144 | | 112.257 | | 219.369 | | 326.481 | | 433.593 | |
| | 58.7 | | 165.813 | | 272.925 | | 380.037 | | 487.149 |

图1.123 应力分析结果（应力强度分布）

1.9.2　乙型平焊法兰

几何参数（mm）：

法兰内径 D_i =1600；法兰外径 D_o=1760；法兰螺栓圆直径 D_b=1720；法兰焊接根径与接管外壁间距 s=2；接管厚度 t=12；法兰厚度 t_f=34；凹槽外径 D_w=1636；凹槽内径 D_n=1616；凹槽深度 h=7；螺孔直径 d_l=23；螺栓直径 d_s=22；螺栓数量 n=64

载荷参数：内压载荷，P=1.05 MPa；螺栓许用应力 s_t=120 MPa

单元选择：ANSYS SOLID185

结构几何模型见图 1.124；线弹性分析结果见图 1.125。

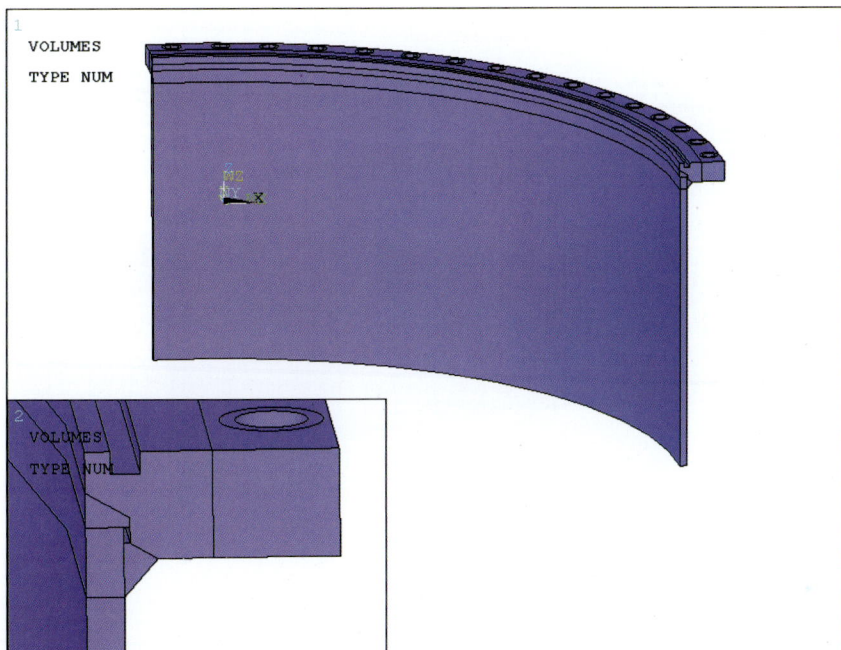

图 1.124　结构几何模型

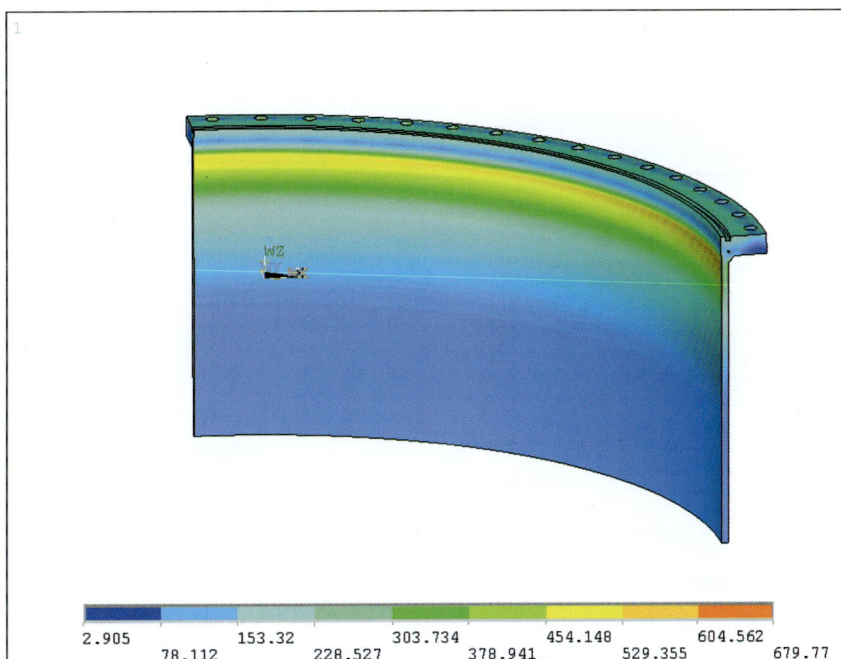

图 1.125　应力分析结果（应力强度分布）

1.9.3　长颈法兰

几何参数（mm）：

法兰内径 D_i =1500；法兰外径 D_o=1660；法兰螺栓圆直径 D_b=1615；法兰凸台直径 D_t=1556；法兰加强段根径 D_g=1552；接管厚度 t=10；法兰厚度 t_f=60；垫片外径 D_w=1540；垫片内径 D_n=1510；凸台高度 h=3；法兰颈高度 H_z=40；螺孔直径 d_l=27；螺栓直径 d_s=24；螺栓数量 n=48

载荷参数：内压载荷，P=1.0 MPa；螺栓许用应力 s_t=100 MPa

单元选择：ANSYS SOLID185

结构几何模型见图 1.126；线弹性分析结果见图 1.127。

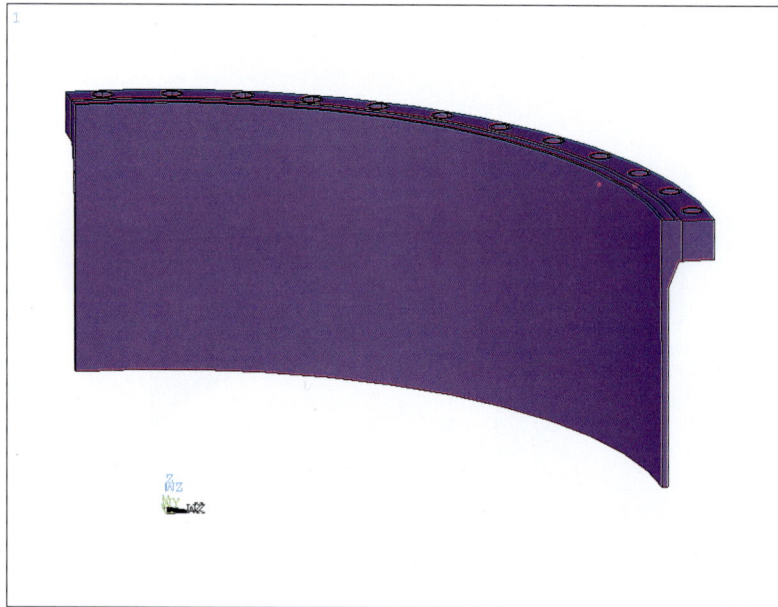

图 1.126　结构几何模型

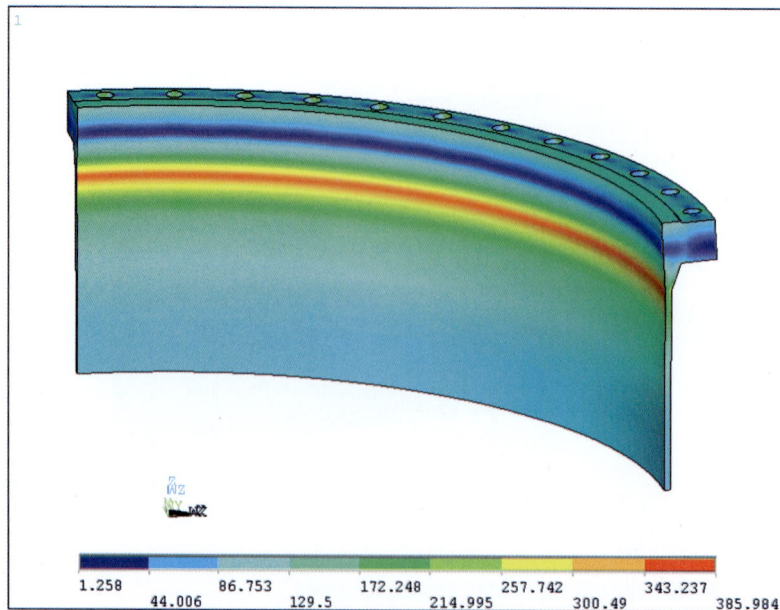

图 1.127　应力分析结果（应力强度分布）

1.9.4 椭圆封头法兰夹套联合结构

几何参数（mm）：

内筒体内径 D_{il}=350；内筒体壁厚 t_1=8；夹套筒体内径 D_{il}=450；夹套筒体壁厚 t_1=8；两封头切线间距 s_p=25；夹套折边角度 a_{rfa}=45°；法兰轴线与筒体轴线间距 s_s=50；法兰内接管外径 D_{fl}=114.3；法兰内接管壁厚 t_{fl}=10；法兰外接管外径 D_{fl}=219；法兰外接管壁厚 t_{fl}=10；法兰外径 D_o=380；法兰螺栓圆直径 D_b=330.2；法兰厚度 t_f=55.6；凸台直径 D_t=157.2；凸台高度 h=2；螺孔直径 d_f=24；螺栓直径 d_s=24；螺栓数量 n=12

载荷参数：内压载荷 P=1.0 MPa；夹套内压 P=1.0 MPa；螺栓许用应力 s_t=88 MPa

单元选择：ANSYS SOLID185

结构几何模型见图 1.128；线弹性分析结果见图 1.129 a）、b）、c）。

图 1.128 结构几何模型

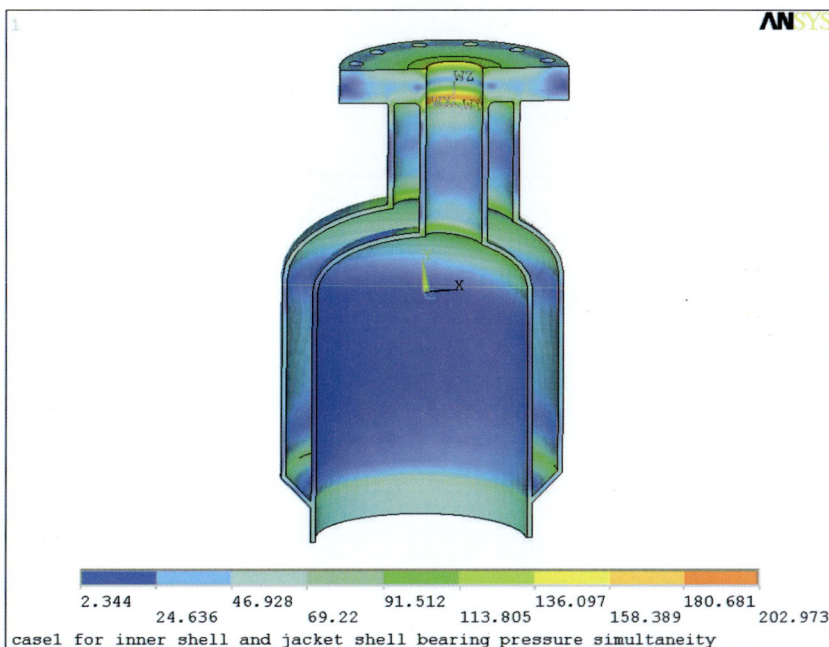

| 2.344 | 46.928 | 91.512 | 136.097 | 180.681 |
| 24.636 | 69.22 | 113.805 | 158.389 | 202.973 |

case1 for inner shell and jacket shell bearing pressure simultaneity

图 1.129 a） 应力分析结果（应力强度分布） —容器内及夹套均承压

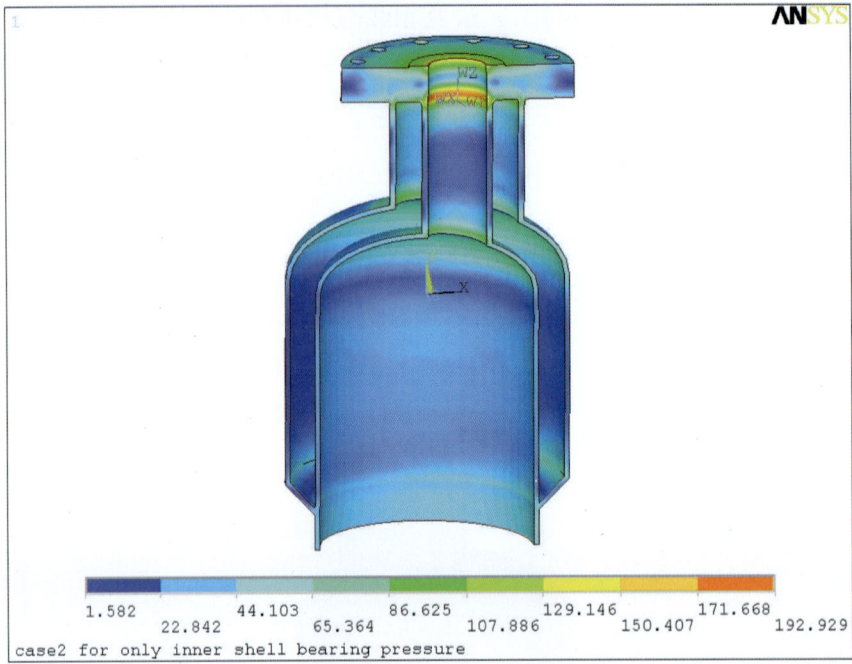

图 1.129 b)　应力分析结果（应力强度分布）—仅容器内承压

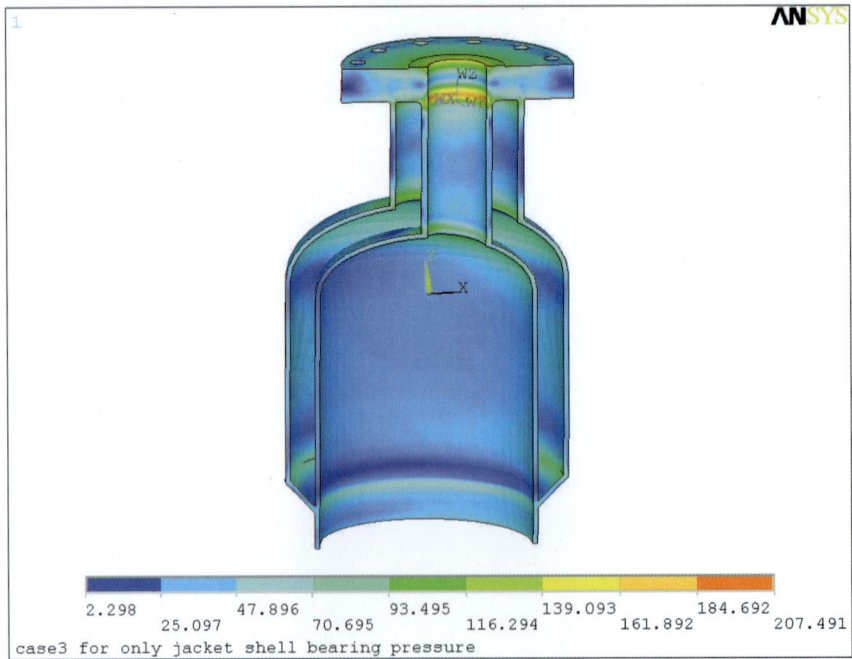

图 1.129 c)　应力分析结果（应力强度分布）—仅夹套承压

第 2 章　球形储罐应力分析图谱

2.1　球形储罐整体分析

2.1.1　支柱与球壳间直连式结构

设计参数：

物料充装系数	0.9
内径	17900mm
支柱数量	10
设计压力	1.7MPa
基本风压	800N/m^2
水平地震	0.2g（设防烈度：7 度）
储存介质密度	525.6kg/m^3
腐蚀裕量	1mm
球罐壳体材料	NK-HITEN610U2
球罐支柱材料	NK-HITEN610U2（上）、Q345—C（下）

结构强度尺寸：

部件尺寸名称	对应尺寸，mm
球壳厚度	42
支柱内径	600
支柱壁厚	16
支柱高度	12450
拉杆上端距支柱底面距离	8100
拉杆直径	70

单元选择：ANSYS SOLID185

结构几何模型见图2.1；有限元模型见图2.2 a）、b）；线弹性分析结果见图2.3 a）、b）、c）。

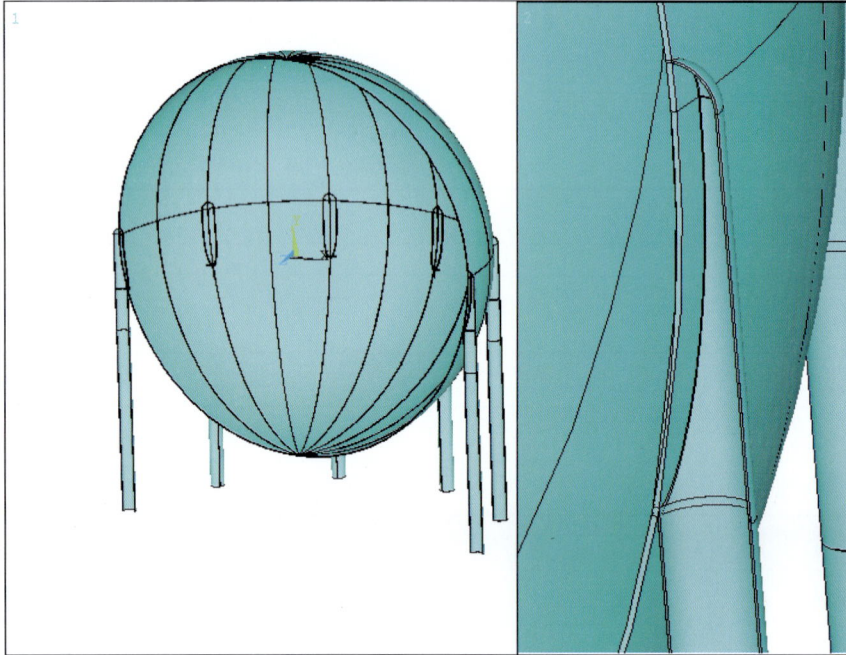

图 2.1 结构几何模型

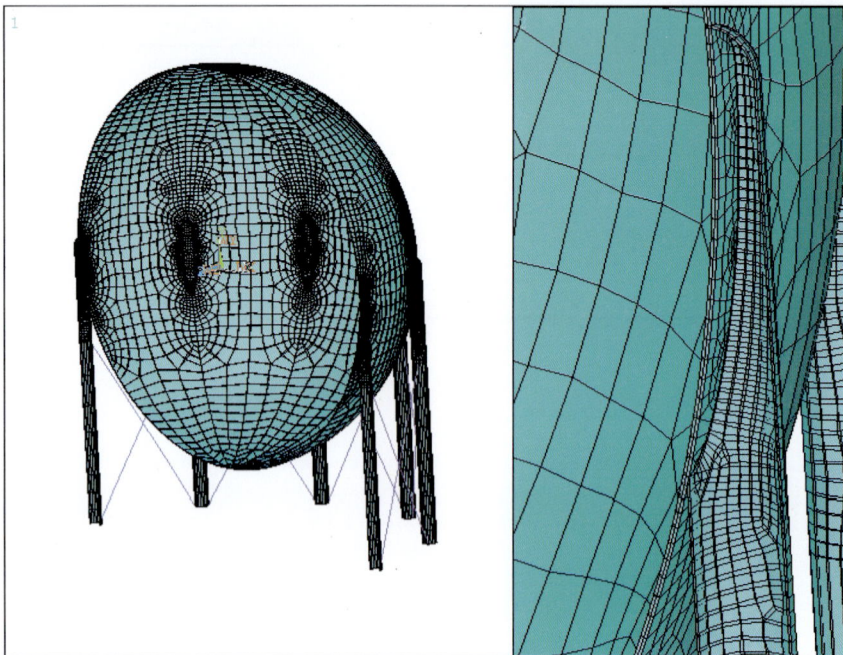

图 2.2 a) 有限元模型

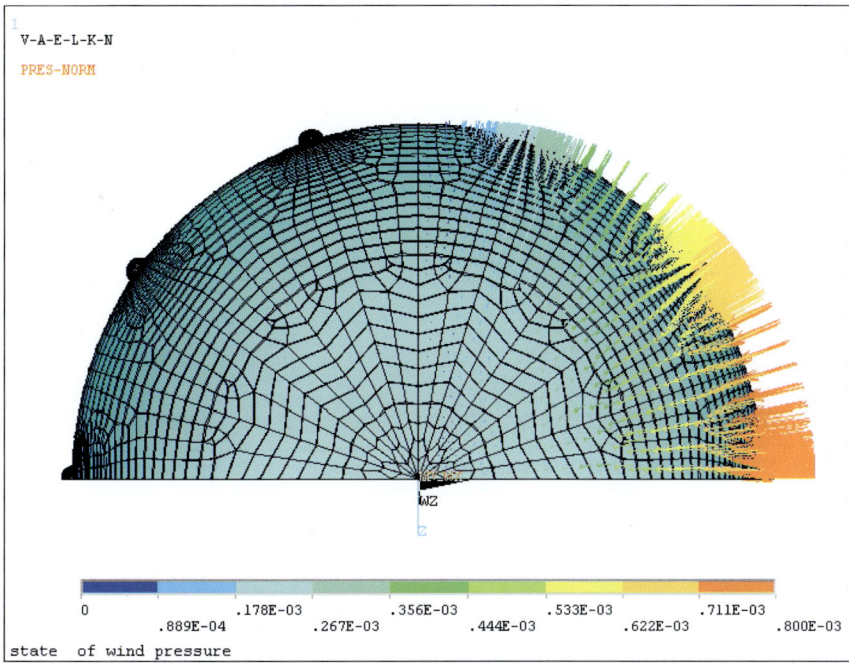

图 2.2 b)　有限元模型—风载荷施加

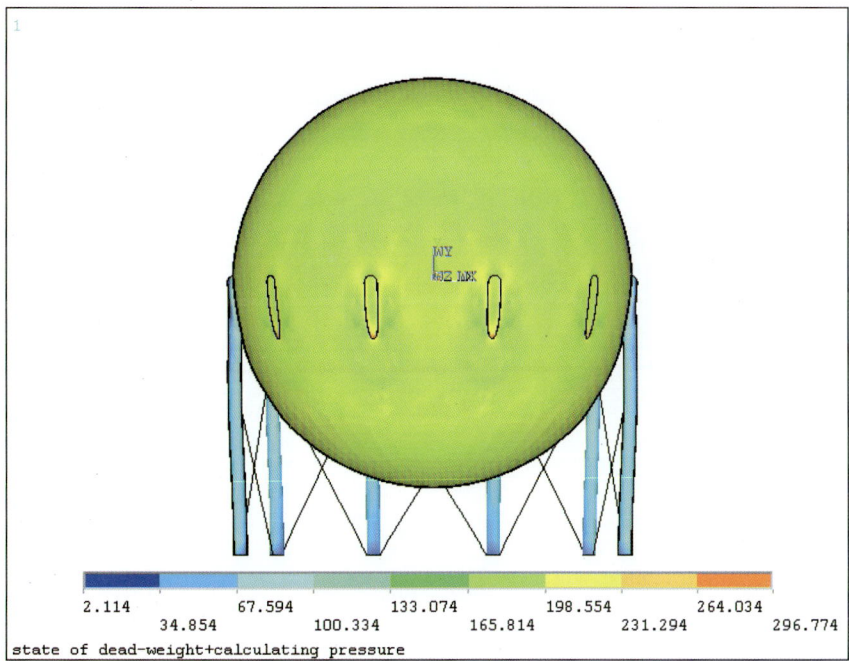

图 2.3 a)　应力分析结果（应力强度分布）—自重+内压工况

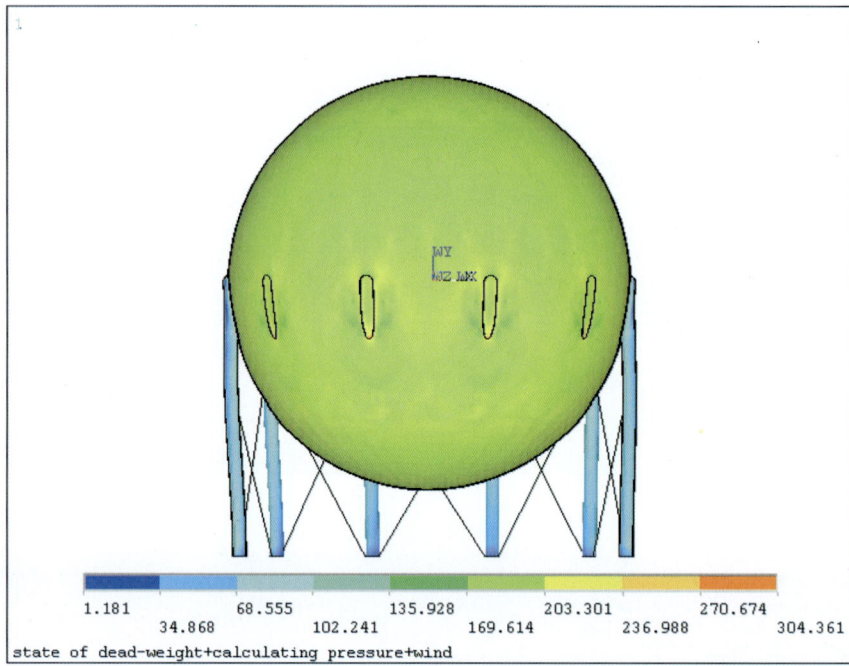

图 2.3 b)　应力分析结果（应力强度分布）—自重+内压+风载荷工况

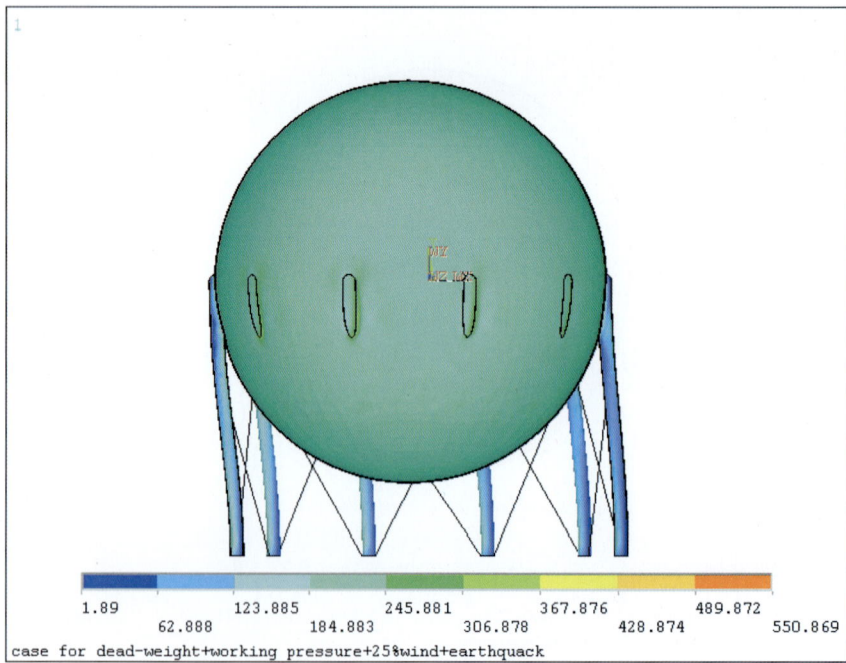

图 2.3 c)　应力分析结果（应力强度分布）—自重+内压+25%风载荷+地震工况

2.1.2　支柱与球壳间带拖板连接结构

设计参数：

物料充装系数	0.9
内径	17900mm
支柱数量	10
设计压力	1.7MPa
基本风压	800N/m²
水平地震	0.2g（设防烈度：7 度）
储存介质密度	525.6kg/m³
腐蚀裕量	1 mm
球罐壳体材料	NK-HITEN610U2
球罐支柱材料	NK-HITEN610U2（上）、Q345—C（下）

结构强度尺寸：

部件尺寸名称	带拖板连接结构对应尺寸，mm
球壳厚度	42
支柱内径	600
支柱壁厚	16
托板壁厚	16
托板内壁间距	350
托板直板部分下端距支柱上端距离	2560
支柱高度	12450
拉杆下端距支柱底面距离	600
拉杆上端距支柱底面距离	8100
拉杆直径	70

单元选择：ANSYS SOLID185

结构几何模型见图 2.4；有限元模型见图 2.5 a）、b）；线弹性分析结果见图 2.6 a）、b）、c）。

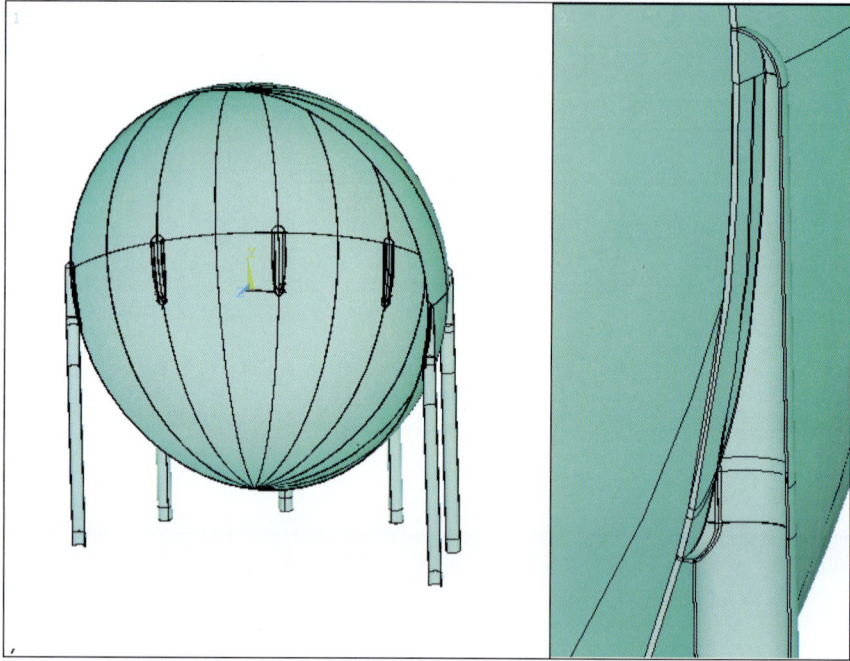

图 2.4　结构几何模型

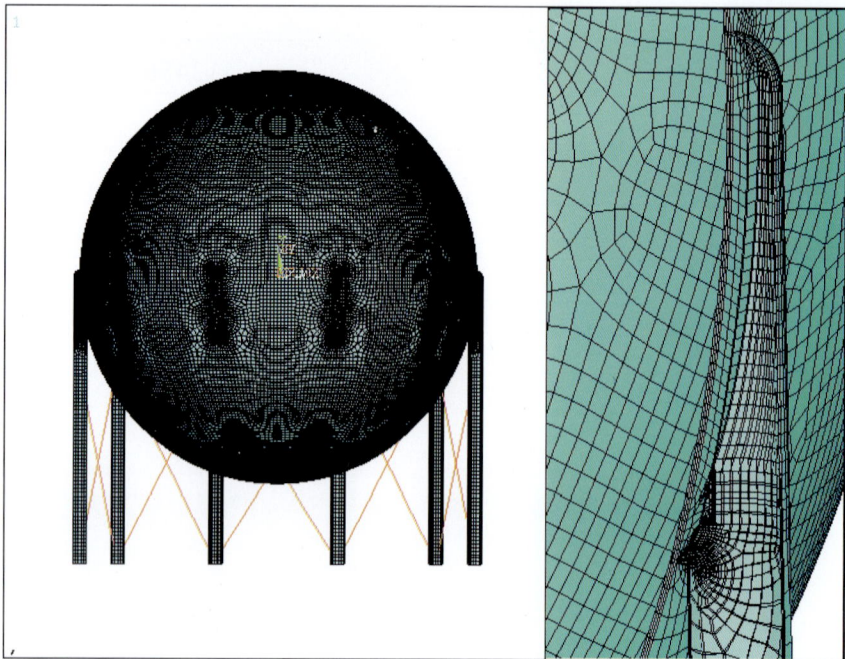

图 2.5 a)　有限元模型

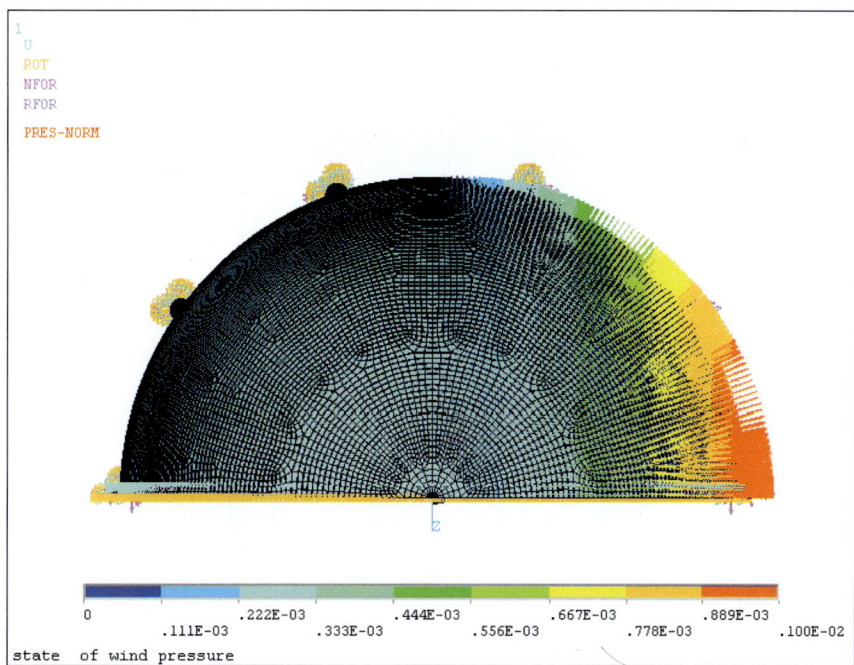

图 2.5 b)　有限元模型—风载荷施加

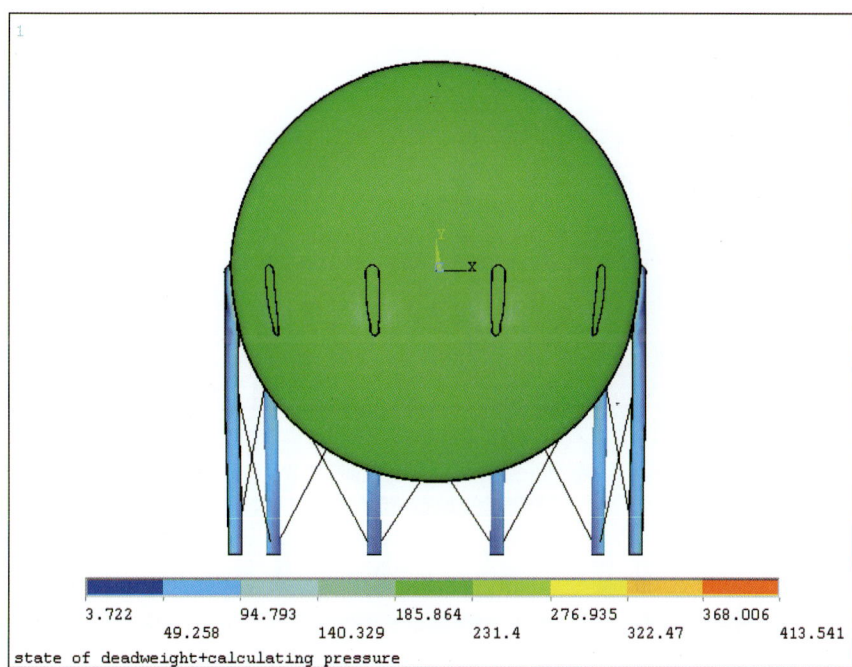

图 2.6 a)　应力分析结果（应力强度分布）—自重+内压工况

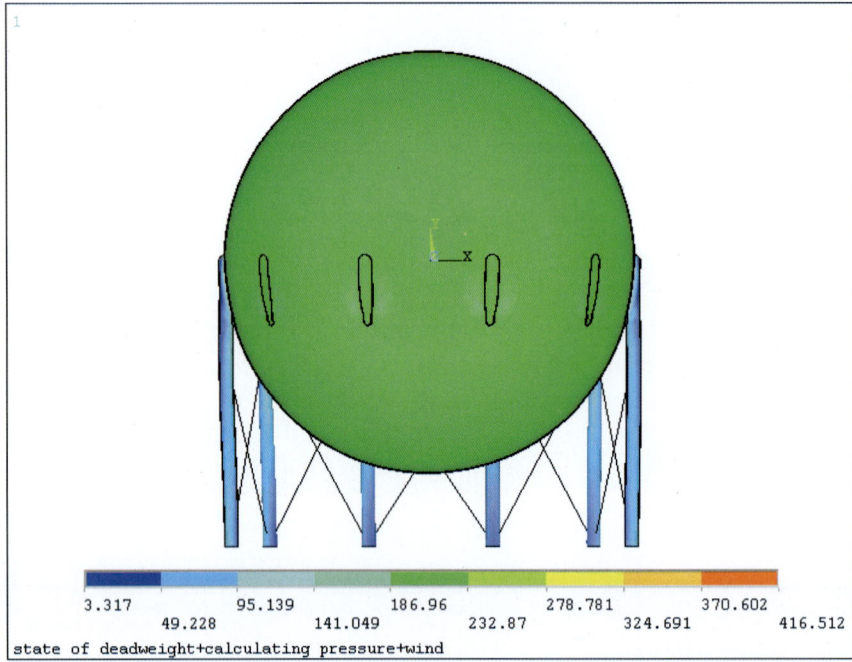

state of deadweight+calculating pressure+wind

| 3.317 | 95.139 | 186.96 | 278.781 | 370.602 |
| 49.228 | 141.049 | 232.87 | 324.691 | 416.512 |

图 2.6 b) 应力分析结果（应力强度分布）—自重+内压+风载荷工况

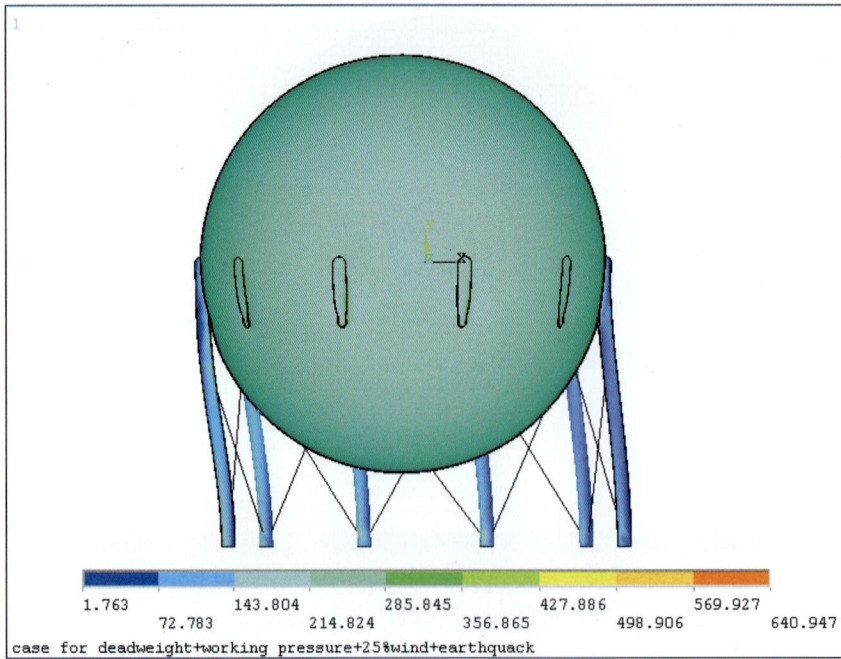

case for deadweight+working pressure+25%wind+earthquack

| 1.763 | 143.804 | 285.845 | 427.886 | 569.927 |
| 72.783 | 214.824 | 356.865 | 498.906 | 640.947 |

图 2.6 c) 应力分析结果（应力强度分布）—自重+内压+25%风载荷+地震工况

2.1.3 支柱与球壳间 U 形柱结构

设计参数：

物料充装系数	0.9
内径	17900mm
支柱数量	10
设计压力	1.7MPa
基本风压	800N/m²
水平地震	0.2g（设防烈度：7 度）
储存介质密度	525.6kg/m³
腐蚀裕量	1 mm
球罐壳体材料	NK-HITEN610U2
球罐支柱材料	NK-HITEN610U2（上）、Q345—C（下）

结构强度尺寸：

部件尺寸名称	U 形柱结构对应尺寸，mm
球壳厚度	42
支柱内径	600
支柱壁厚	16
U 形柱托板壁厚	30
托板距支柱上端距离	2900
支柱高度	12450
拉杆下端距支柱底面距离	600
拉杆上端距支柱底面距离	8100
拉杆直径	70

单元选择：ANSYS SOLID185

结构几何模型见图 2.7；有限元模型见图 2.8 a）、b）；线弹性分析结果见图 2.9 a）、b）、c）。

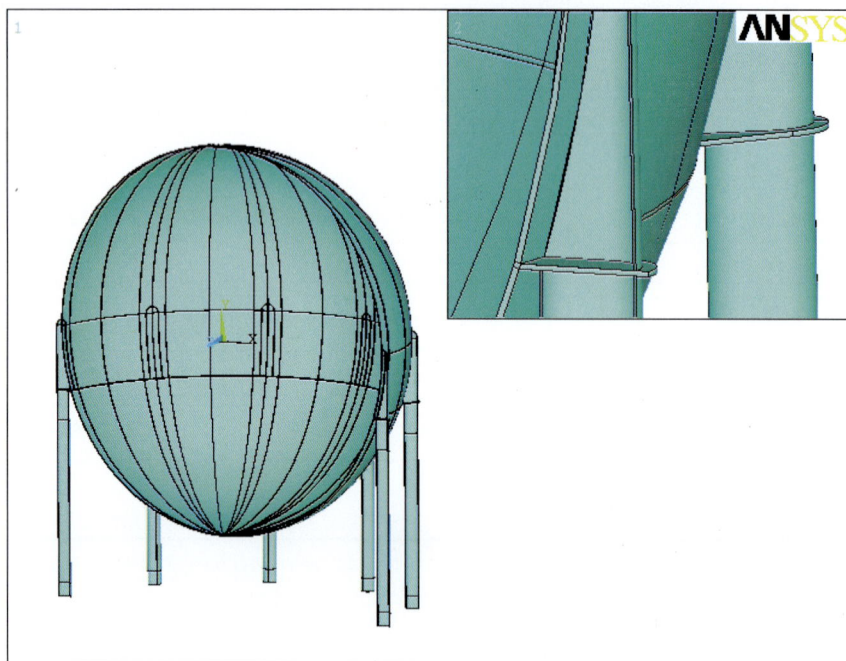

图 2.7　结构几何模型

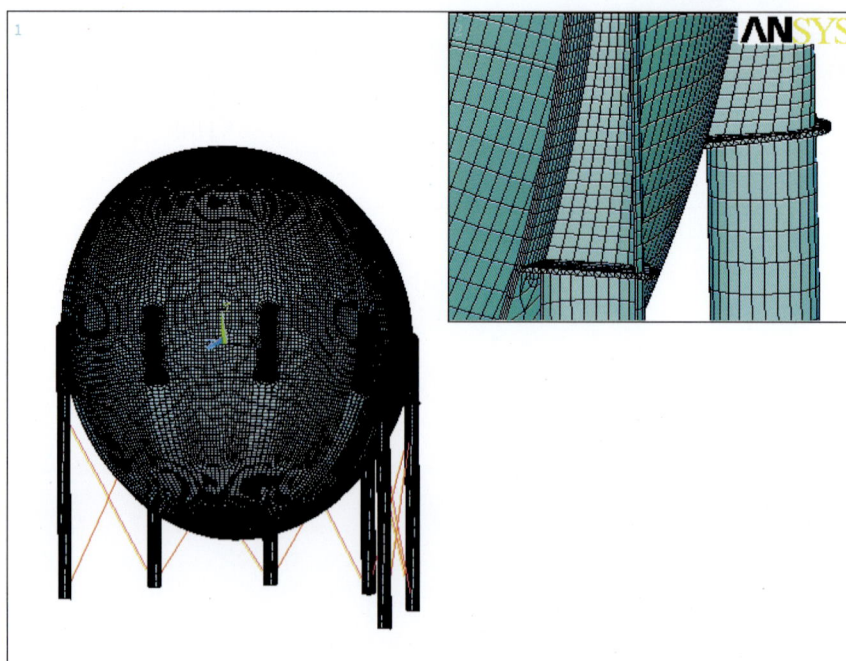

图 2.8 a）　有限元模型

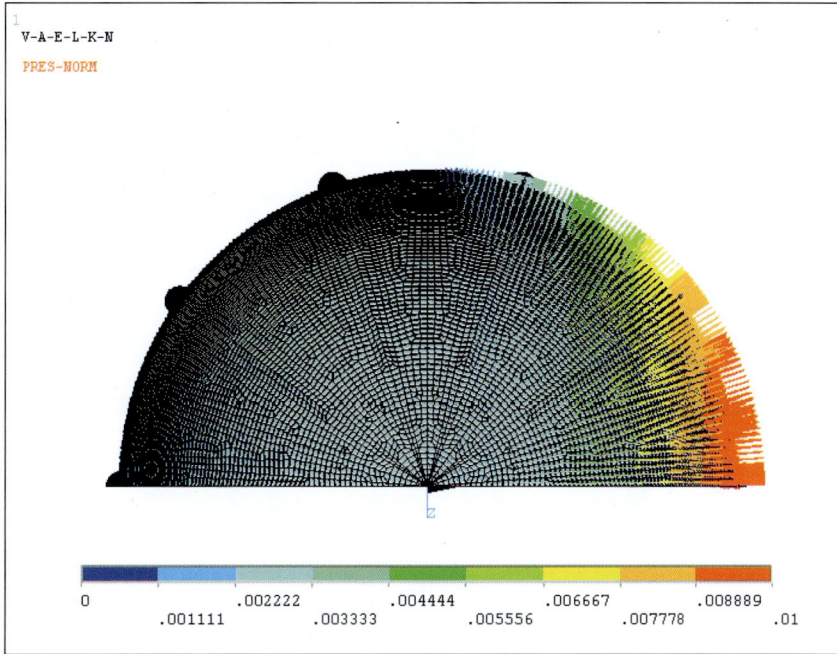

图 2.8 b)　有限元模型—风载荷施加

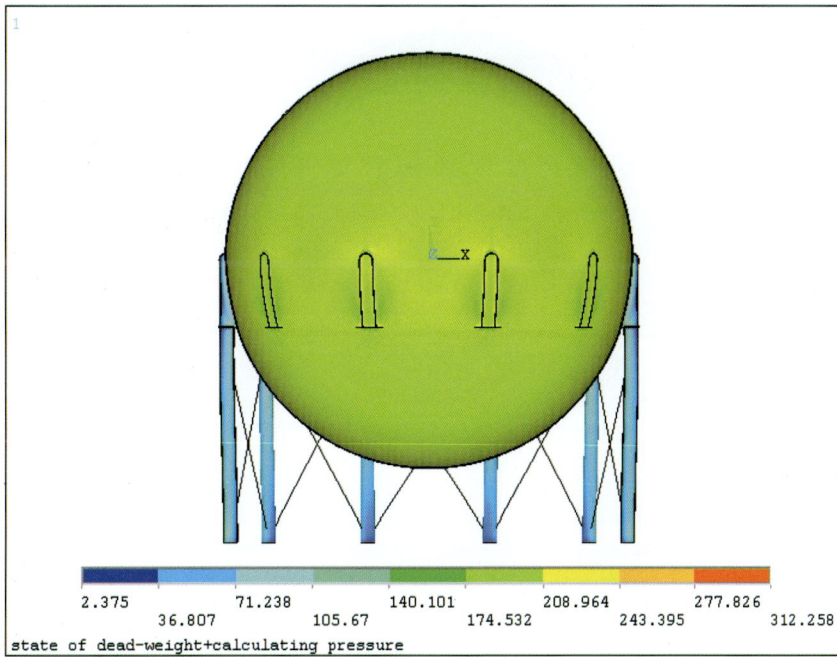

图 2.9 a)　应力分析结果（应力强度分布）—自重+内压工况

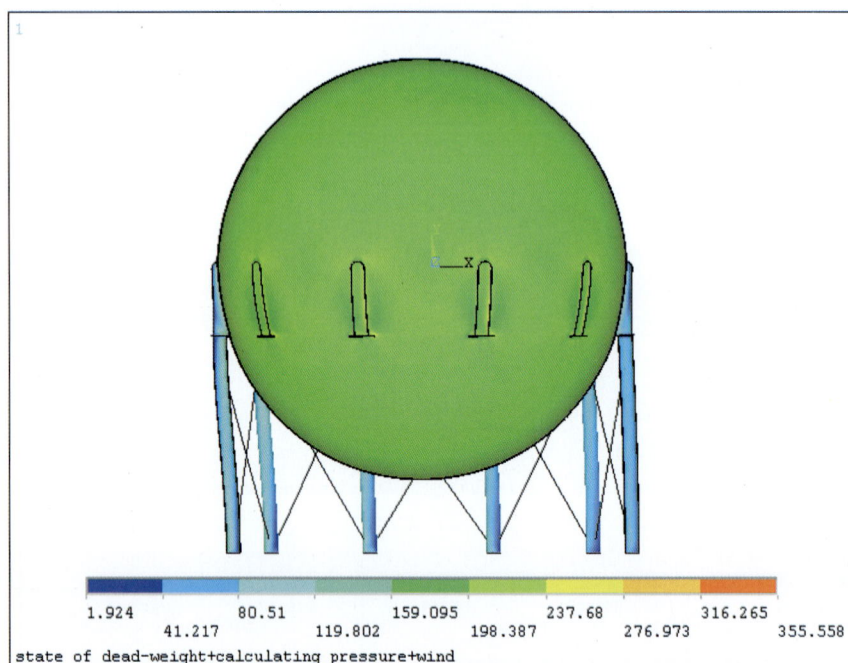

state of dead-weight+calculating pressure+wind

图 2.9 b) 应力分析结果（应力强度分布）—自重+内压+风载荷工况

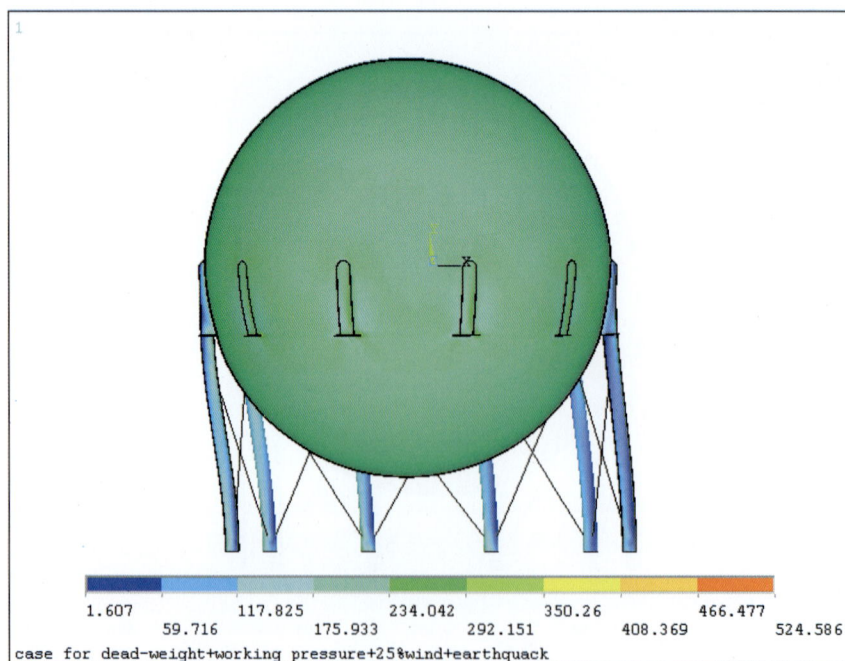

case for dead-weight+working pressure+25%wind+earthquack

图 2.9 c) 应力分析结果（应力强度分布）—自重+内压+25%风载荷+地震工况

2.1.4　支柱与球壳间长圆形连接结构

设计参数：

物料充装系数	0.9
内径	17900mm
支柱数量	10
设计压力	1.7MPa
基本风压	800N/m^2
水平地震	0.2g（设防烈度：7 度）
储存介质密度	525.6kg/m^3
腐蚀裕量	1 mm
球罐壳体材料	NK-HITEN610U2
球罐支柱材料	NK-HITEN610U2（上）、Q345—C（下）

结构强度尺寸：

部件尺寸名称	长圆形结构对应尺寸，mm
球壳厚度	42
支柱内径	600
支柱壁厚	16
托板壁厚	16
下端 U 形托板上边缘距上支柱顶端（筒体部分）距离	2900
支柱高度	12450
拉杆下端距支柱底面距离	600
拉杆上端距支柱底面距离	8100
拉杆直径	70

单元选择：ANSYS SOLID185

结构几何模型见图 2.10；有限元模型见图 2.11 a)、b)；线弹性分析结果见图 2.12 a)、b)、c)。

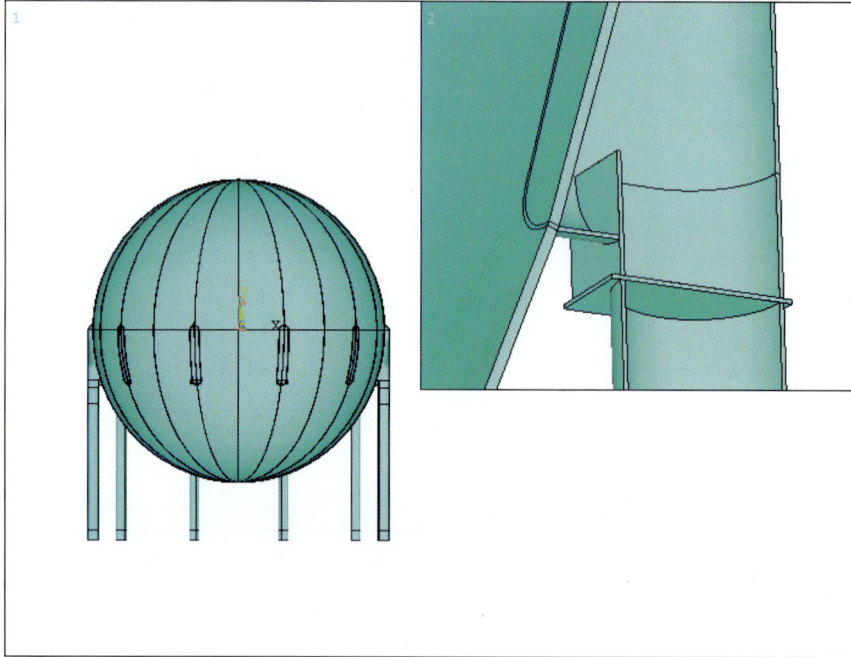

图 2.10　结构几何模型

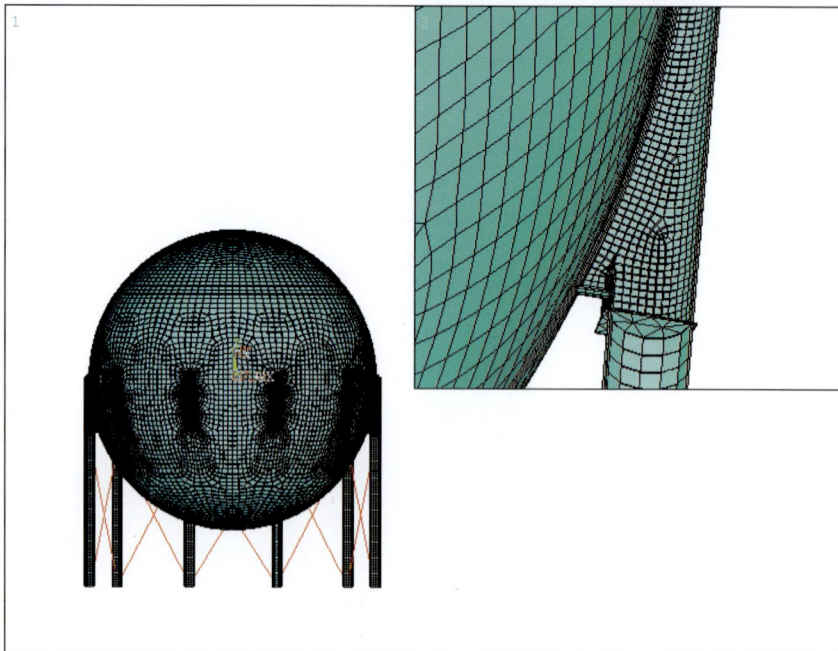

图 2.11 a)　有限元模型

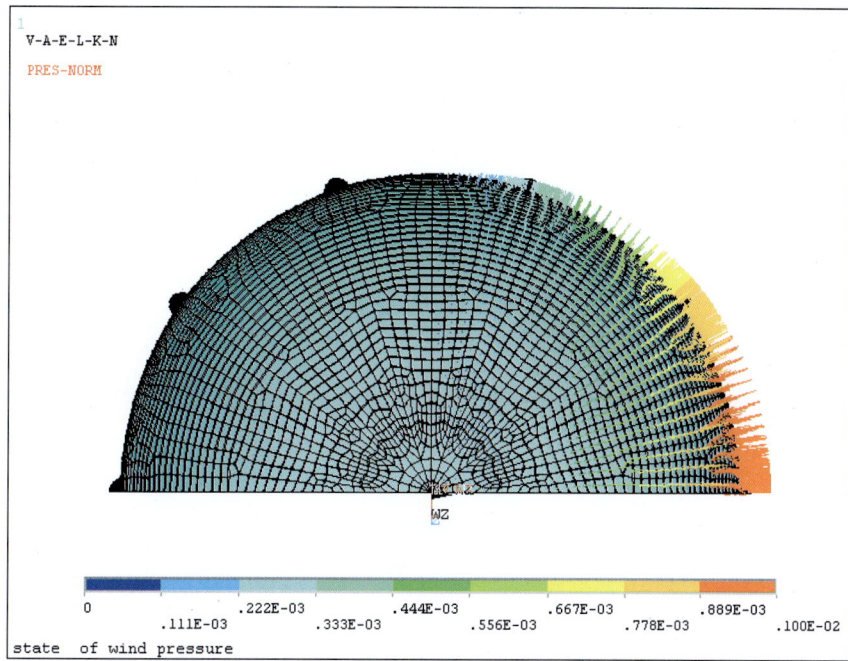

图 2.11 b)　有限元模型—风载荷施加

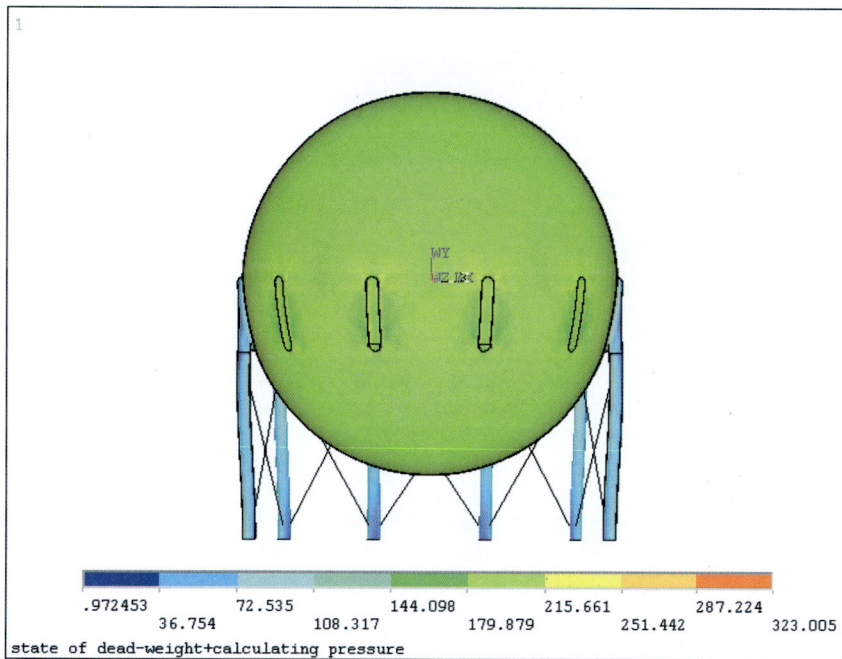

图 2.12 a)　应力分析结果（应力强度分布）—自重+内压工况

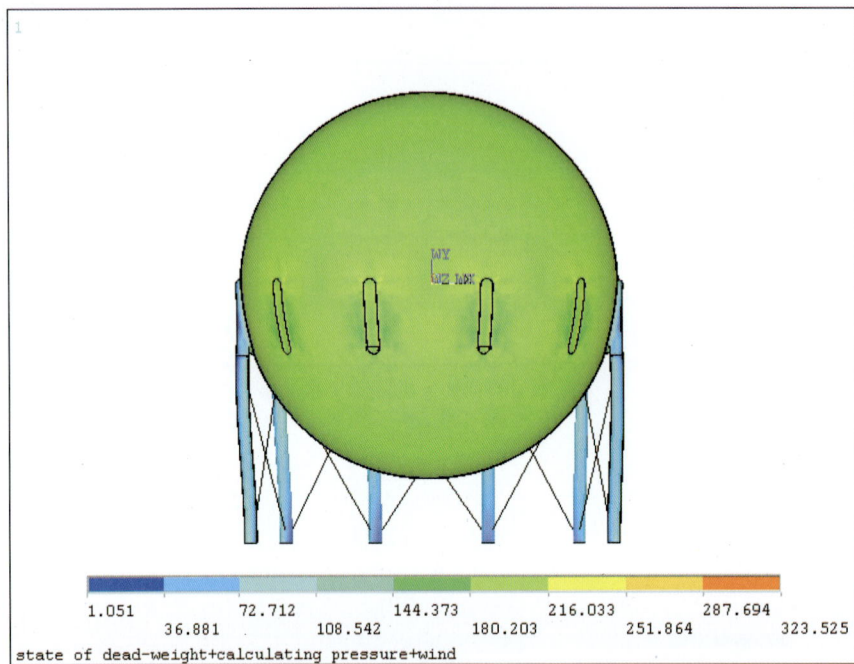

图 2.12 b)　应力分析结果（应力强度分布）—自重+内压+风载荷工况

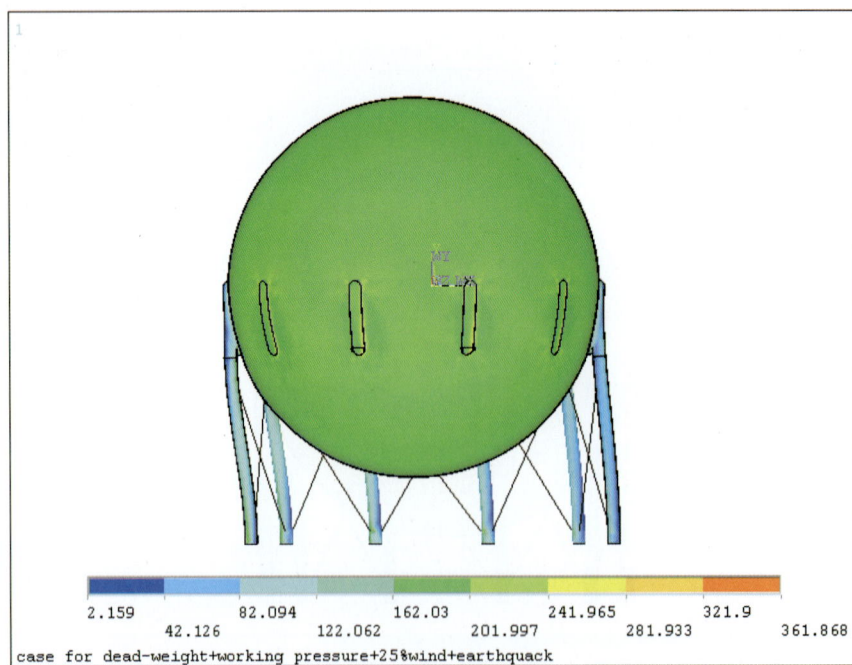

图 2.12 c)　应力分析结果（应力强度分布）—自重+内压+25%风载荷+地震工况

2.2　球形储罐局部结构分析

2.2.1　人孔整体锻件结构

几何参数（mm）：

球罐内径 D_i= 17900；球罐壁厚 t=42；腐蚀裕量 C=1；人孔锻件下端外径 D_o=1530；人孔锻件中间折边外径 D_M=1030；人孔锻件下端锥形外表面倾角 A_{N1}=30°；人孔锻件上端锥形外表面倾角 A_{N1}=45°；人孔接管内径 D_I=500；人孔接管外径 D_{o1}=530；人孔内倒角半径 R=20

载荷参数：内压载荷，P=1.7 MPa

单元选择：ANSYS PLANE82 轴对称单元

结构几何模型见图 2.13；线弹性分析结果见图 2.14。

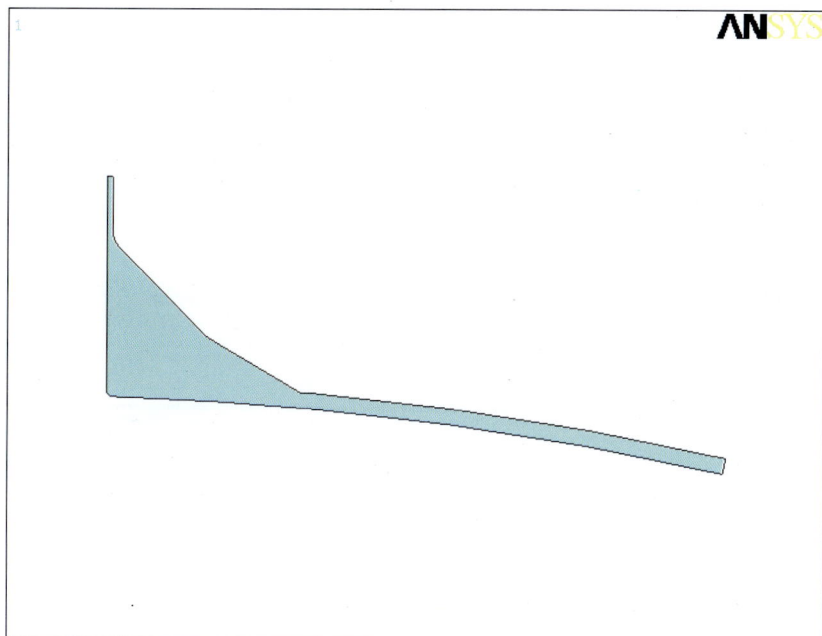

图 2.13　结构几何模型

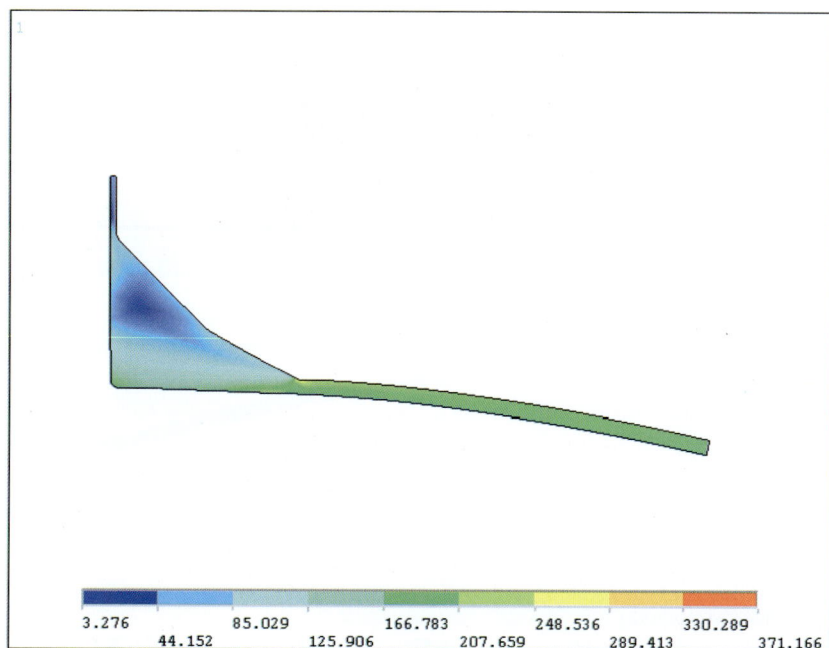

| 3.276 | | 85.029 | | 166.783 | | 248.536 | | 330.289 | |
| 44.152 | | 125.906 | | 207.659 | | 289.413 | | 371.166 |

图 2.14　应力分析结果（应力强度分布）

2.2.2　接管整体锻件结构

几何参数（mm）：

球罐内径 D_i=17900；球罐壁厚 t=42；腐蚀裕量 C=1；接管锻件下端外径 D_o=308.3；接管锻件锥形部分高度 H=100；接管外径 D_o=168.3；接管厚度 T=9.5；接管锻件内倒角半径 R=20

载荷参数：内压载荷，P=1.7 MPa

单元选择：ANSYS PLANE82 轴对称单元

结构几何模型见图 2.15；线弹性分析结果见图 2.16。

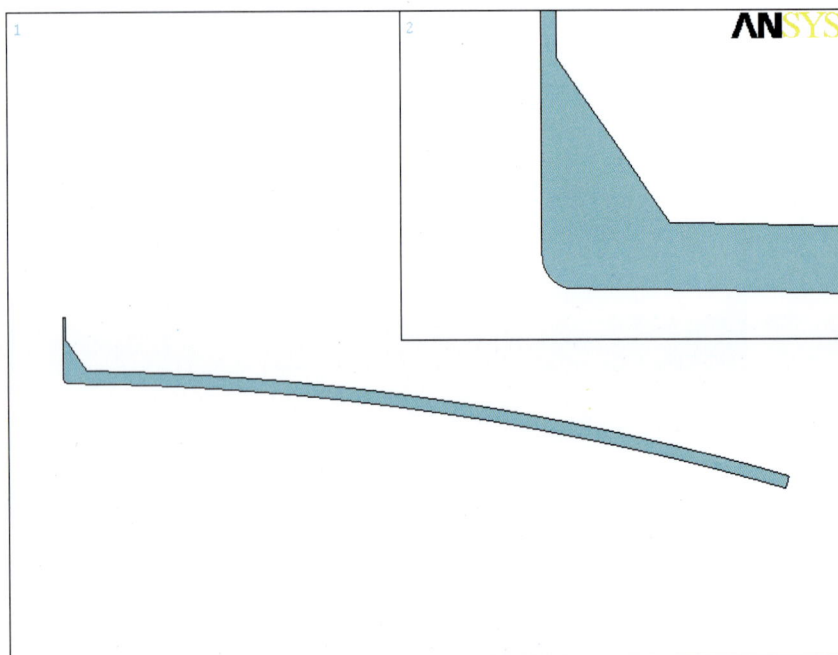

图 2.15　结构几何模型

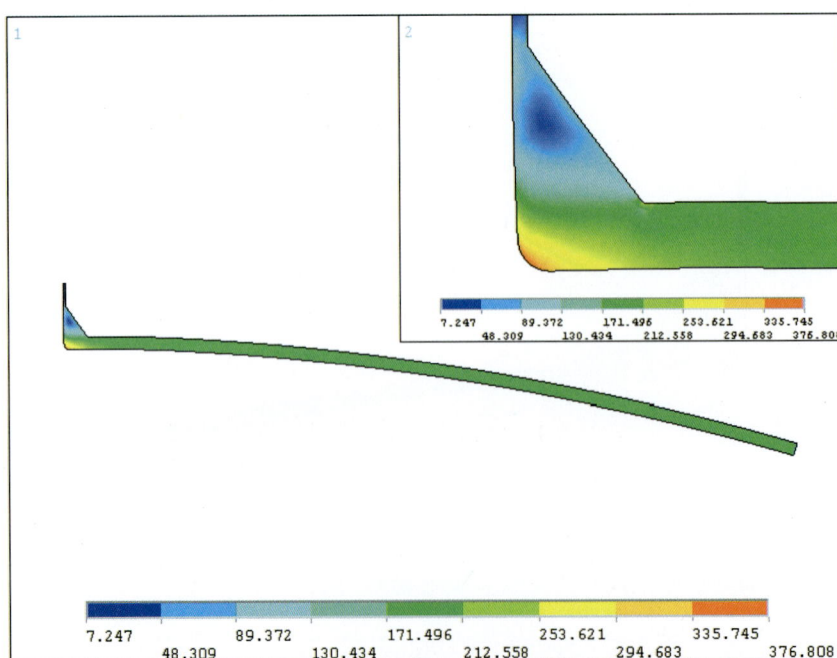

图 2.16　应力分析结果（应力强度分布）

2.2.3　径向小接管结构

几何参数（mm）：

球罐内径 D_i= 17900；球罐壁厚 t=42；腐蚀裕量 C=1；接管外径 D_o=80；接管厚度 T=8；接管厚壁段厚度 T_1=30；接管厚壁段长度 H_1=222；接管内伸长度 H_2=30；接管变径段长度 H_3=25；接管倒角半径 R=10

载荷参数：内压载荷，P=1.7 MPa

单元选择：ANSYS PLANE82 轴对称单元

结构几何模型见图 2.17；线弹性分析结果见图 2.18。

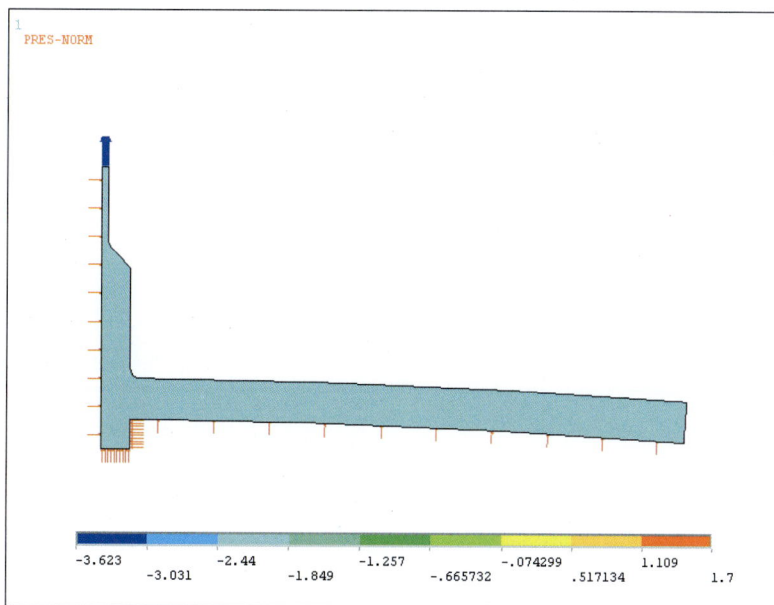

图 2.17　结构几何模型

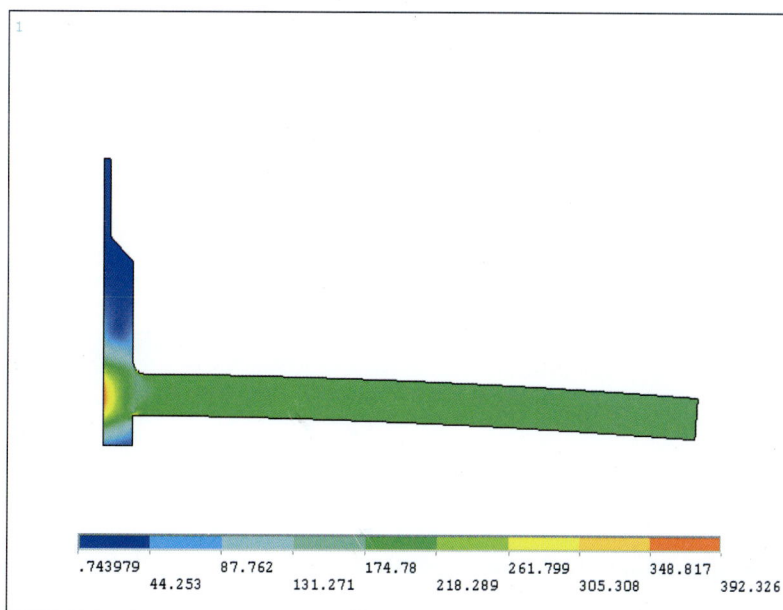

图 2.18　应力分析结果（应力强度分布）

2.2.4 新型翻边人孔结构

几何参数（mm）：

球罐内径 D_i= 17900；球罐壁厚 t=42；腐蚀裕量 C=1；人孔外径 D_o=530；人孔内径 D_i= 495；翻边外半径 R=150；翻边段厚度 t_1=52

载荷参数：内压载荷，P=1.7 MPa

单元选择：ANSYS PLANE82 轴对称单元

结构几何模型见图 2.19；线弹性分析结果见图 2.20。

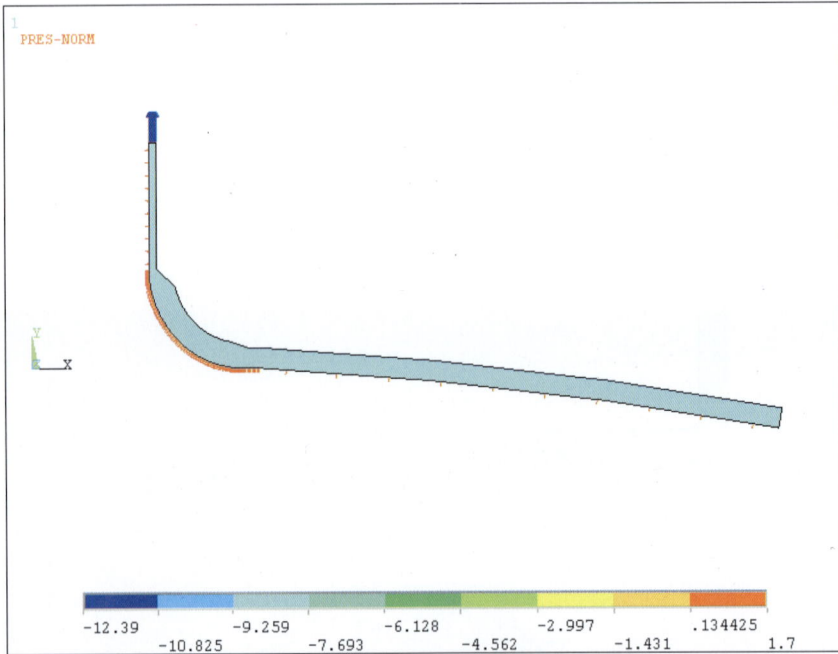

图 2.19　结构几何模型

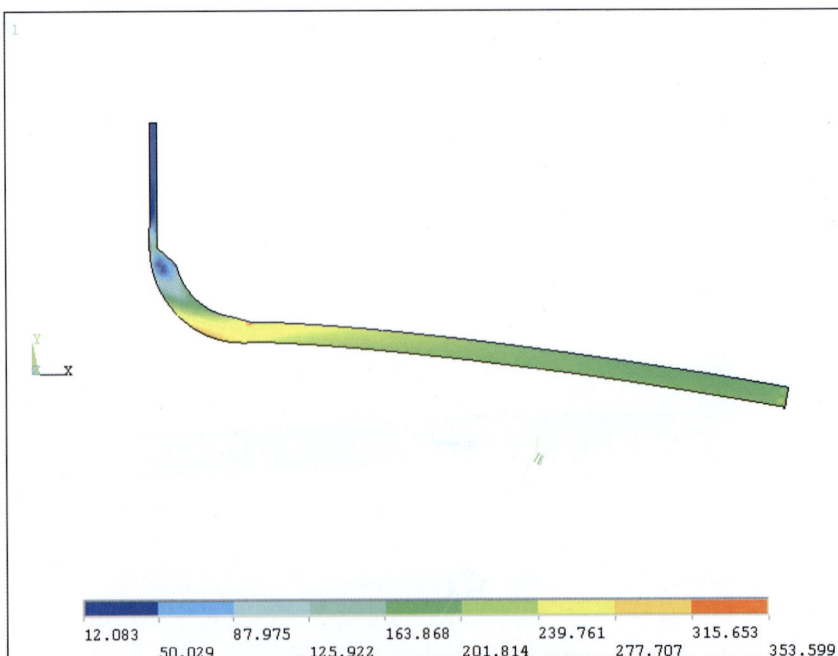

图 2.20　应力分析结果（应力强度分布）

2.2.5　内伸偏心接管结构

几何参数（mm）：

球罐内径 D_i= 17900；球罐壁厚 t=42；腐蚀裕量 C=1；接管外径 D_o= 110；接管厚度　T_1=10；接管厚壁段厚度 T_2=30；接管厚壁段长度 H=350；接管内伸长度 H_1=40；接管削薄段长度 H_2=50；接管薄壁段长度 H_3=100；接管偏心距离 L=1600；接管内倒角半径 R=8

载荷参数：内压载荷，P=1.7 MPa

单元选择：ANSYS SOLID185 三维实体单元

结构几何模型见图 2.21；线弹性分析结果见图 2.22。

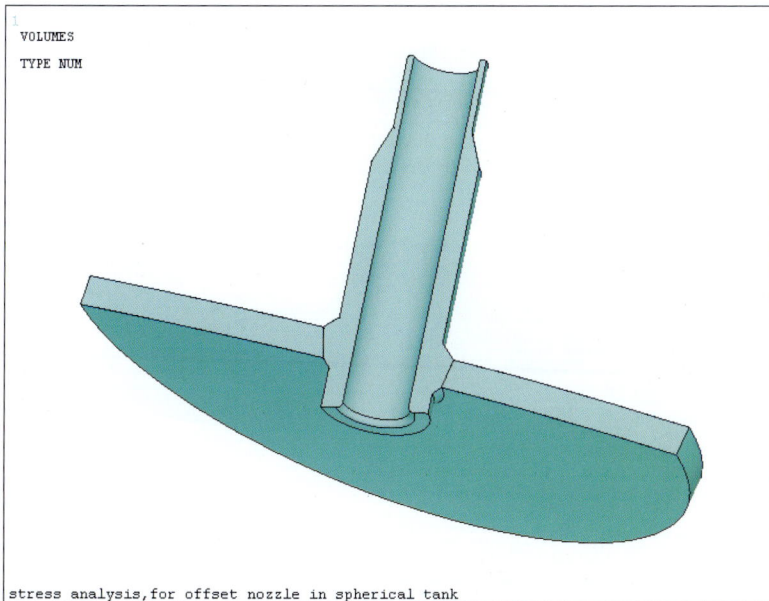

图 2.21　结构几何模型

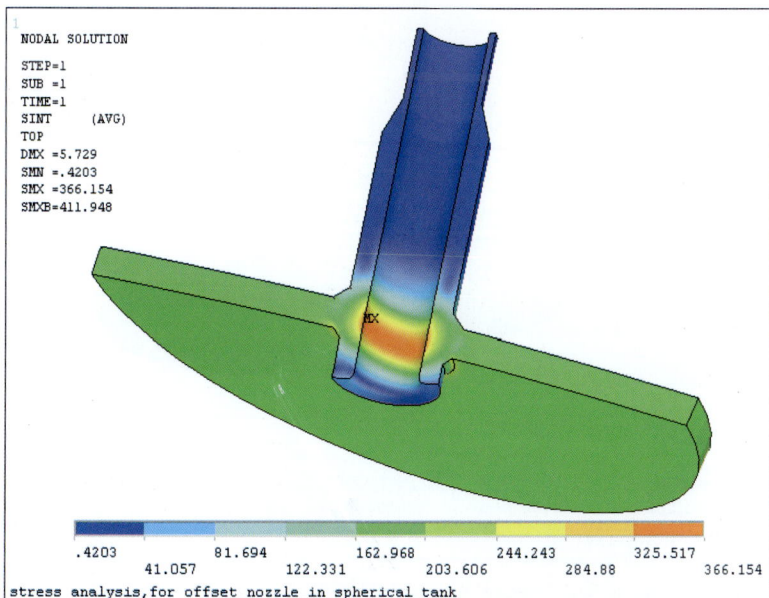

图 2.22　应力分析结果（应力强度分布）

2.2.6 平齐偏心接管结构

几何参数（mm）：

球罐内径 D_i=17900；球罐壁厚 t=42；腐蚀裕量 C=1；接管外径 D_o=110；接管厚度 T_1=10；接管厚壁段厚度 T_2=30；接管厚壁段长度 H=280；接管削薄段长度 H_2=50；接管薄壁段长度 H_3=100；接管偏心距离 L=1600；接管焊脚高度 h=8

载荷参数：内压载荷，P=1.7 MPa

单元选择：ANSYS SOLID185 三维实体单元

结构几何模型见图 2.23；线弹性分析结果见图 2.24。

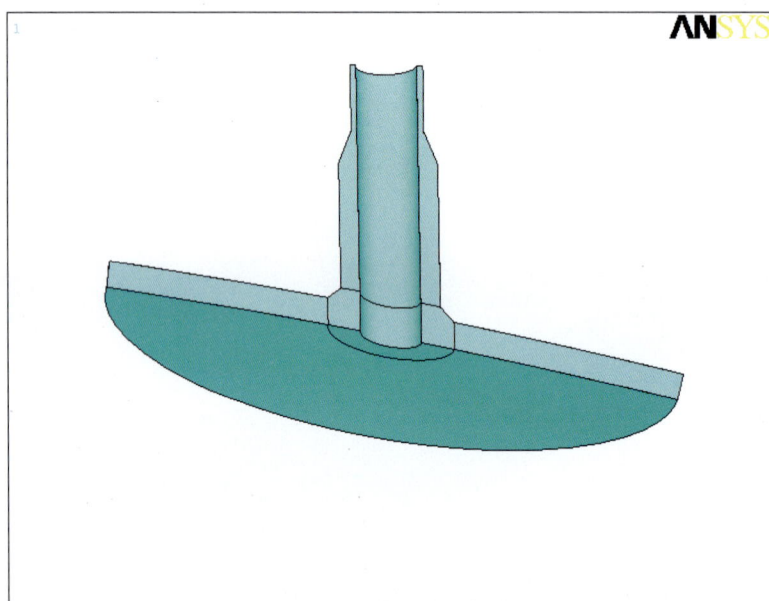

图 2.23　结构几何模型

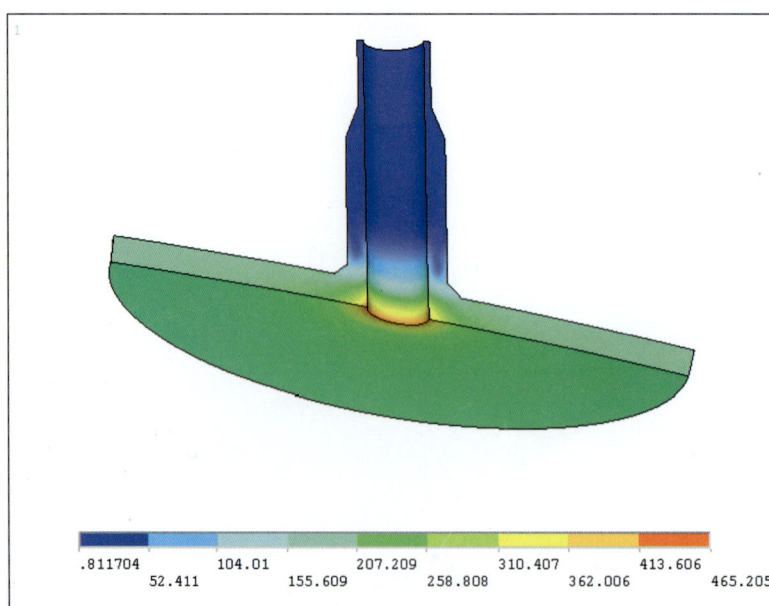

图 2.24　应力分析结果（应力强度分布）

第 3 章 列管式热交换器应力分析图谱

3.1 异形管板热交换器整体分析

3.1.1 带折边凸形管板整体分析

几何参数（mm）：

筒体内径 D_i= 1200；筒体壁厚 t=56；管板厚度 t_s=28；换热管外径 d_o=51.5；换热管壁厚 t_s=4.5；换热管间距 s_p=70；布管区半径 D_d=470；管板内表面间距 S_t=4000；换热管伸出长度 b=3；管板转角区域外表面半径 R=176；管板转角区域内表面半径 r=120

载荷参数：壳程压力 P_s=13.35MPa；管程压力 P_t=0.37 MPa

单元选择：ANSYS SOLID185 三维实体单元

结构几何模型见图 3.1；结构有限元模型见图 3.2；线弹性分析结果见图 3.3。

图 3.1 结构几何模型

图 3.2　结构有限元模型

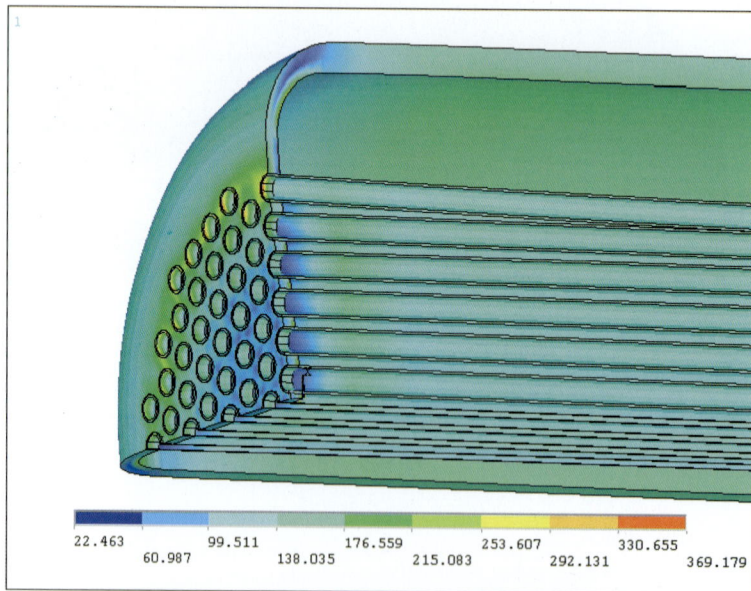

22.463		99.511		176.559		253.607		330.655	
	60.987		138.035		215.083		292.131		369.179

图 3.3　应力分析结果（应力强度分布）

3.1.2　带折边凸形管板换热器（之一）整体分析

几何参数（mm）：

壳程筒体内径 D_i= =1200；壳程筒体壁厚 t=56；管板厚度 t_s=28；换热管外径 d_o=51.5；换热管壁厚 t_s=4.5；换热管间距 s_p=70；布管区半径 D_d=470；管板内表面间距 S_t=4000；换热管伸出长度 b=4；管板转角区域外表面半径 R=128；管板转角区域内表面半径 r=120；内外表面转角半径中心点水平距离 L=20；内外表面转角半径中心点垂直距离 H=42；管箱筒体内径 D_{i1}=1300；管箱筒体壁厚 t_1=20；管板与管箱间倒角半径 R_1=20

载荷参数：壳程压力 P_s=13.35MPa；管程压力 P_t=0.37 MPa

单元选择：ANSYS SOLID185 三维实体单元

结构几何模型见图 3.4；结构有限元模型见图 3.5；线弹性分析结果见图 3.6。

图 3.4　结构几何模型

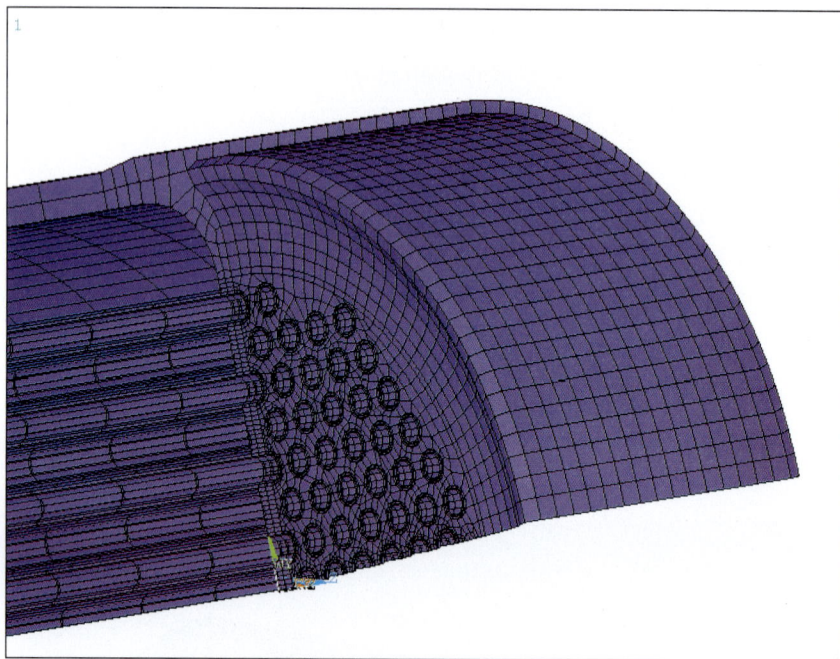

图 3.5　结构有限元模型

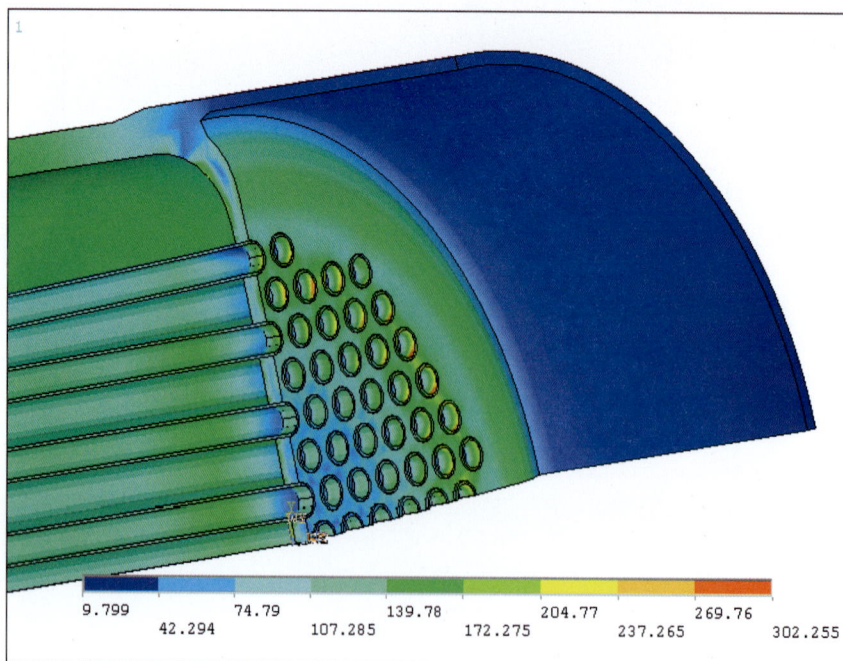

| 9.799 | | 74.79 | | 139.78 | | 204.77 | | 269.76 |
| | 42.294 | | 107.285 | | 172.275 | | 237.265 | | 302.255 |

图 3.6　应力分析结果（应力强度分布）

3.1.3　正方形布管的凸形管板换热器（之二）整体分析

几何参数（mm）：

壳程筒体内径 D_i=2066；壳程筒体壁厚 t=80；腐蚀裕量 C=3；管板厚度 t_s=23；换热管外径 d_o=31.75；换热管壁厚 t_s=2.77；换热管间距 s_p=40；布管区半径 D_d=952；管板内表面间距 S_t=4000；换热管伸出长度 b=0；换热管与管板焊接长度 b_1=2.77；管板转角区域内表面半径 r=84；管箱筒体内径 D_{i1}=2189；管箱筒体壁厚 t_1=16；管板与管箱间倒角半径 R_1=10；管板转角区域端部厚度 t_3=30；管箱长度 L_2=321；锥段长度 L_3=335；锥段小端内径 D_X=1800；锥段厚度 t_4=16；管板端部筒体厚度 t_4=10；筒体线膨胀系数 12.9×10^{-6}；筒体导热系数 4.5×10^{-5}；换热管线膨胀系数 12.9×10^{-6}；换热管导热系数 4.5×10^{-5}；管板线膨胀系数 12.9×10^{-6}；管板导热系数 4.53×10^{-5}；换热管入口温度 278℃；换热管出口温度 273℃；壳程温度 272.27℃；管箱温度 385.1℃；管板管箱侧 285℃

载荷参数：壳程压力，P_s=7.1MPa；管程压力 P_t=0.3 MPa

单元选择：ANSYS SOLID70/ SOLID185 三维实体单元

结构几何模型见图 3.7；结构有限元模型见图 3.8；结构温度场有限元分析结果见图 3.9；结构线弹性应力分析结果见图 3.10。

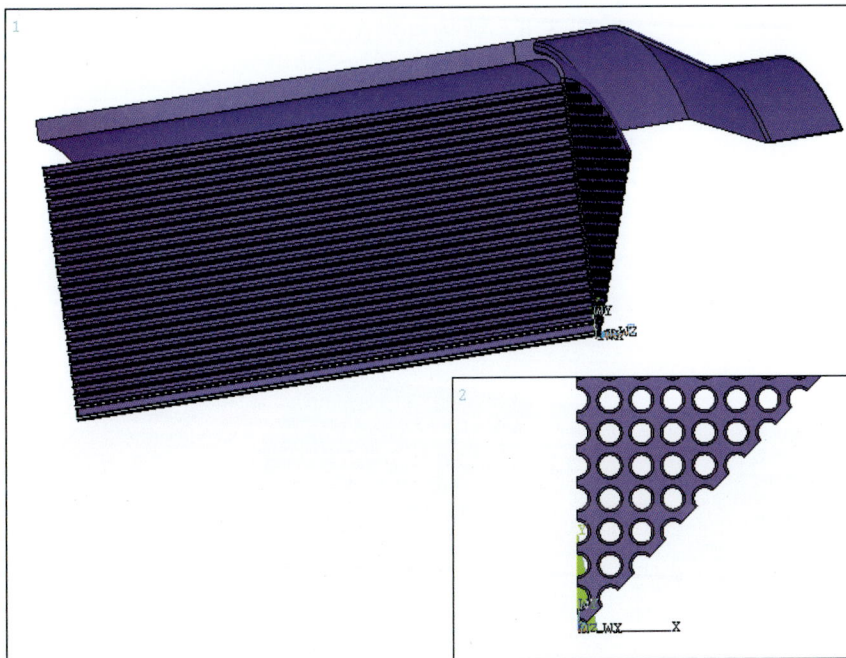

图 3.7　结构几何模型

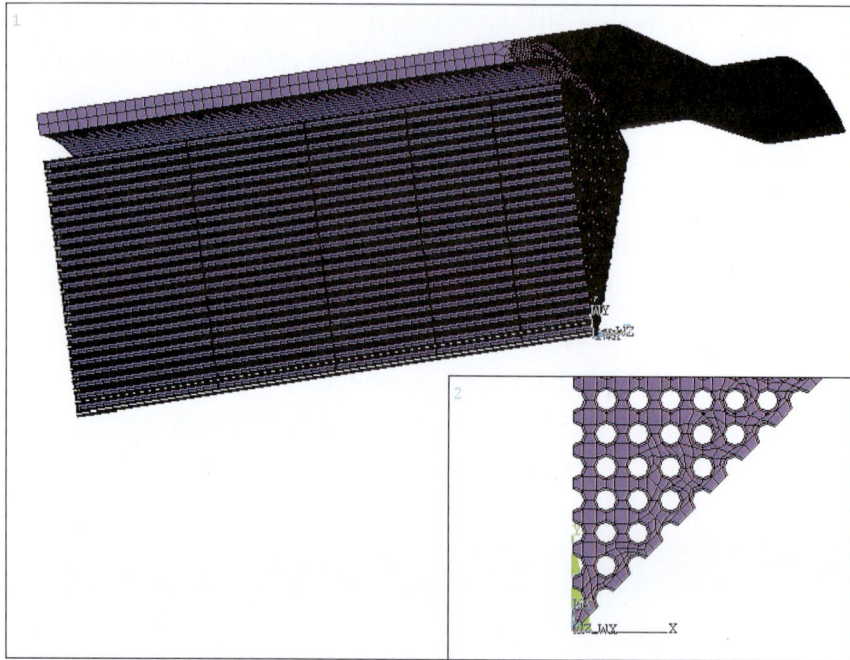

图 3.8　结构有限元模型

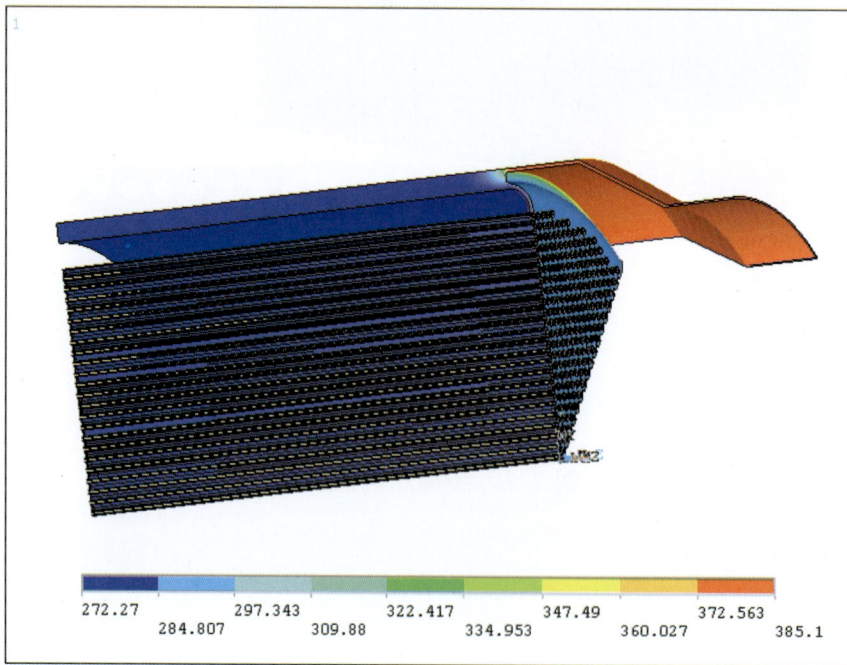

272.27		297.343		322.417		347.49		372.563	
	284.807		309.88		334.953		360.027		385.1

图 3.9　结构温度场有限元分析结果

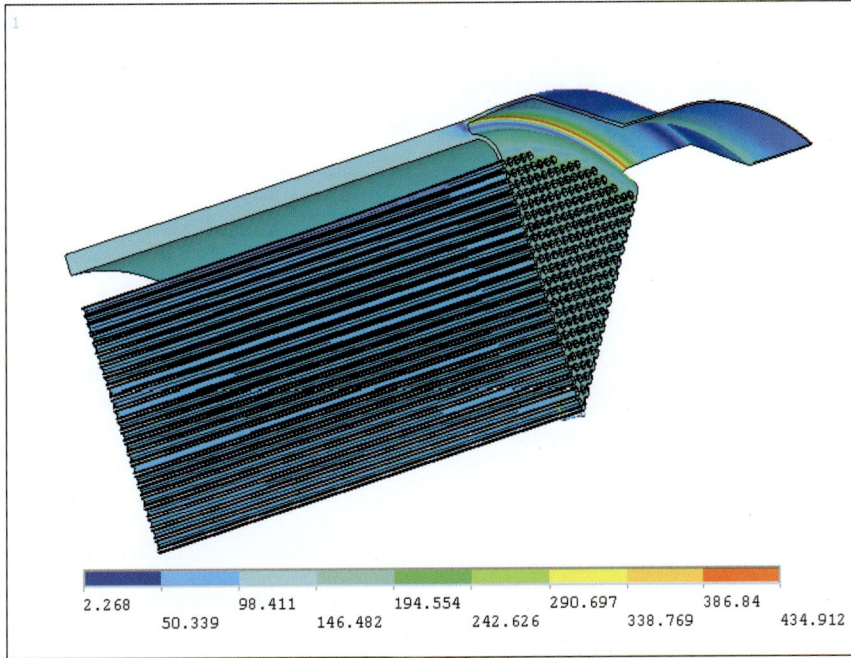

图 3.10　应力分析结果（应力强度分布）

3.1.4 三角形布管的凸形管板换热器（之三）整体分析

几何参数（mm）：

壳程筒体内径 D_i= 2066；壳程筒体壁厚 t=80；腐蚀裕量 C=3；管板厚度 t_s=23；换热管外径 d_o=31.75；换热管壁厚 t_s=2.77；换热管间距 s_p=40；布管区半径 D_d=952；管板内表面间距 S_t=4000；换热管伸出长度 b=0；换热管与管板焊接长度 b_1=2.77；管板转角区域内表面半径 r=84；管箱筒体内径 D_{i1}=2189；管箱筒体壁厚 t_1=18；管板与管箱间倒角半径 R_1=10；管板转角区域端部厚度 t_3=30；管箱长度 L_2=321；锥段长度 L_3=335；锥段小端内径 D_X=1800；锥段厚度 t_4=16；管箱端部筒体厚度 t_4=14；筒体线膨胀系数 12.9×10^{-6}；筒体导热系数 4.51×10^{-5}；换热管线膨胀系数 12.9×10^{-6}；换热管导热系数 4.52×10^{-5}；管板线膨胀系数 12.9×10^{-6}；管板导热系数 4.53×10^{-5}；换热管入口温度：278℃；换热管出口温度：273℃；壳程温度：272.27℃；管箱温度：385.1℃；管板管箱侧：285℃

载荷参数：壳程压力 P_s=7.1MPa；管程压力 P_t=0.5 MPa

单元选择：ANSYS SOLID70/SOLID185 三维实体单元

结构几何模型见图 3.11；结构有限元模型见图 3.12；结构温度场有限元分析结果见图 3.13；结构线弹性应力分析结果见图 3.14。

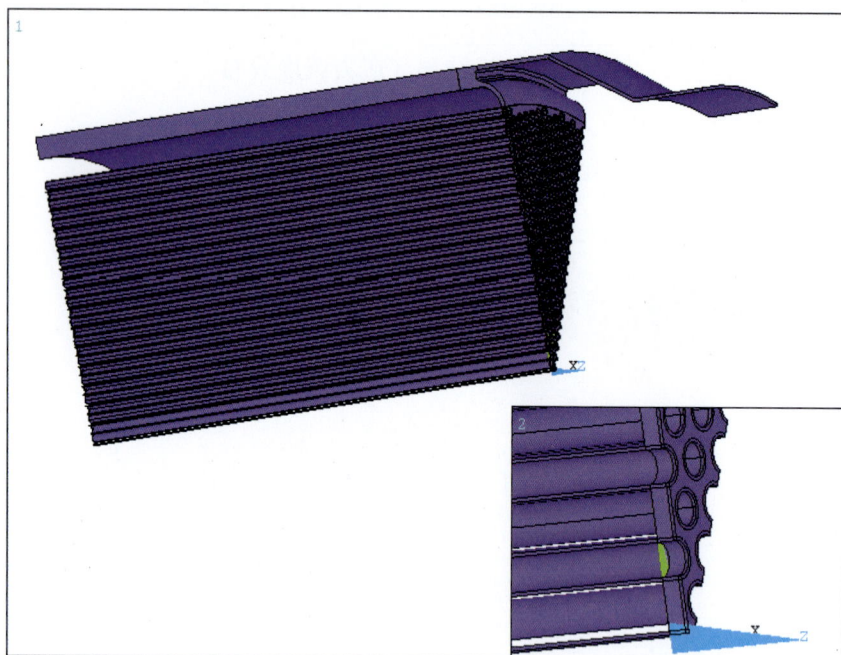

图 3.11　结构几何模型

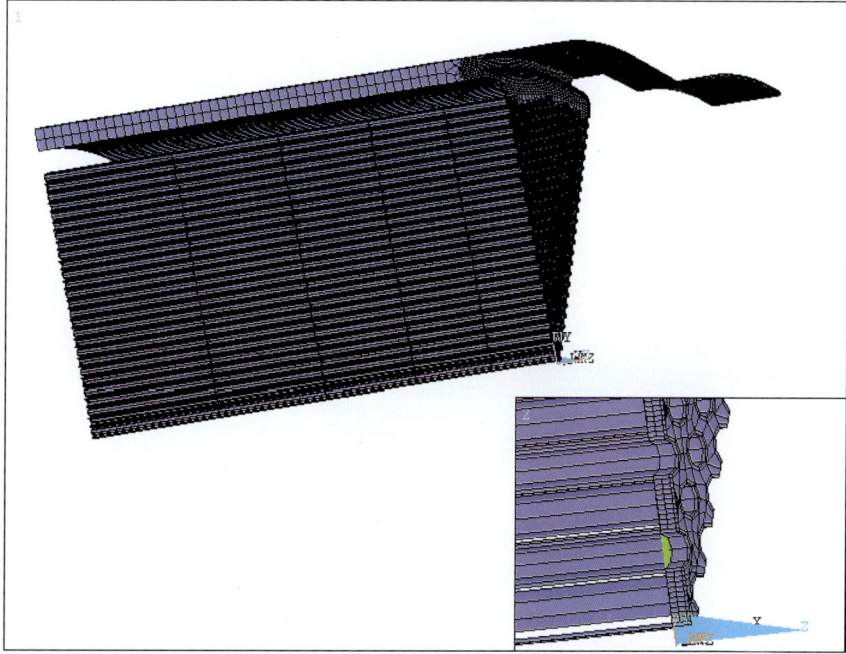

图 3.12　结构有限元模型

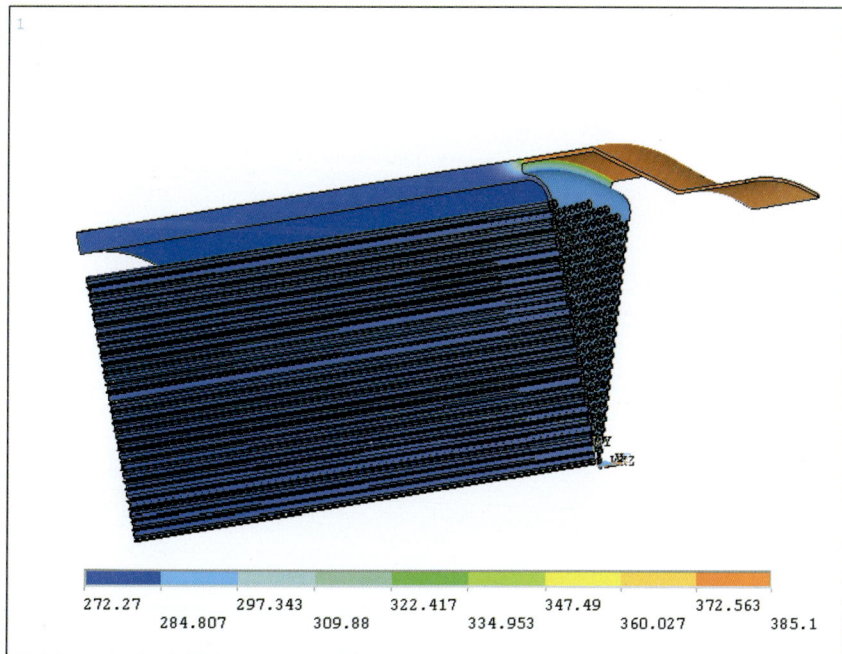

272.27		297.343		322.417		347.49		372.563	
	284.807		309.88		334.953		360.027		385.1

图 3.13　结构温度场有限元分析结果

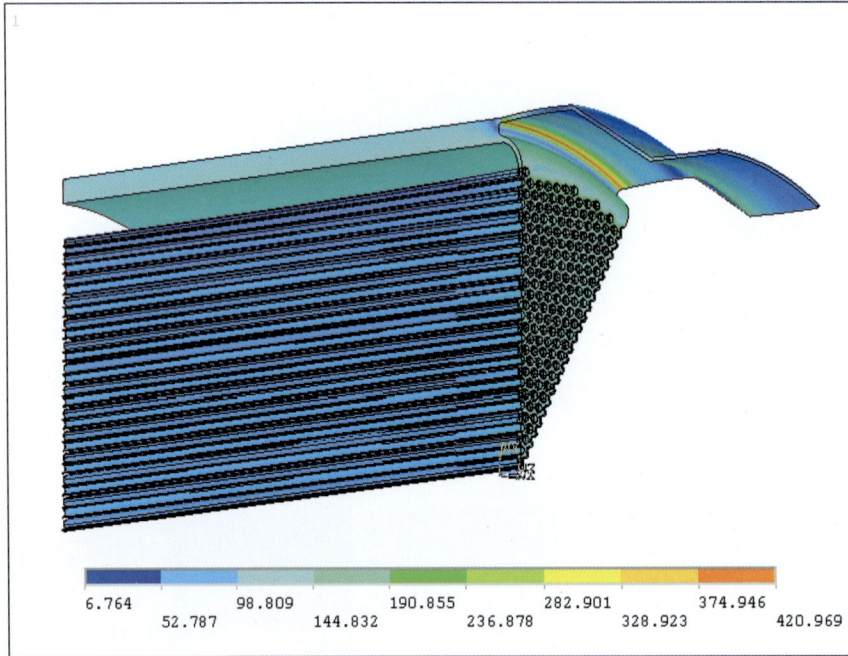

图 3.14　应力分析结果（应力强度分布）

3.1.5　正方形布管的凹形管板换热器整体分析

几何参数（mm）：

壳程筒体内径 D_i=1288；壳程筒体壁厚 t=28；管板厚度 t_s=26；换热管外径 d_o=25；换热管壁厚 t_s=4；换热管间距 s_p=40；布管区半径 D_d=305；管板内表面间距 S_t=5077；换热管伸出长度 b=4；换热管与管板焊接长度 b_1=15；管板转角区域外表面半径 r=65；管板外表面内径 d_{wn}=1150；管板转角区域内表面内半径 R=21.5；管箱筒体内径 D_{i1}=1200；管箱筒体壁厚 t_1=72；管板与管箱间倒角半径 R_1=97，R_2=58；管板转角区域端部厚度 t_3=30；管箱长度 L_2=321；

载荷参数：壳程压力 P_s=4.45MPa；管程压力 P_t=12.6 MPa

单元选择：ANSYS SOLID185 三维实体单元

结构几何模型见图 3.15；结构有限元模型见图 3.16；结构线弹性应力分析结果见图 3.17。

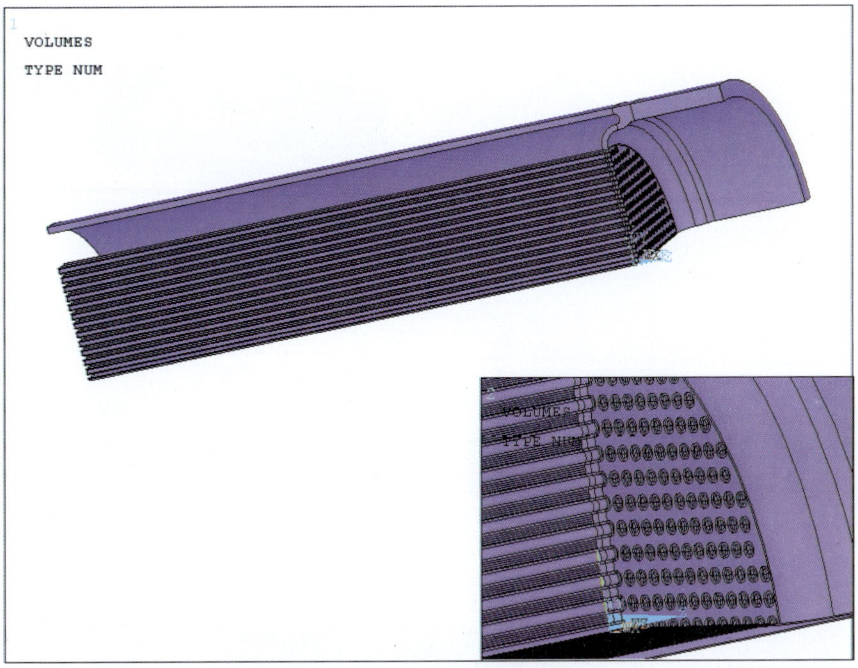

图 3.15　结构几何模型

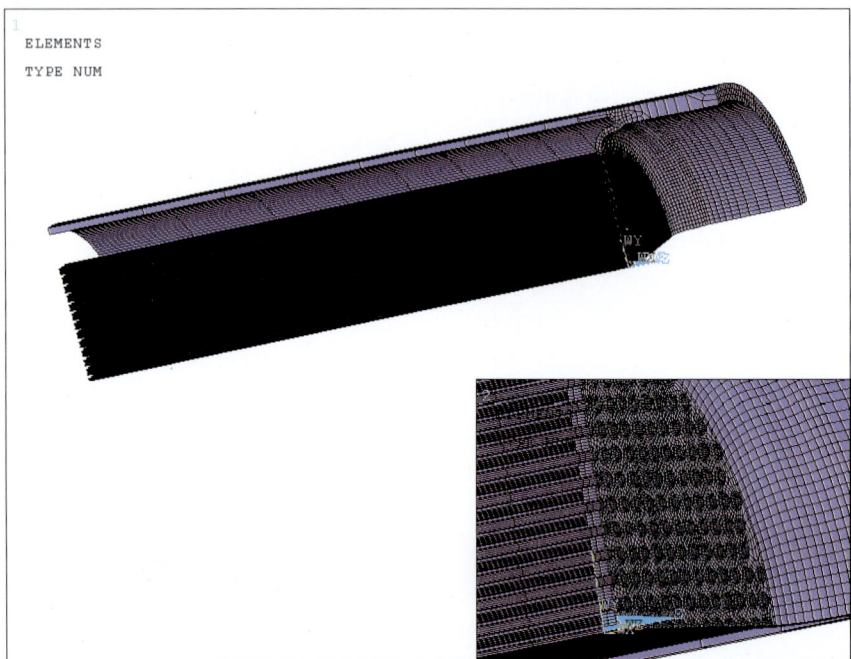

图 3.16　结构有限元模型

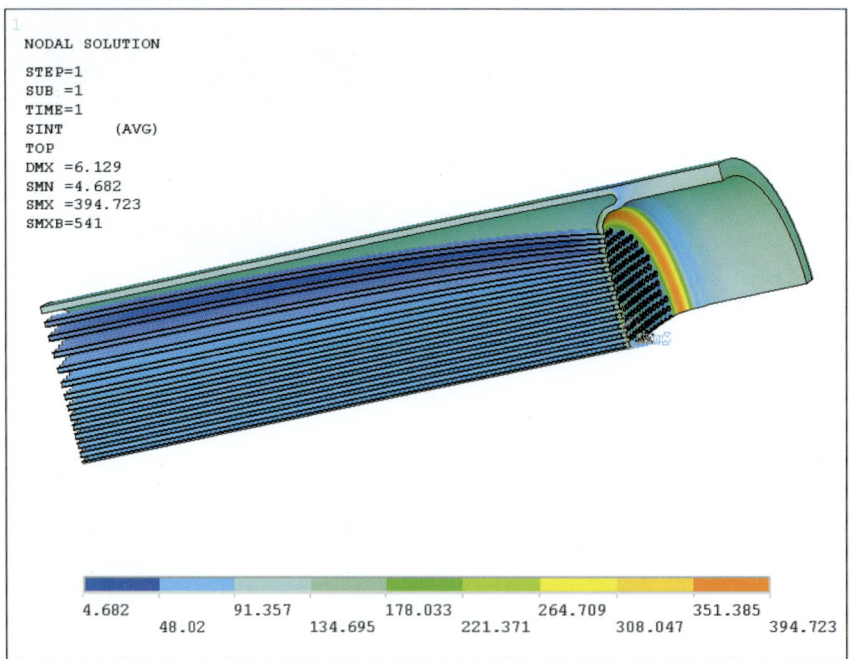

图 3.17　应力分析结果（应力强度分布）

3.2　标准管板热交换器整体分析

3.2.1　三角形布管的固定管板换热器整体分析

几何参数（mm）：

壳程筒体内径 D_i=1700；壳程筒体壁厚 t=14；管程筒体内径 D_i=1700；管程筒体壁厚 t=14；管板厚度 t_s=75；管板外径 D_W=1860；管板外端厚度 t_w=66；换热管外径 d_o=32；换热管壁厚 t_s=2；换热管间距 s_p=45；布管区半径 D_d=765；管板内表面间距 S_t=7336；换热管与管板焊接长度 b_1=10；垫片外径 D_p=1756；螺栓圆直径 D_1=1815；螺栓直径 d_1=24；螺栓孔直径 d_k=27；螺柱数量 n_1=52；管箱筒体长度 t_1=375

载荷参数：壳程压力 P_s=1.2MPa；管程压力 P_t=0.6 MPa

单元选择：ANSYS SOLID185 三维实体单元

结构几何模型见图 3.18；结构有限元模型见图 3.19；结构线弹性应力分析结果见图 3.20 a ）、b ）。

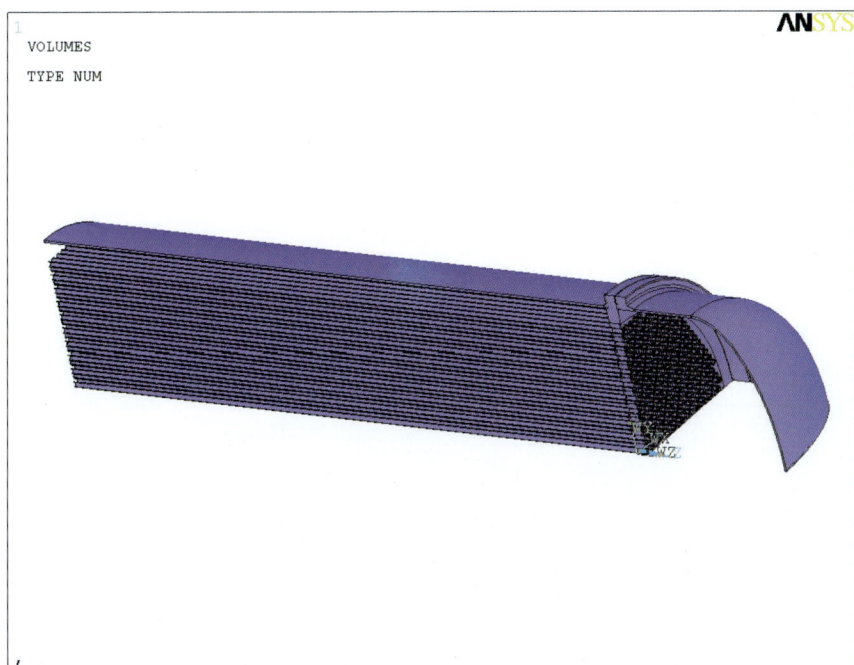

图 3.18　结构几何模型

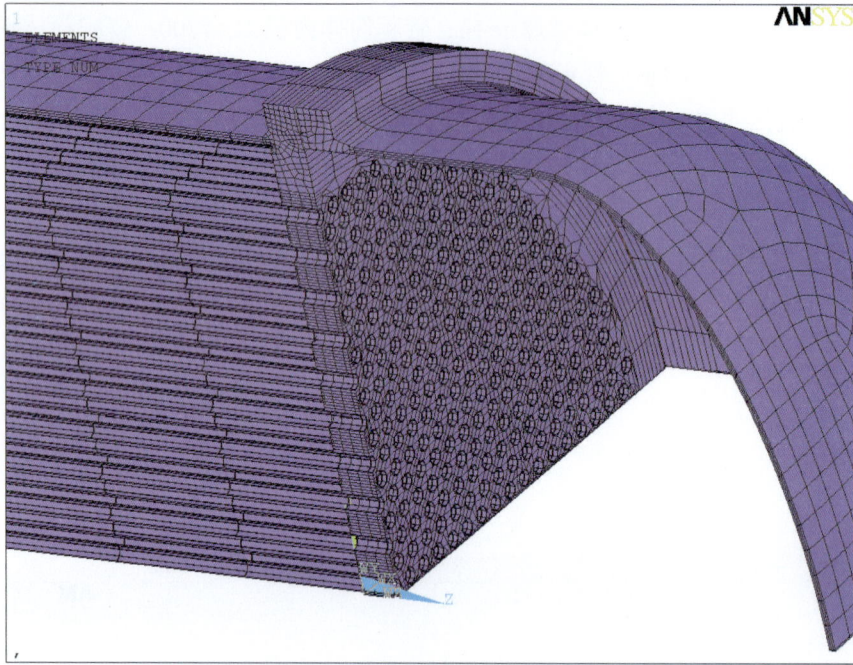

图 3.19　结构有限元模型

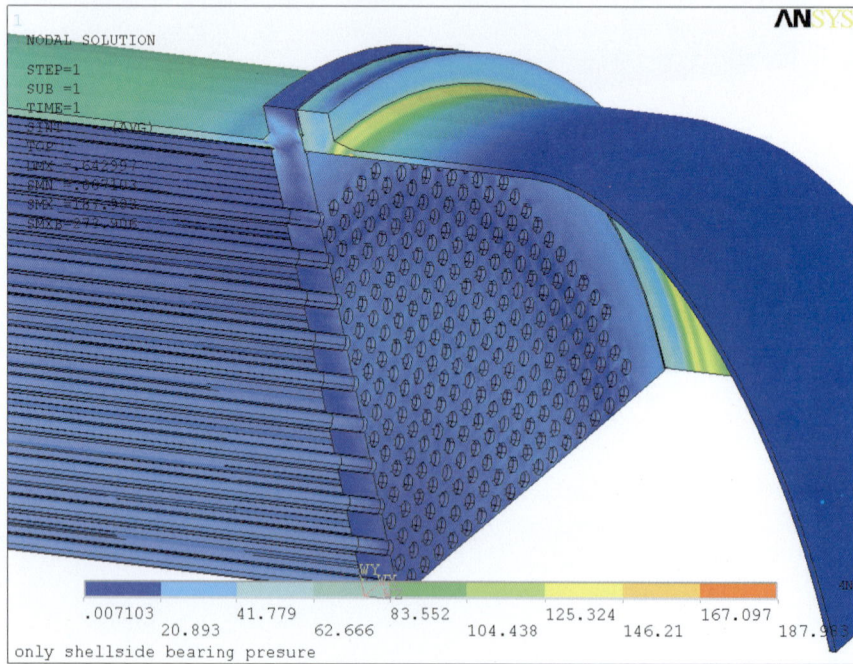

图 3.20 a)　应力分析结果（应力强度分布）—仅壳程承压

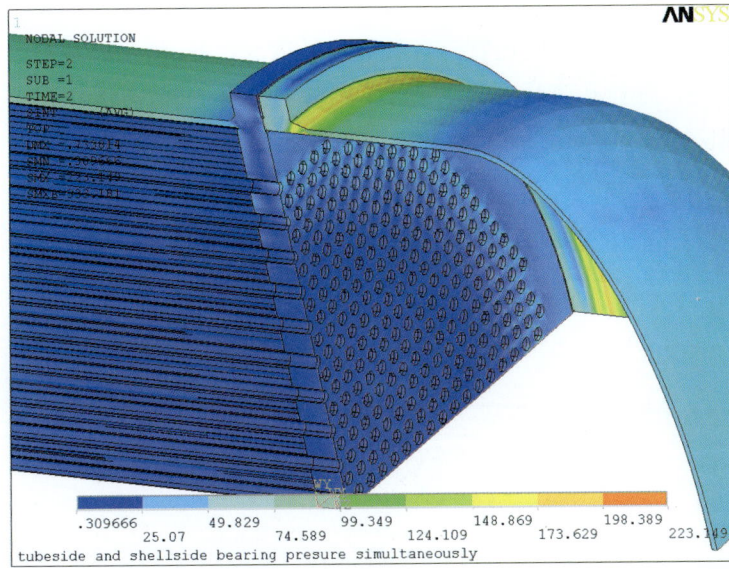

图 3.20 b)　应力分析结果（应力强度分布）—壳程管程同时承压

3.2.2 三角形布管的 U 形管换热器整体分析

几何参数（mm）：

壳程筒体内径 D_i=600；壳程筒体壁厚 t=8；管程筒体内径 D_i=600；管程筒体壁厚 t=8；管板厚度 t_s=60；管板外径 D_W=740；管板外端厚度 t_w=40；换热管外径 d_o=25；换热管壁厚 t_s=2；换热管间距 s_p=32；布管区半径 D_d=290；换热管与管板焊接长度 b_1=2；垫片外径 D_p=650；螺栓圆直径 D_l=700；螺栓直径 d_l=20；螺栓孔直径 d_k=23；螺柱数量 n_l=28；管箱筒体长度 l_t=300

载荷参数：壳程压力 P_s=0.6MPa；管程压力 P_t=0.8 MPa

单元选择：ANSYS SOLID185 三维实体单元

结构几何模型见图 3.21 a）、b）；结构有限元模型见图 3.22；结构线弹性应力分析结果见图 3.23 a）、b）。

图 3.21 a） 结构几何模型

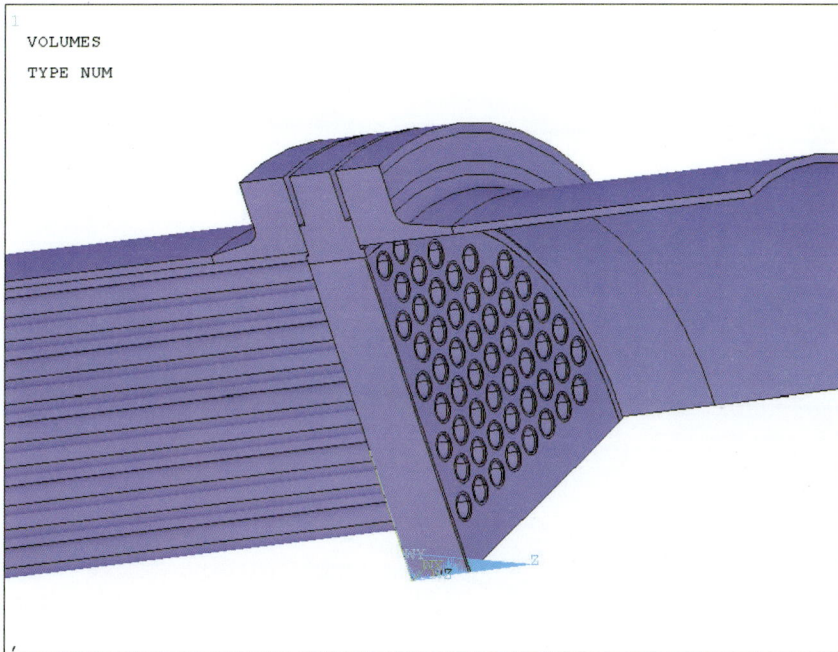

图 3.21 b)　结构几何模型

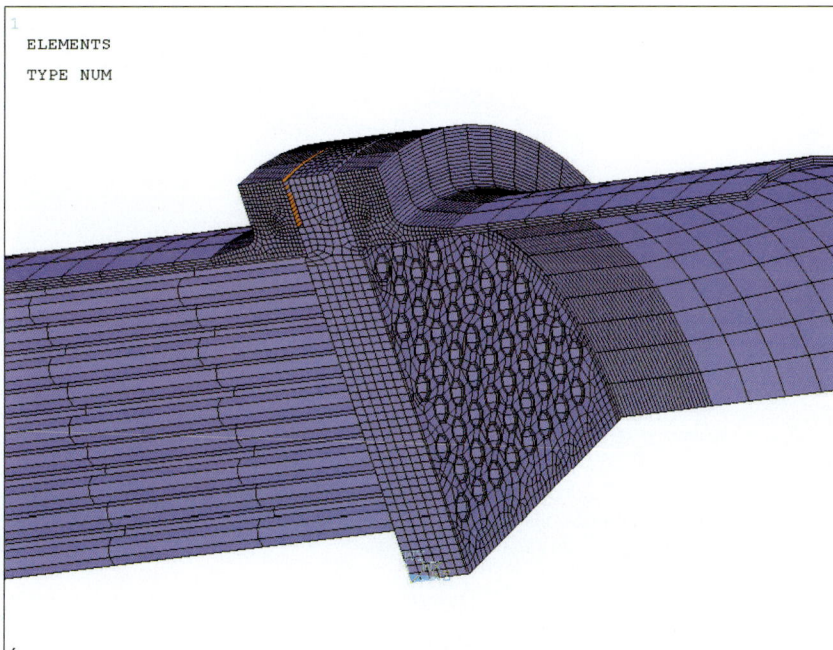

图 3.22　结构有限元模型

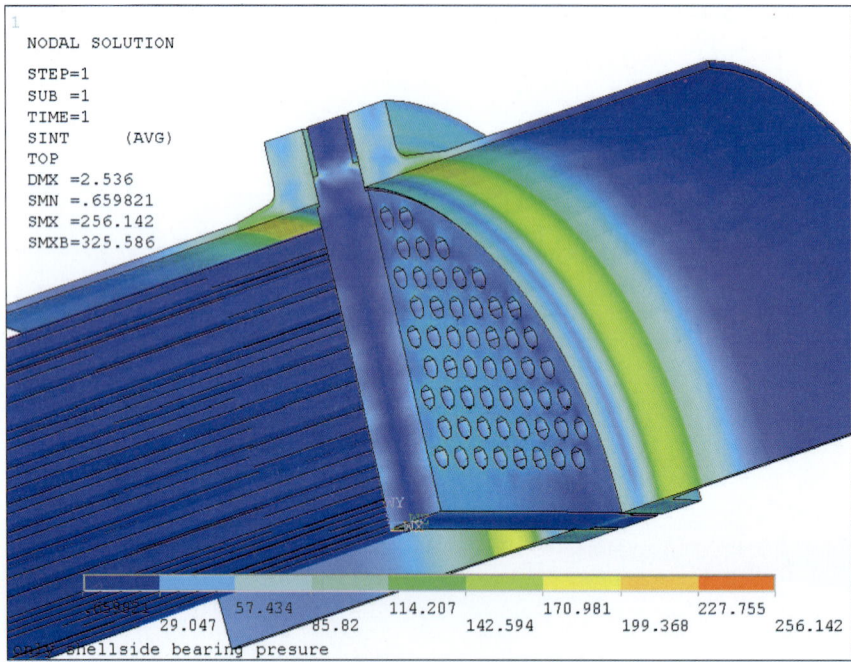

图 3.23 a)　应力分析结果（应力强度分布）—仅壳程承压

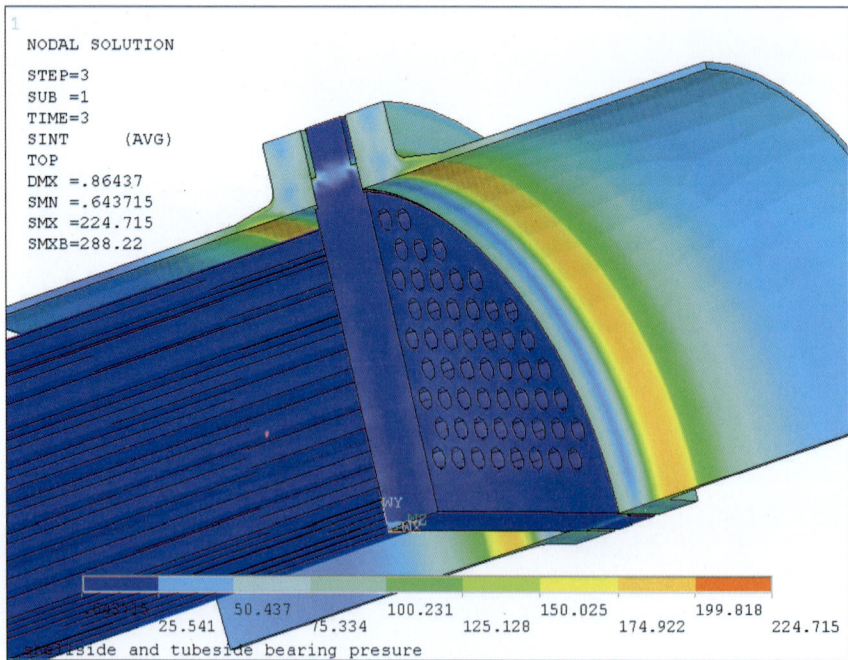

图 3.23 b)　应力分析结果（应力强度分布）—壳程管程同时承压

3.2.3 三角形布管的双管板换热器整体分析

几何参数（mm）：

壳程筒体内径 D_i=1570；壳程筒体壁厚 t=10；管程筒体内径 D_i=1980；管程筒体壁厚 t=10；内管板厚度 t_s=12；外管板厚度 t_s=12；管板转角半径 R_W=150；管板外表面间距 l_{zj}=200；内换热管外径 d_o=89；内换热管壁厚 t_s=4；换热管间距 s_p=140；外换热管外径 d_o=102；外换热管壁厚 t_s=5.5；中心换热管外径 d_o=159；中心换热管壁厚 t_s=4；布管区半径 D_d=750

载荷参数：壳程压力 P_s=0.02MPa；管程压力 P_t=0.02 MPa

单元选择：ANSYS SOLID185 三维实体单元

结构几何模型见图 3.24 a）、b）；结构有限元模型见图 3.25；结构线弹性应力分析结果见图 3.26 a）、b）。

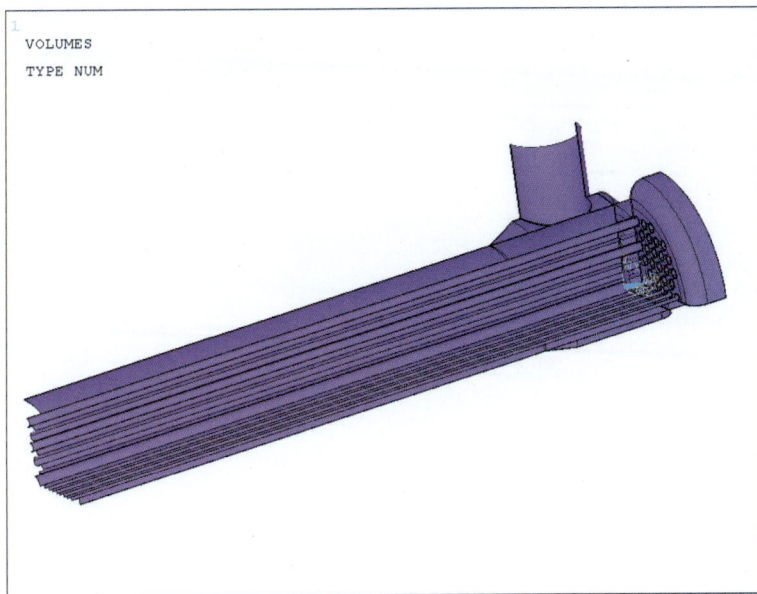

图 3.24 a）结构几何模型

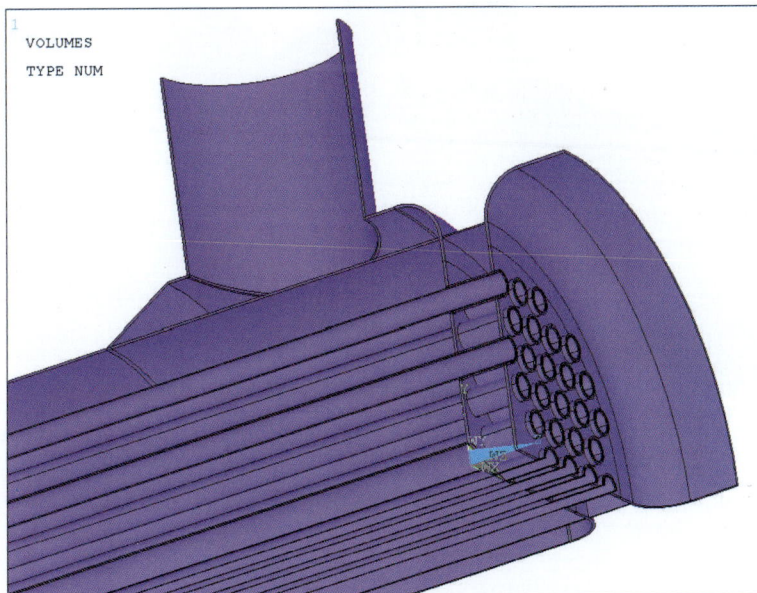

图 3.24 b） 结构几何模型

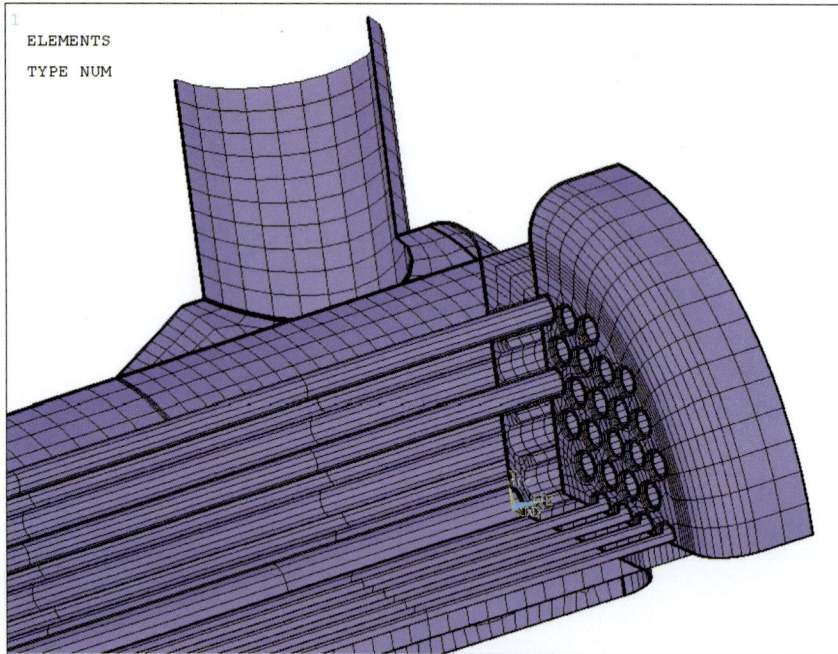

图 3.25　结构有限元模型

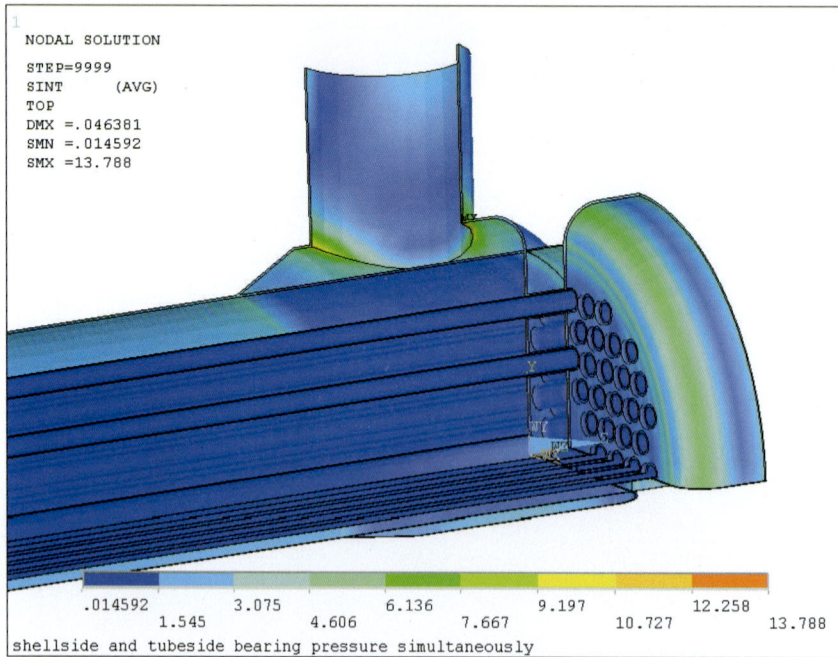

图 3.26 a)　应力分析结果（应力强度分布）—仅壳程承压

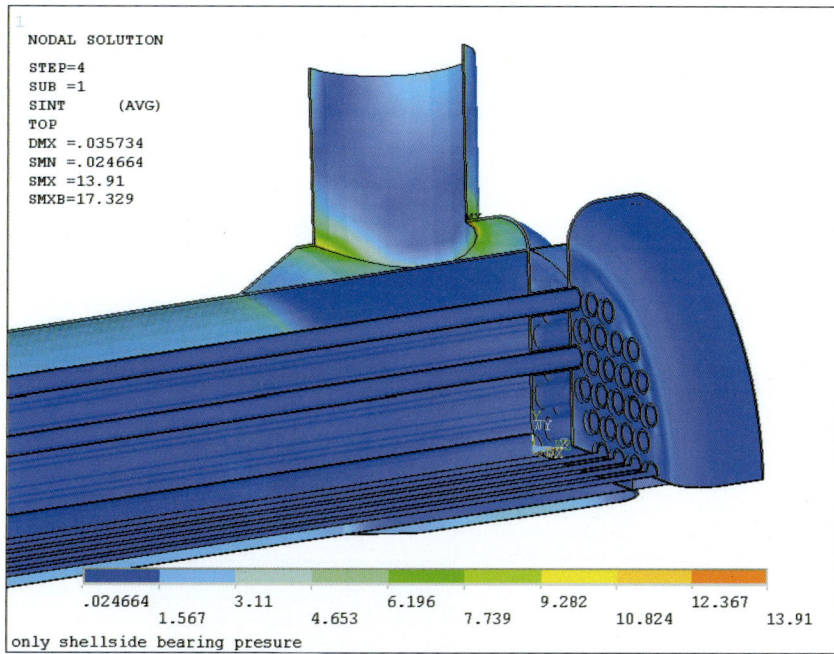

图 3.26 b) 应力分析结果（应力强度分布）—壳程管程同时承压

第4章　加氢反应器应力分析图谱

4.1　整体分析

几何参数（mm）：

筒体内径 D_i=4813；筒体壁厚 t=280；封头壁厚 t_f=168；塔体封头中心线间距 s_p=36000；裙座内径 d_{si}=5233；裙座壁厚 t_s=70；裙座高度 H=6900；裙座支撑上端距离封头切线距离 L=890

载荷参数：压力 P=18.53MPa；地震加速度 0.98m/s^2；基本风压 w=734×10^{-6} MPa

单元选择：ANSYS SOLID185 三维实体单元

结构几何模型见图 4.1；结构有限元模型见图 4.2；结构线弹性应力分析结果见图 4.3 a）、b）、c）。

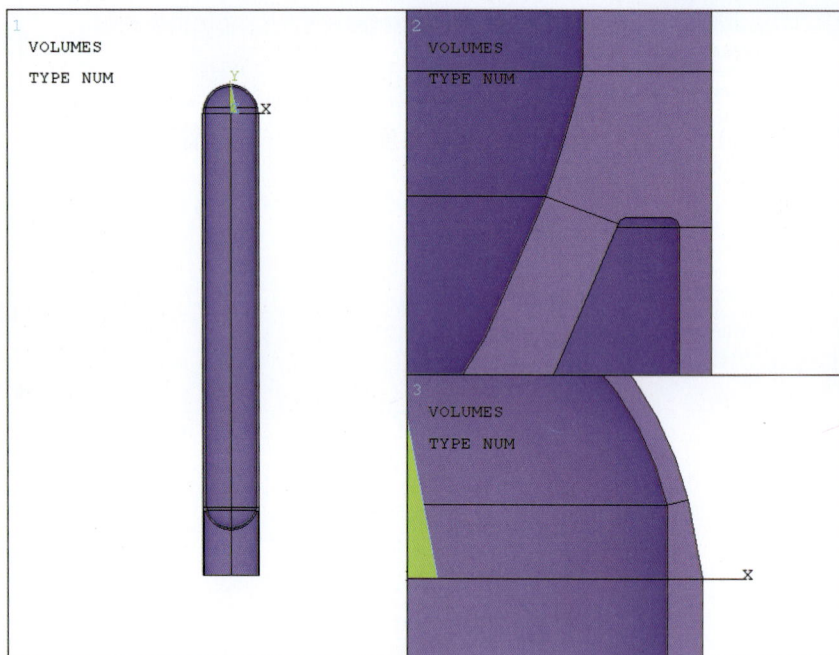

图 4.1　结构几何模型

图 4.2 结构有限元模型

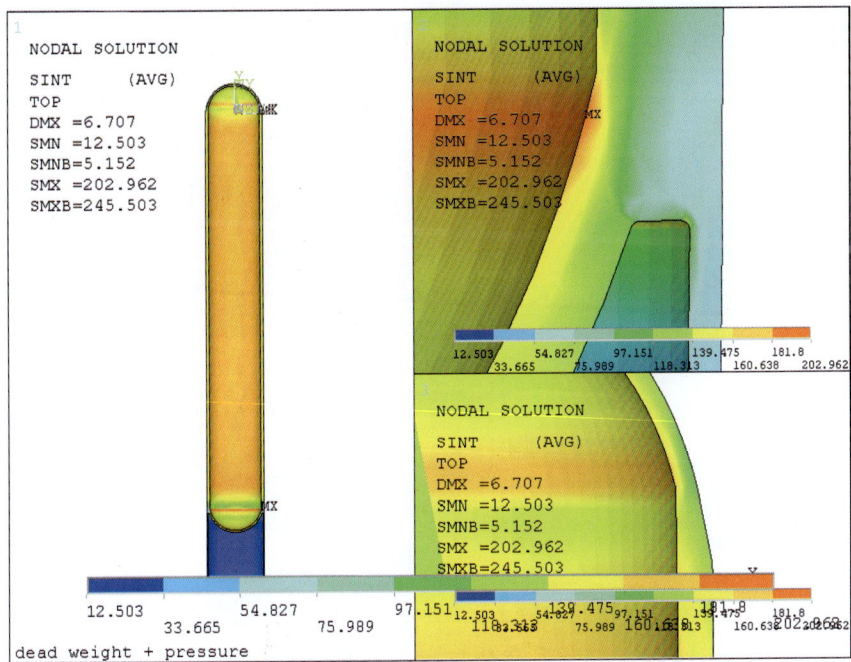

图 4.3 a) 应力分析结果（应力强度分布）—自重+内压工况

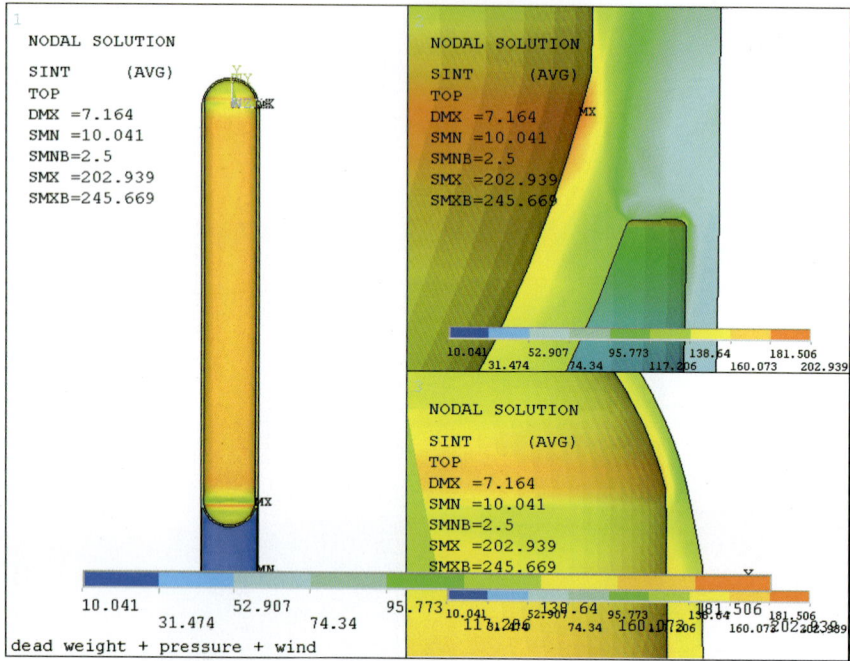

图 4.3 b）　应力分析结果（应力强度分布）—自重+内压+风载荷工况

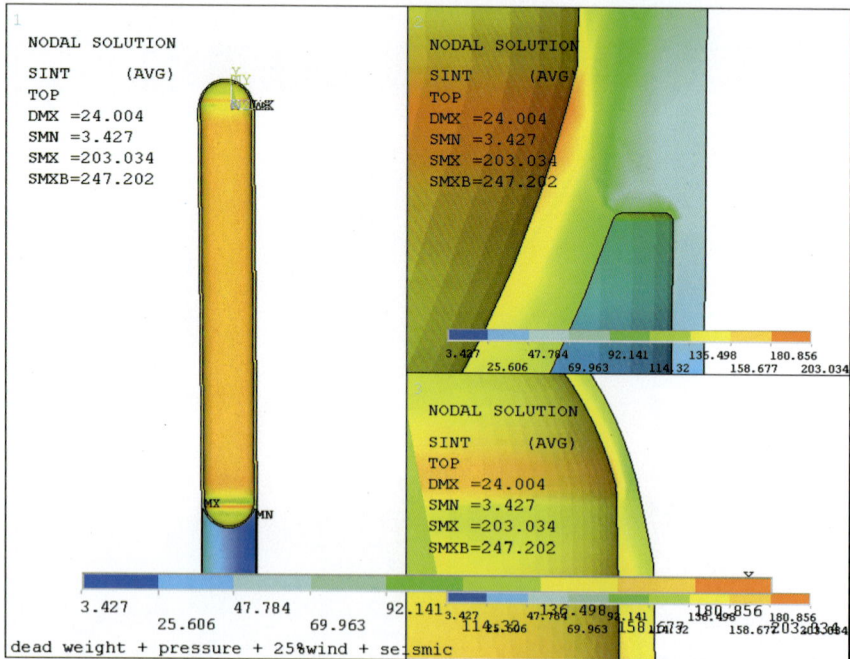

图 4.3 c）　应力分析结果（应力强度分布）—自重+内压+25%风载荷+地震载荷工况

4.2　下封头裙座联合结构热箱温度场分析及热应力分析

几何参数（mm）：

筒体内径 D_i=4813；筒体壁厚 t=280；封头壁厚 t_f=168；裙座内径 d_{si}=5233；裙座壁厚 t_s=70；裙座支撑上端距离封头切线距离 L=890；保温层厚度 s=140；保温层热箱上部距离封头切线距离 h_1=1380；保温层下部距离封头切线距离 h_2=2100；裙座防火层厚度 s_1=40；内壁环境温度 t_1=439℃；热箱内环境温度 t_1=422℃

载荷参数：压力 P=18.53MPa

单元选择：ANSYS PLAIN 77/PLAIN 82 二维轴对称单元

结构几何模型见图 4.4；结构有限元模型见图 4.5；结构温度场分析结果见图 4.6；结构温差应力分析结果见图 4.7。

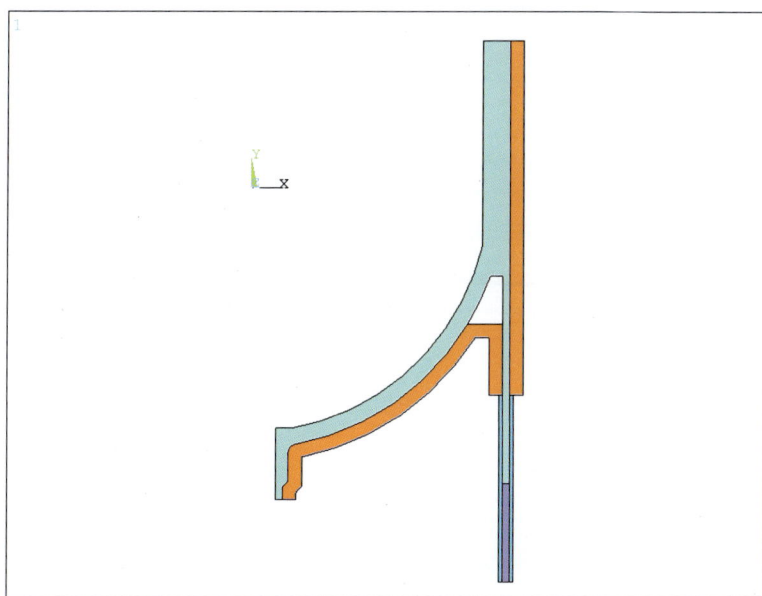

图 4.4　结构几何模型

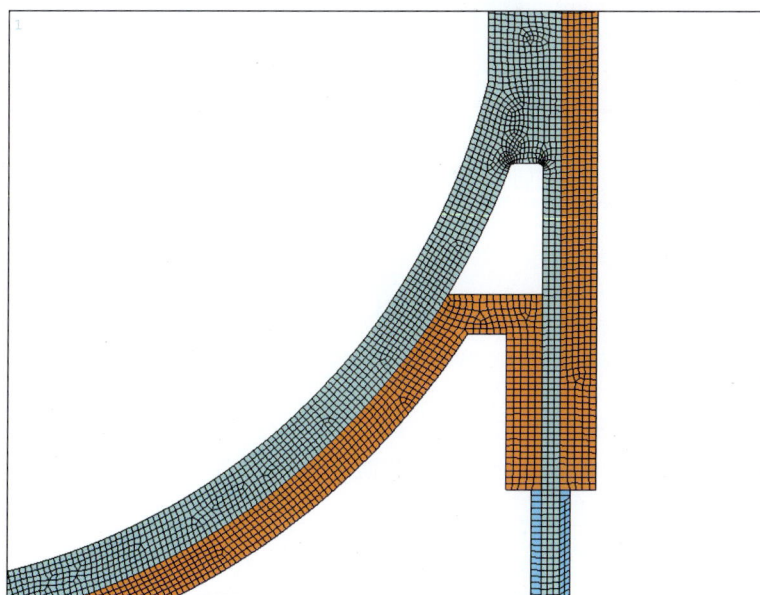

图 4.5　结构有限元模型

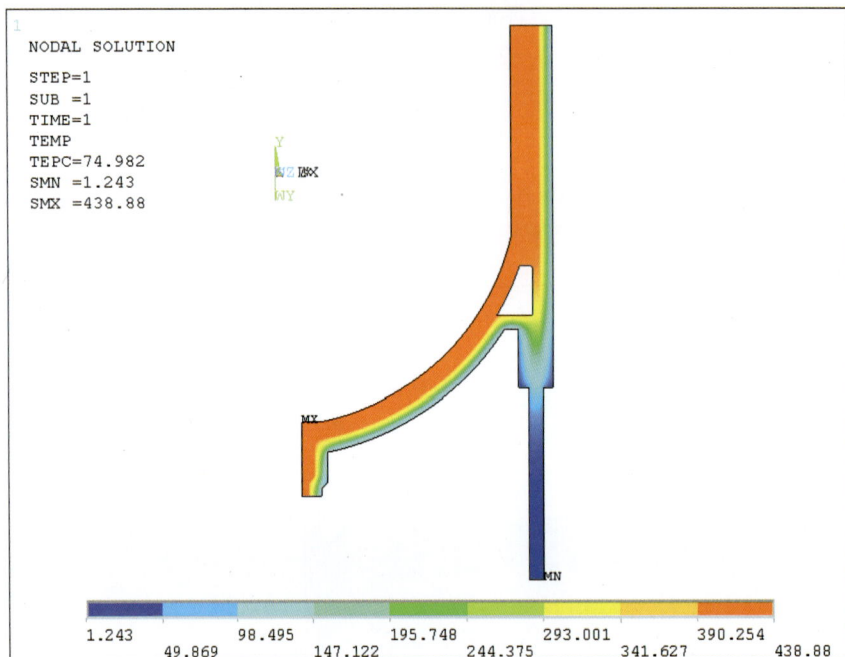

图 4.6　结构温度场分析结果

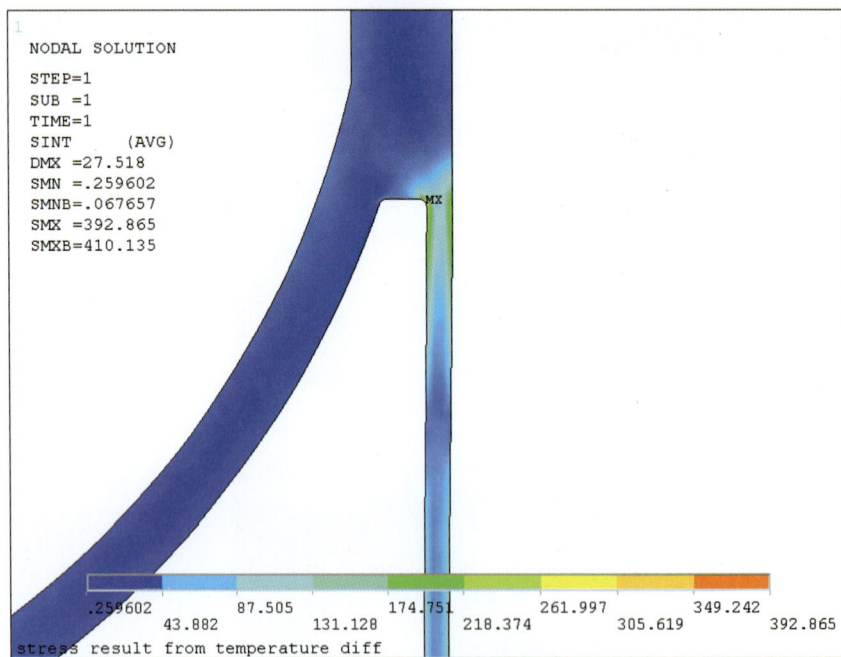

图 4.7　结构温差应力分析结果

4.3　上封头结构温度场分析及热应力分析

几何参数（mm）：

筒体内径 D_i=4813；筒体壁厚 t=280；封头壁厚 t_f=168；接管厚壁段外径 d_w=1630；接管薄壁段外径 d_b=1300；接管内径 d_i=978；接管下部外径 d_x=1770；接管厚壁段高度 h=413；接管外倒角半径 R=100；接管内倒角半径 r=20；支持圈距离封头切线距离 h_j=73.5；支持圈内径 d_{zn}=4683；支持圈厚度 t_z=32；保温层厚度 s=140；支持圈支撑重量（吨）w_z=38.5

载荷参数：计算压力 P=18.53MPa；操作压力 P_w=16.94MPa；内壁温度 t_1=439℃

单元选择：ANSYS PLAIN 77/PLAIN 82 二维轴对称单元

结构几何模型见图 4.8；结构温度场分析结果见图 4.9；结构温差应力分析结果见图 4.10；结构温差应力与结构应力叠加分析结果见图 4.11。

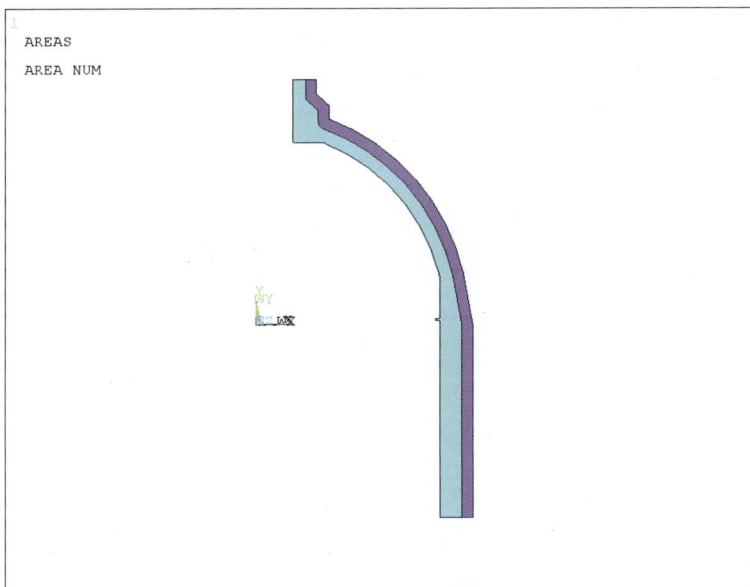

图 4.8　结构几何模型

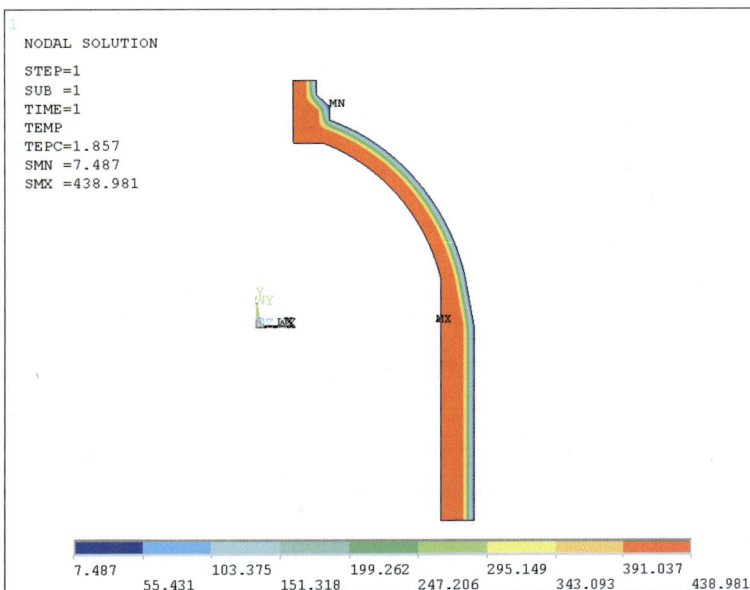

图 4.9　结构温度场分析结果

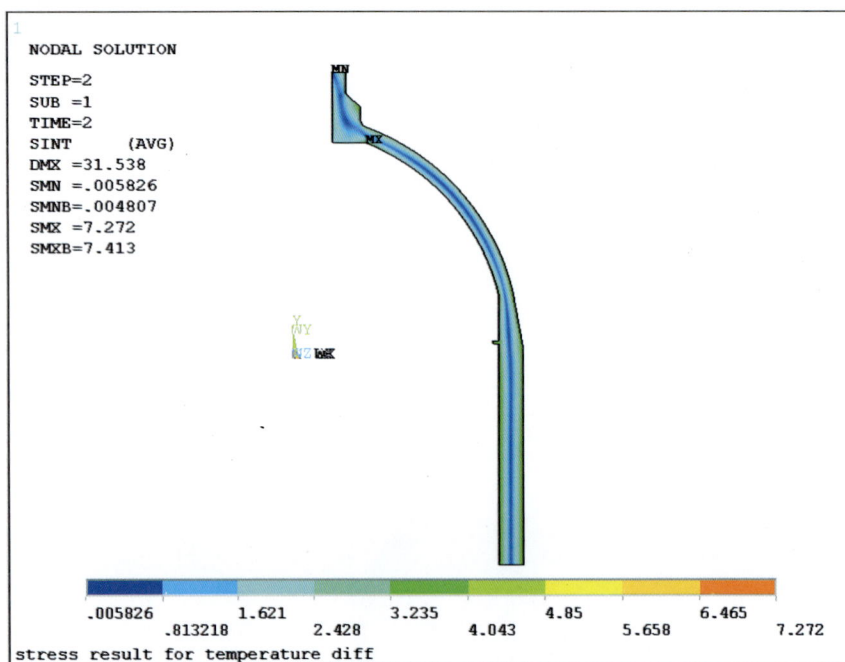

图 4.10　结构温差应力分析结果

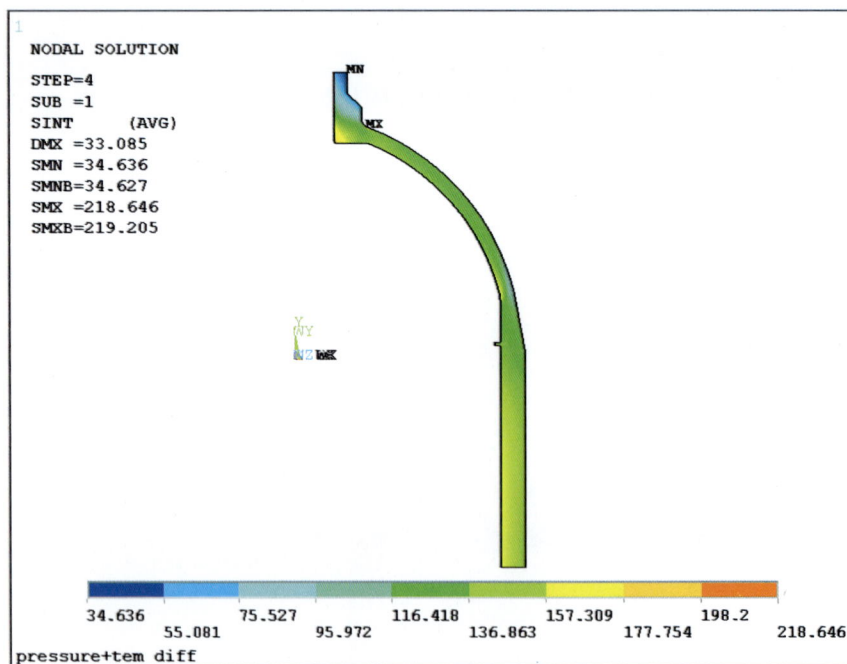

图 4.11　结构温差应力与结构应力叠加分析结果

4.4 冷氢口结构温度场分析及应力分析

几何参数（mm）：

筒体内径 D_i=4813；筒体壁厚 t=280；接管厚壁段外径 d_w=701；接管薄壁段外径 d_b=575；接管壁厚 t_t=133；接管外倒角半径 R=110；接管内倒角半径 r=20；冷氢管外径 d_l=300；冷氢管壁厚 t_l=30；保温深入内壁长度 l_s=300；保温层厚度 s=140

载荷参数：计算压力 P=18.53MPa；操作压力 P_w=16.94MPa

单元选择：ANSYS SOLID 70/SOLID 185 三维实体单元

结构几何模型见图 4.12；结构有限元模型见图 4.13；结构温度场分析结果见图 4.14；结构应力分析结果见图 4.15。

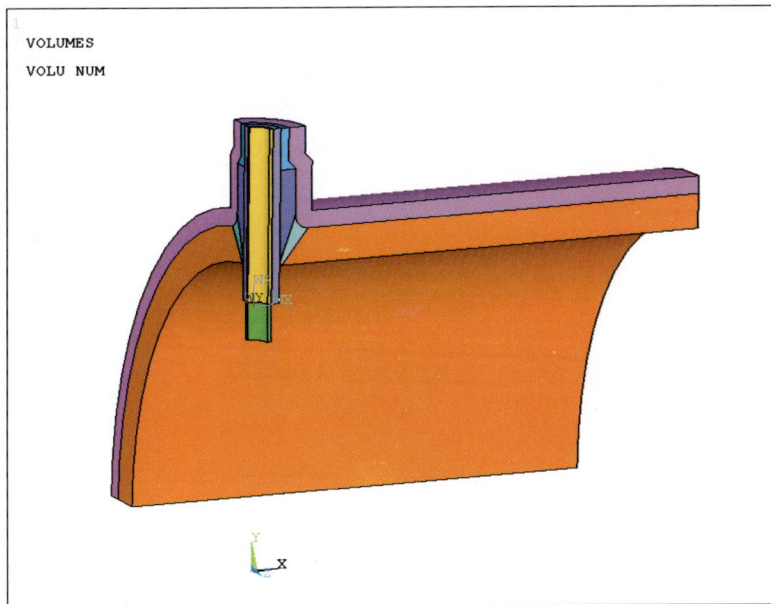

图 4.12 结构几何模型

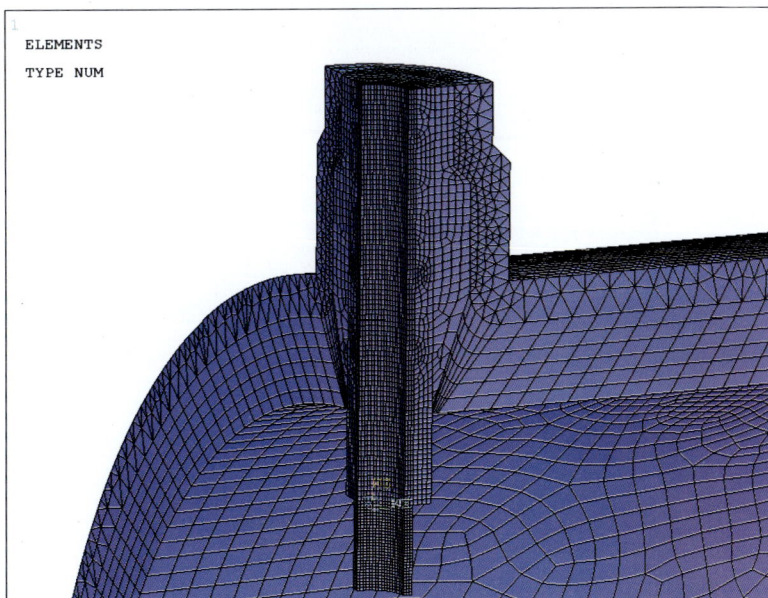

图 4.13 结构有限元模型

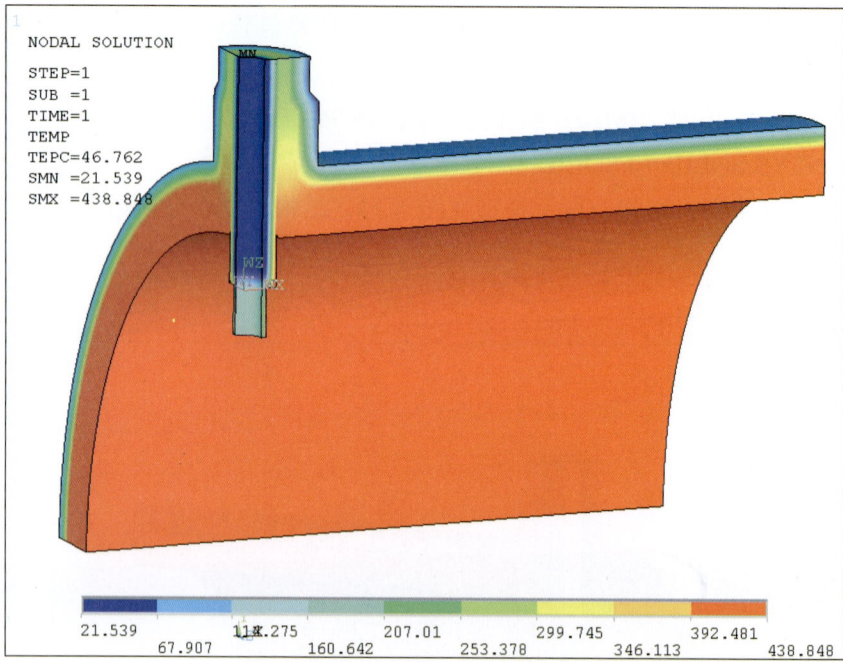

图 4.14　结构温度场分析结果

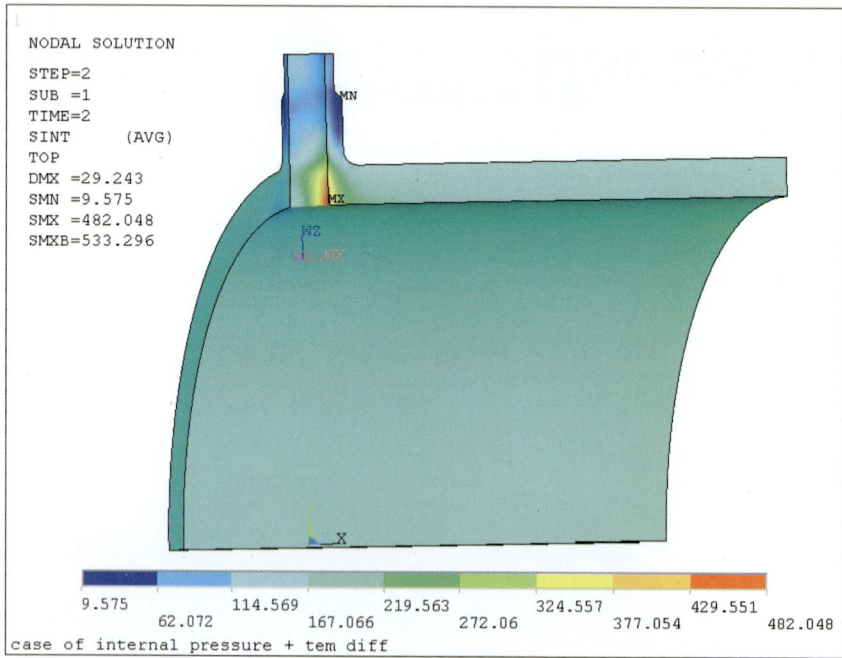

图 4.15　结构温差应力与结构应力叠加分析结果

4.5　受接管载荷的接管应力分析

几何参数（mm）：

筒体内径 D_i=4813；筒体壁厚 t=280；接管尺寸 $\phi440\times117$；接管外倒角半径 R=80；接管内倒角半径 r=10

载荷参数：计算压力 P=18.53MPa

接管载荷：F_X= –36000N；F_Y=21400N；F_Z= –21400N；

　　　　　M_X= –21800×10^3N・mm；M_Y= –47202×10^3N・mm；M_Z= –21800×10^3N・mm

单元选择：ANSYS SOLID 185 三维实体单元

结构几何模型见图 4.16；结构有限元模型见图 4.17；结构应力分析结果见图 4.18。

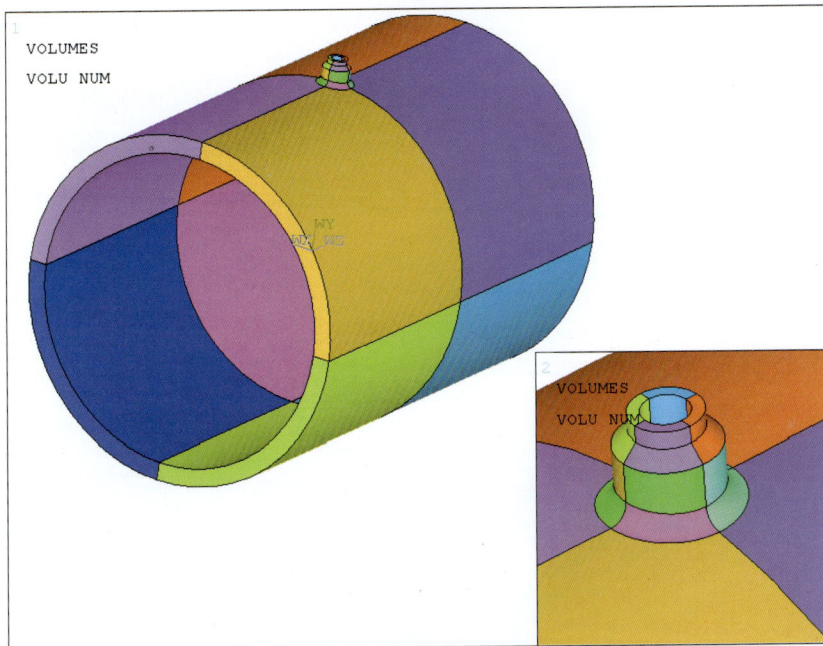

图 4.16　结构几何模型

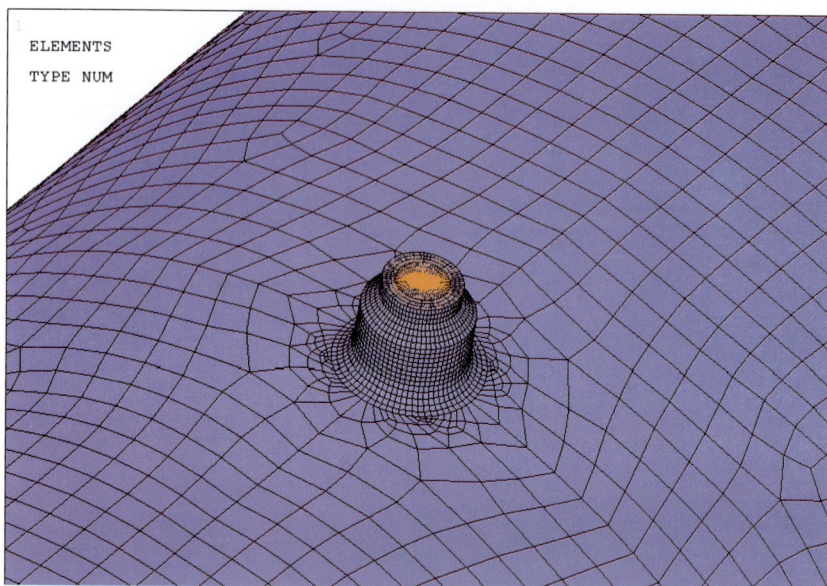

图 4.17　结构有限元模型

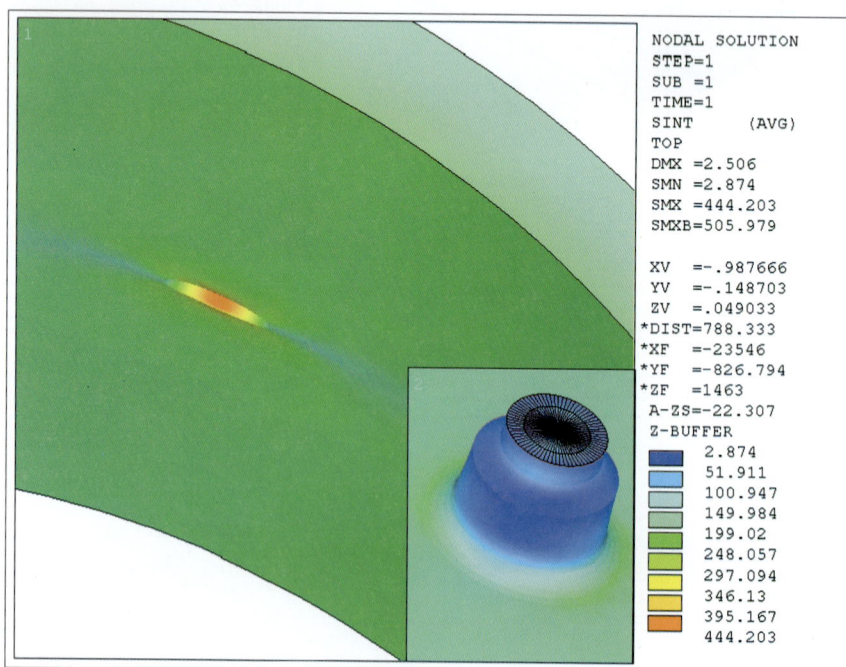

图 4.18　应力分析结果（应力强度分布）

第 5 章　其他典型结构

5.1　双层真空绝热容器整体分析

几何参数（mm）：

内筒体内径 D_i=1800；内筒体壁厚 t=7；内容器椭圆封头壁厚 t_1=7；内筒体长度 L_1=7630；外筒体内径 D_i=2200；外筒体壁厚 t=9；外容器碟形封头壁厚（上）t_1=6；外容器碟形封头壁厚（下）t_1=10；外筒体长度 L_1=8544；支腿个数 n=3；支腿高度 h=550；吊带个数 N=6 对（12 个）；上下吊带间距 s_p=6854；吊带厚度 t_d=10；内筒体内盛介质密度 d_{ens}=1.393t/m^3；装量系数 f=0.95；中间保温层密度 d_{enm}=60kg/m^3

载荷参数：内容器内压力 P=1.78MPa；外容器内压力 P=－0.1MPa；地震加速度 0.2×9.8m/s^2；基本风压 w=800×10^{-6} MPa

单元选择：ANSYS SHELL63　三维壳单元

结构几何模型见图 5.1；结构有限元模型见图 5.2；结构线弹性应力分析结果见图 5.3 a）、b）、c）。

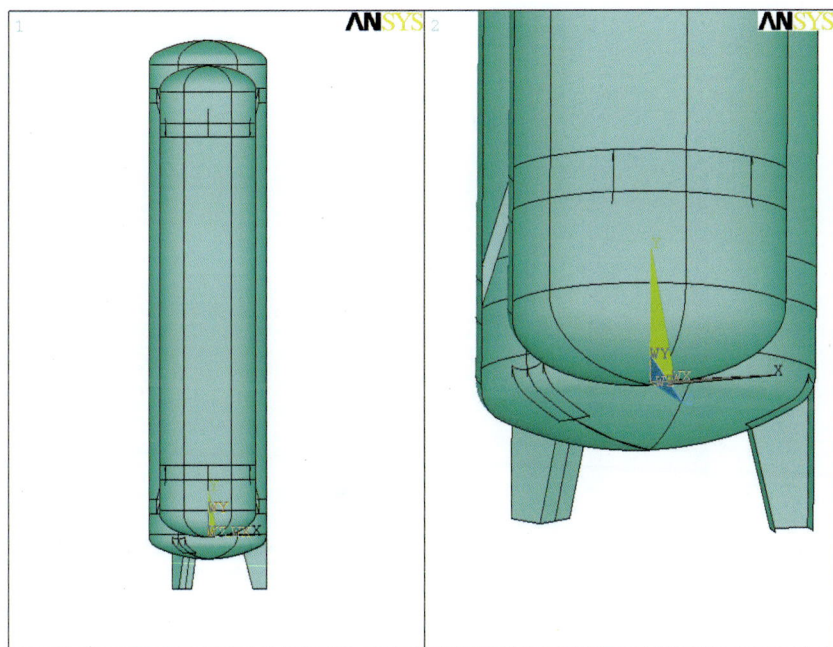

图 5.1　结构几何模型

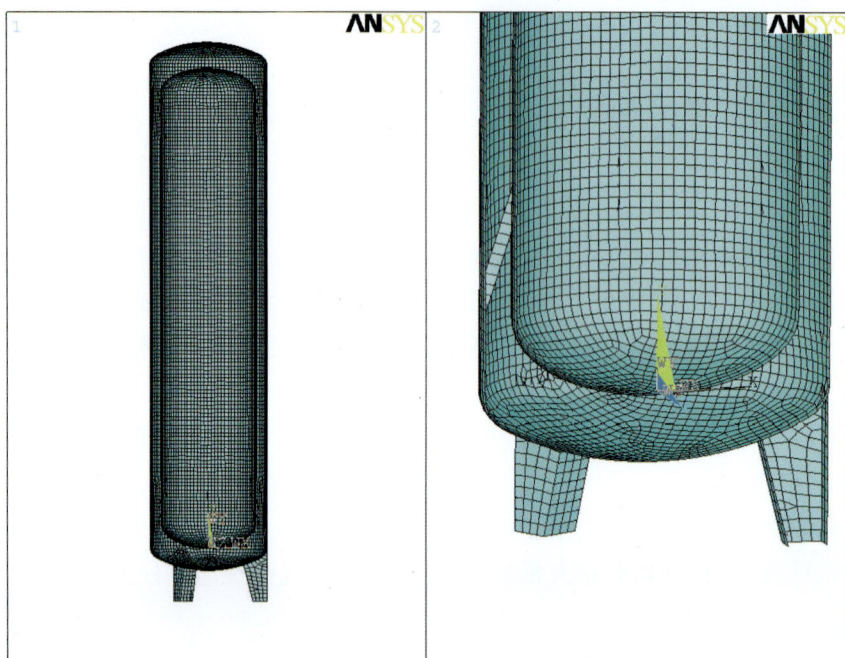

图 5.2　结构有限元模型

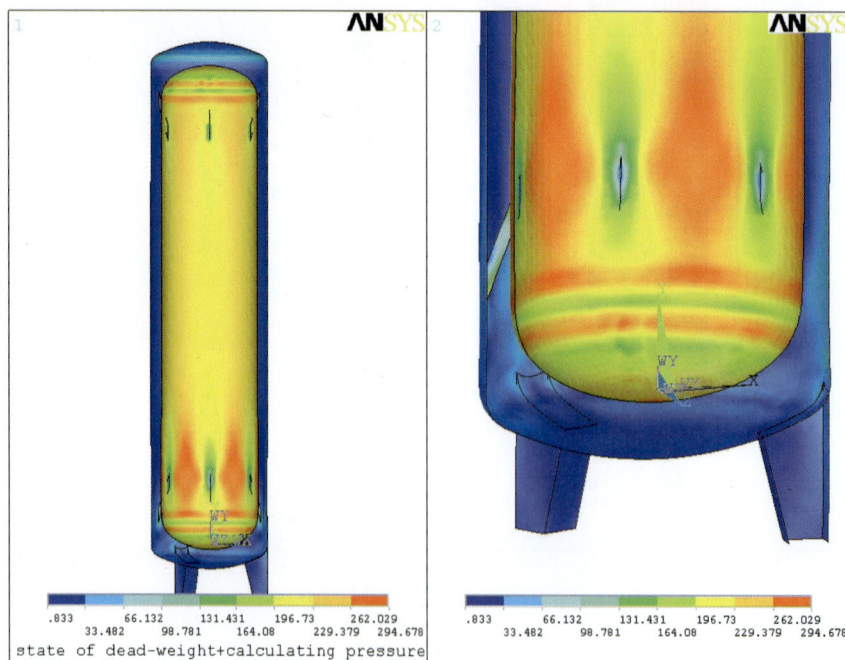

图 5.3 a)　应力分析结果（应力强度分布）—自重+内压（top）

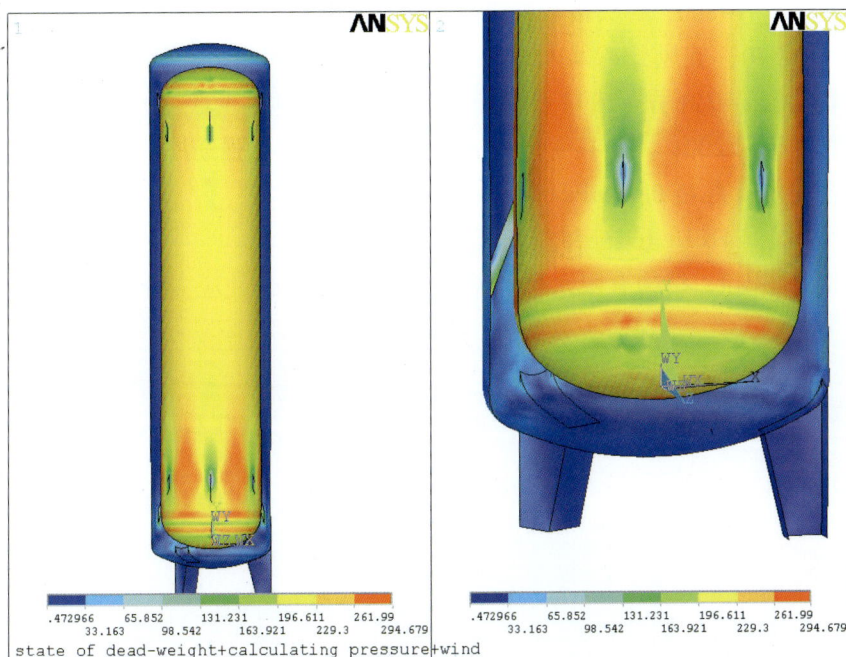

图 5.3 b)　应力分析结果（应力强度分布）—自重+内压+风载荷（top）

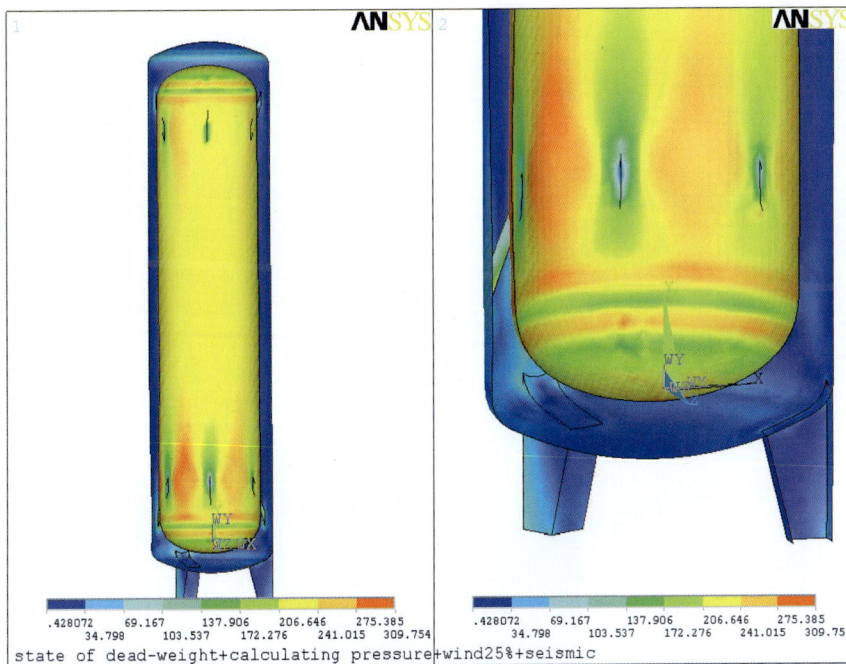

图 5.3 c)　应力分析结果（应力强度分布）—自重+内压+25%风载荷+地震作用（top）

5.2　旋风分离器分析

几何参数（mm）：

筒体内径 D_i=3400；筒体壁厚 t=32；椭圆封头壁厚 t_1=32；腐蚀裕量 C=3；封头接管 ϕ1222×32；封头接管内伸长度 H=800；封头接管补强圈外径 d_o=2400； 封头接管补强圈厚度 t_p=32；旋风分离器入口宽度 W=870；旋风分离器入口高度 h=1738；旋风分离器入口中心至封头切线距离 S_p=1120；入口结构厚度 t_2=32；方形入口长度 L=1640（从筒体中心线算起）；入口补强圈厚度 t_p=32；天圆地方的结构长度 L_1=1200；入口接管尺寸 ϕ800×32；接管加强筋厚度 t_j=32

载荷参数：容器内压力 P=0.35MPa

单元选择：ANSYS SHELL 63 三维壳单元

结构几何模型见图 5.4；结构有限元模型见图 5.5；结构线弹性应力分析结果见图 5.6 a）、b）。

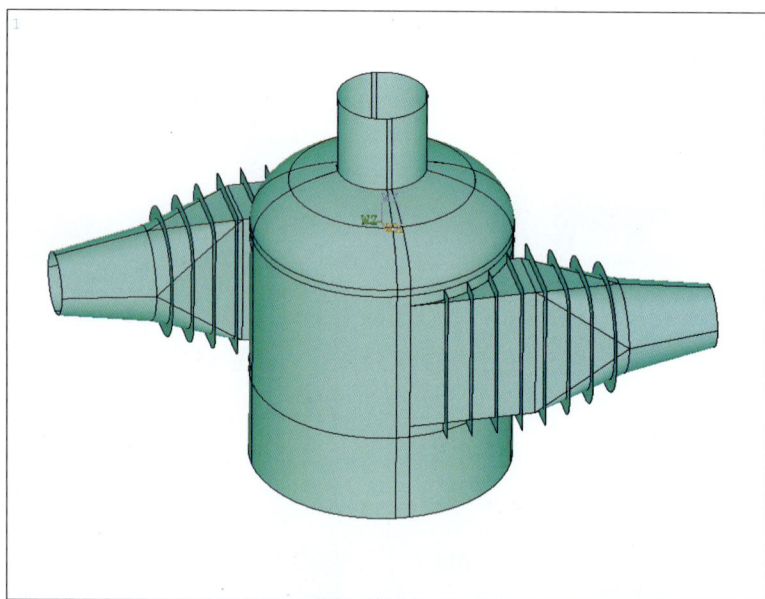

图 5.4　结构几何模型

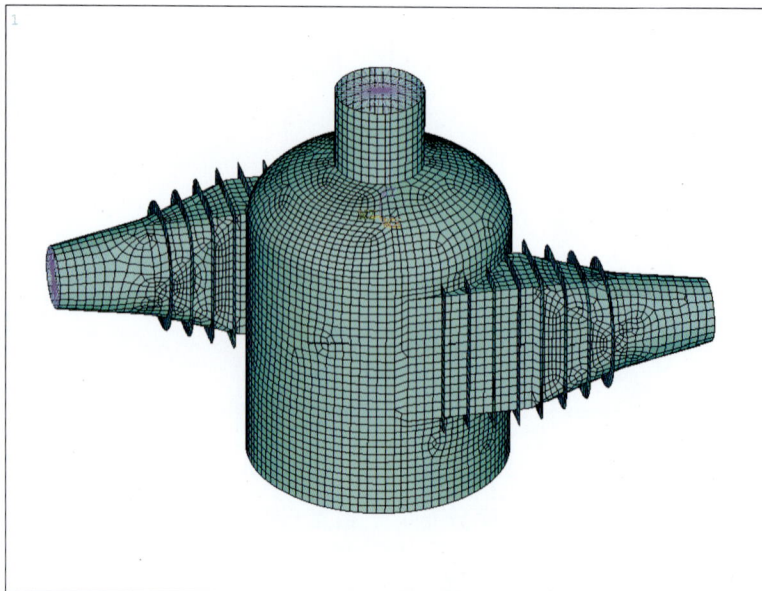

图 5.5　结构有限元模型

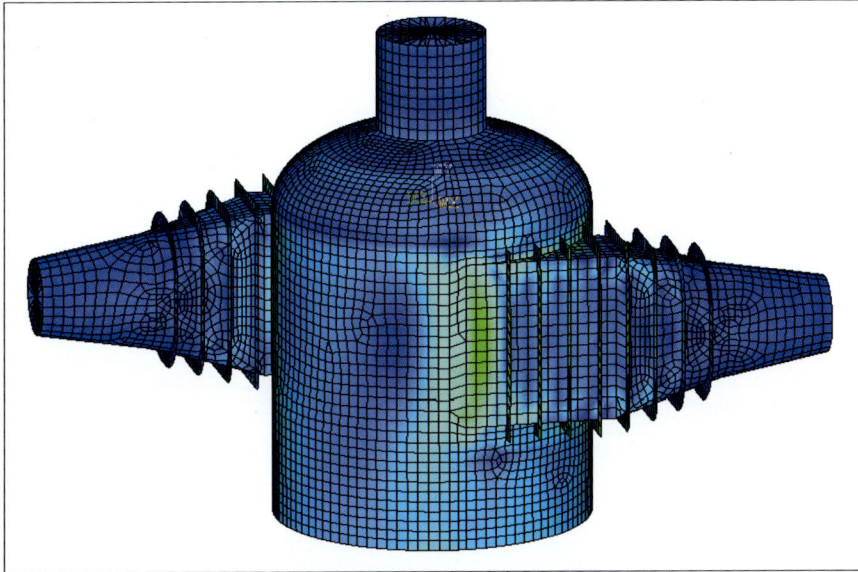

图 5.6 a)　应力分析结果（应力强度分布）

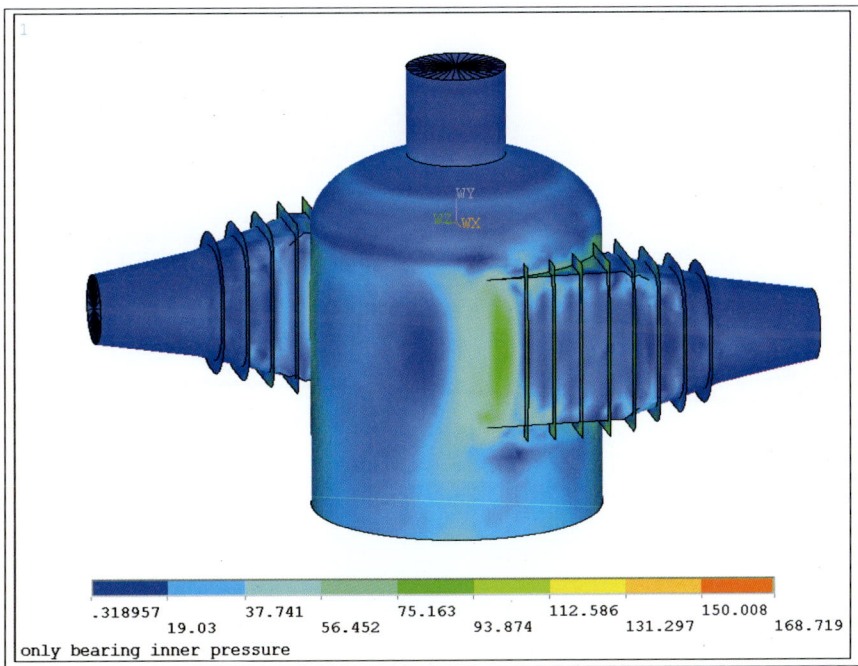

图 5.6 b)　应力分析结果（应力强度分布）

5.3 带支腿的料仓分析

几何参数（mm）：

筒体内径 D_i=3000；筒体壁厚 t=16；碟形封头壁厚 t_1=16；腐蚀裕量 C=1.5；筒体高度 h=696；碟形封头顶球半径 R=3000；碟形转角半径 r=300；锥壳半顶角 a_{rfa}=35 度；锥壳下端内径 d_i=341.4；锥壳上端转角半径 r_1=150；锥壳下端转角半径 r_2=50；锥壳厚度 t_z=16；锥壳小端接管厚度 t_x=14；支腿中心圆直径 D_{ii}=2600；支腿管子尺寸 $\phi219.1\times10$；支腿高度 H=2441；支腿垫板厚度 t_s=14；物料重量 w=13200kg

载荷参数：容器内压力 P=1.0MPa

单元选择：ANSYS SOLID 185 三维实体单元

结构几何模型见图 5.7；结构有限元模型见图 5.8；结构线弹性应力分析结果见图 5.9。

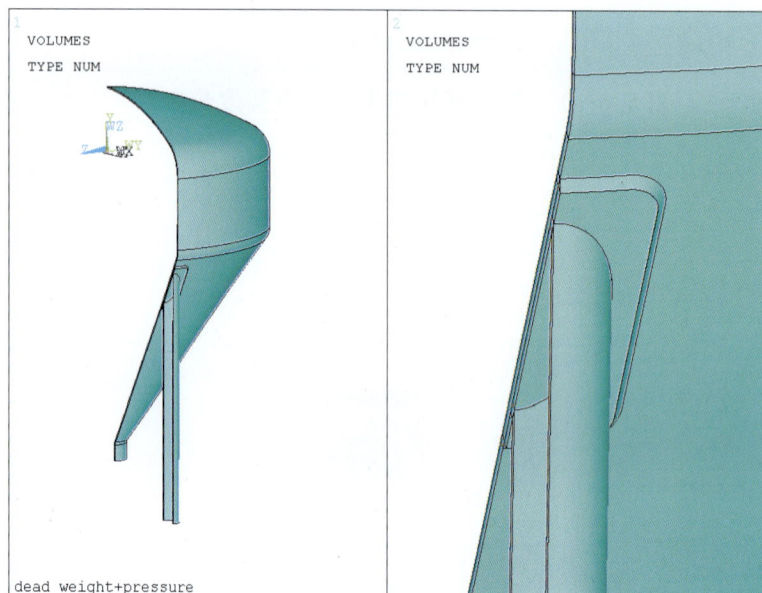

图 5.7　结构几何模型

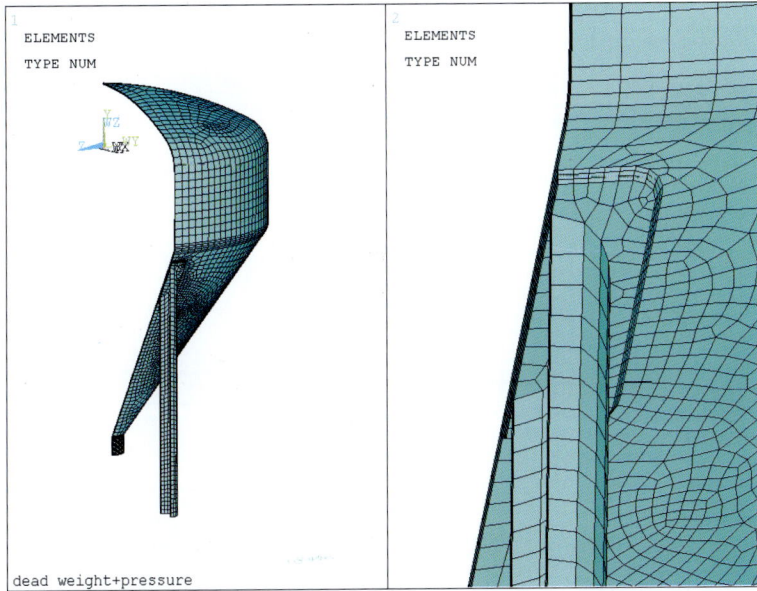

图 5.8　结构有限元模型

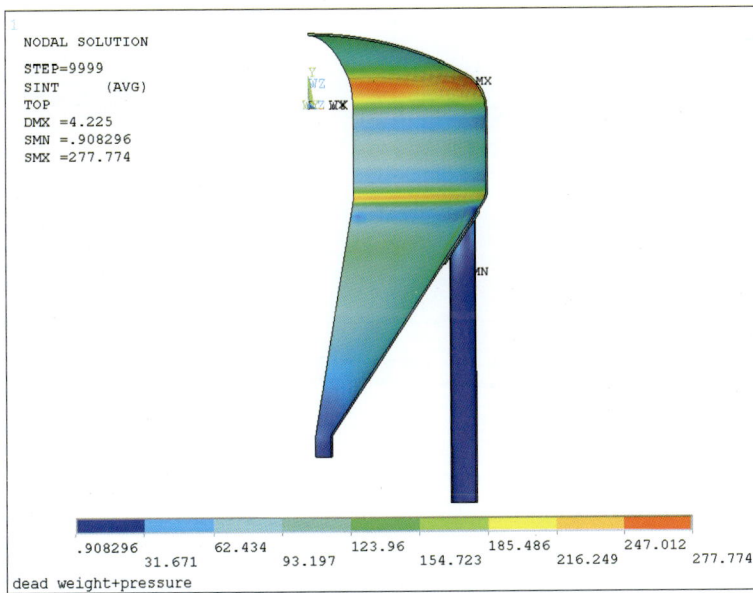

图 5.9　应力分析结果（应力强度分布）

5.4 圈座支撑的料仓分析

几何参数（mm）：

筒体内径 D_i=3800；筒体壁厚 t=30；碟形封头壁厚 t_1=30；腐蚀裕量 C=3；筒体高度 h=6550；碟形封头顶球半径 R=3040；碟形转角半径 r=585；锥壳半顶角 a_{rfa}=18 度；锥壳下端内径 d_i=900；锥壳上端转角半径 r_1=150；锥壳下端转角半径 r_2=50；锥壳厚度 t_z=28；锥壳小端接管厚度 t_x=25；圈座底面距锥壳上端距离 S_p=3639；圈座上下圈间距 S_J=694；圈座上下圈厚度 t_q=26；圈座上下圈宽度 W=395；圈座筋板厚度 t_q=22；螺栓座数量 N=3；物料重量 w=75600kg

载荷参数：容器内压力 P=2.0MPa

单元选择：ANSYS SOLID 185 三维实体单元

结构几何模型见图 5.10；结构有限元模型见图 5.11；结构线弹性应力分析结果见图 5.12。

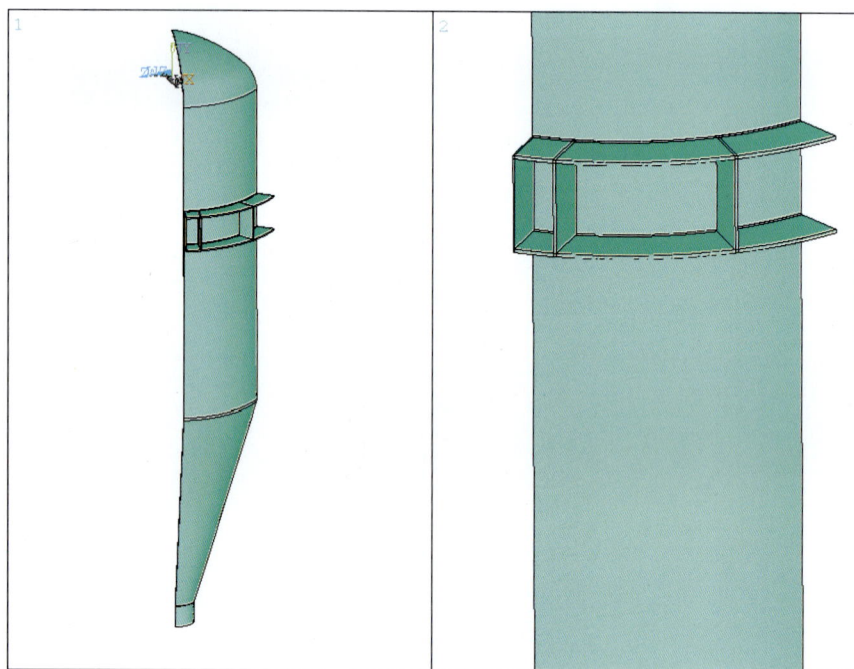

图 5.10 结构几何模型

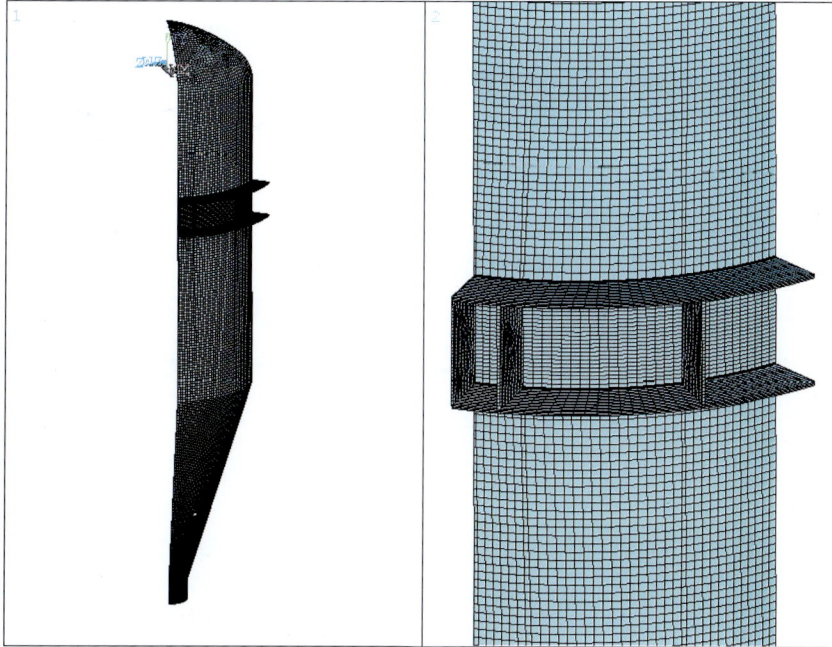

图 5.11　结构有限元模型

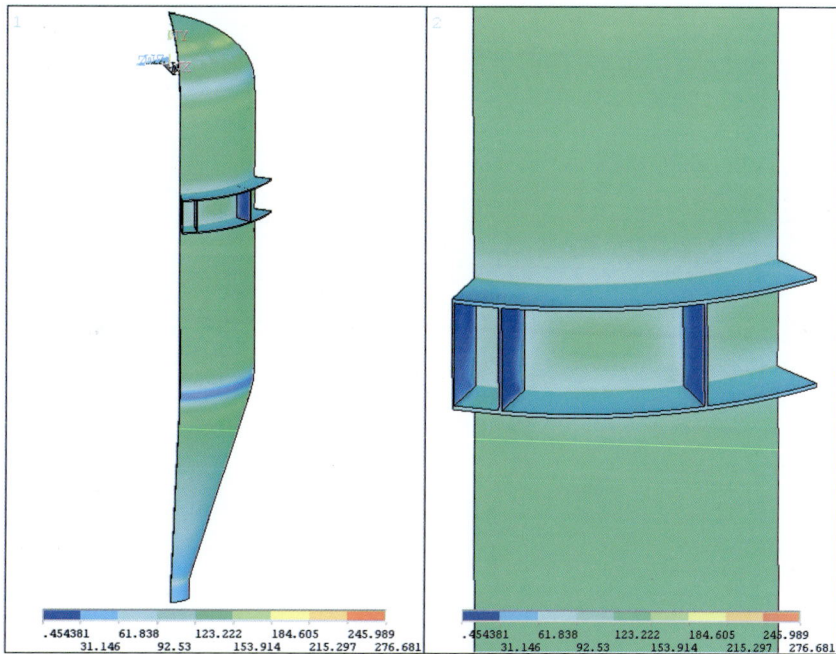

图 5.12　应力分析结果（应力强度分布）

5.5 反应器双锥环密封结构分析

几何参数（mm）：

下部筒体封头结构尺寸：筒体内径 D_i=3600；筒体壁厚 t=130；球形封头壁厚 t_1=75；筒体削边长度 L=208；大接管尺寸 $\phi2280 \times 190$

法兰双锥环密封结构尺寸：螺栓圆直径 D_{bc}=2120；螺栓直径 d_b=80；螺栓个数 N_b=38；螺栓许用应力 200；双锥环内径 D_{szi}=1861；双锥环外径 D_{szo}=1930；双锥环高度 h=117；法兰外径 D_{fo}=2280；法兰厚度 t=304；法兰内径（即上部结构内径）D_{fi}=1675；法兰锥径高度 h_z=225

上部封头结构尺寸：椭圆封头厚度 t_1=75；接管尺寸 $\phi752 \times 103$

载荷参数：容器内压力 P=9.5MPa

单元选择：ANSYS PLANE 82 二维轴对称单元

结构几何模型见图 5.13；结构有限元模型见图 5.14；结构线弹性应力分析结果见图 5.15。

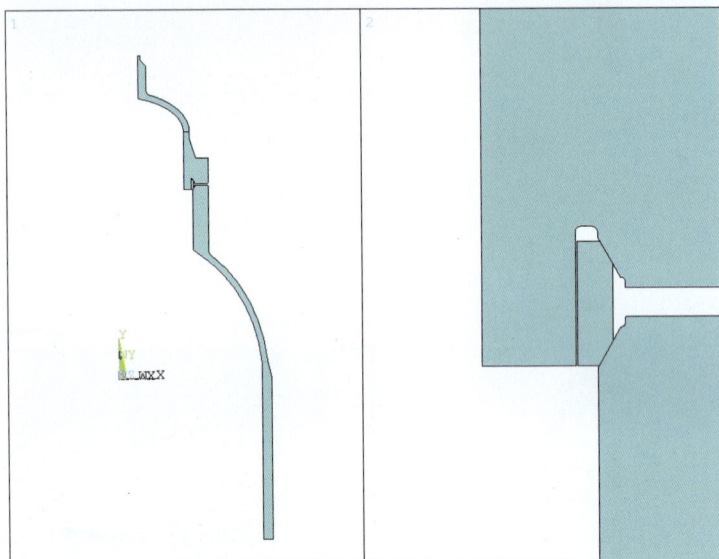

图 5.13 结构几何模型

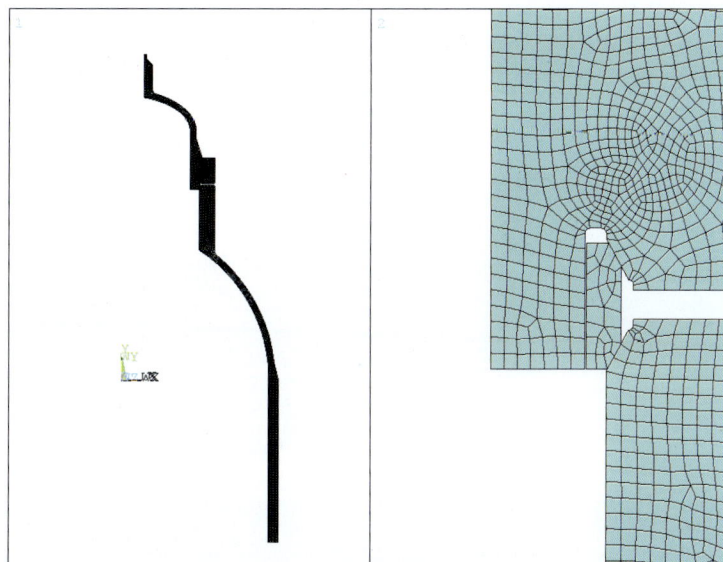

图 5.14　结构有限元模型

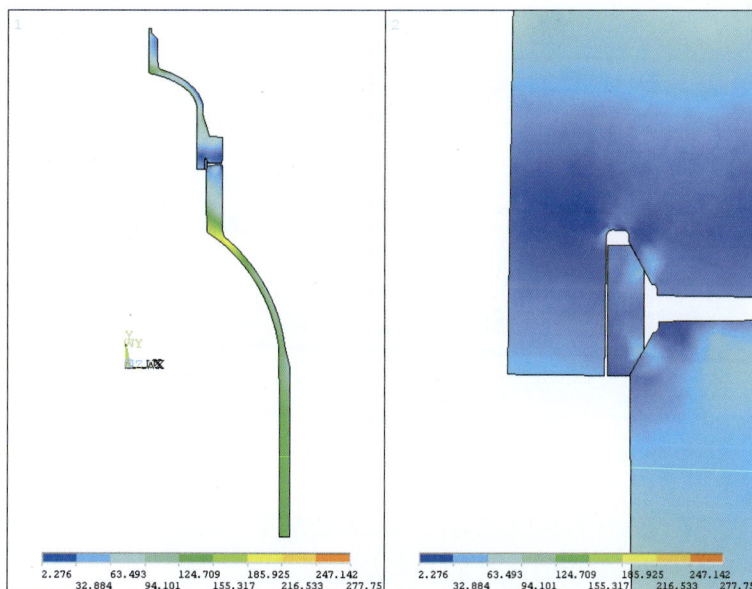

图 5.15　应力分析结果（应力强度分布）

5.6 液化气体半挂运输车罐体分析

几何参数（mm）：

简体内径 D_i=2450；简体厚度 t=11；封头厚度 t_1=11.5

载荷参数：容器内压力 P=1.77 MPa（并选取部分惯性载荷）；物料重量 w=24360kg

单元选择：ANSYS SOLID 185 三维实体单元

有限元模型见图 5.16；结构线弹性应力分析结果见图 5.17 a）、b）、c）。

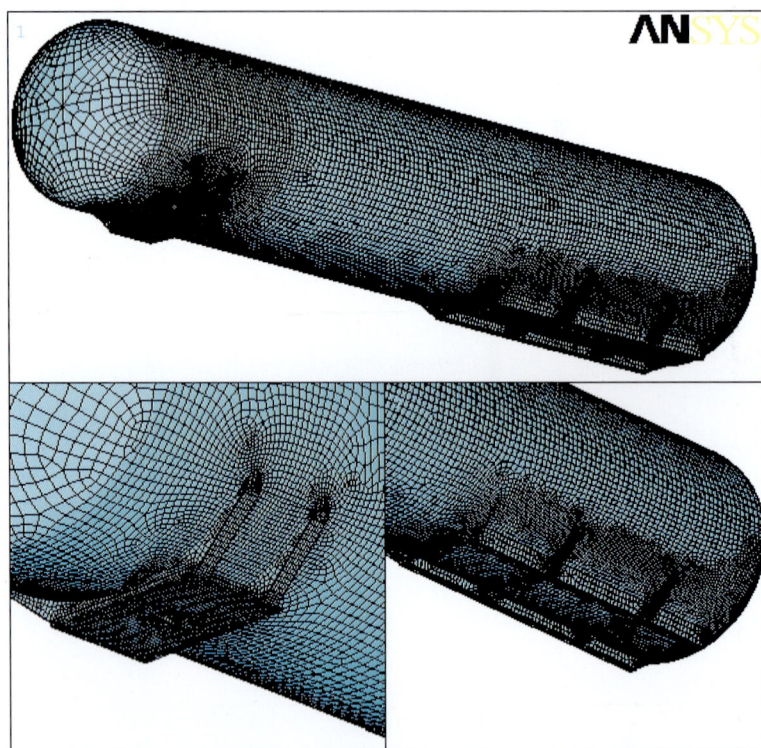

图 5.16 有限元模型

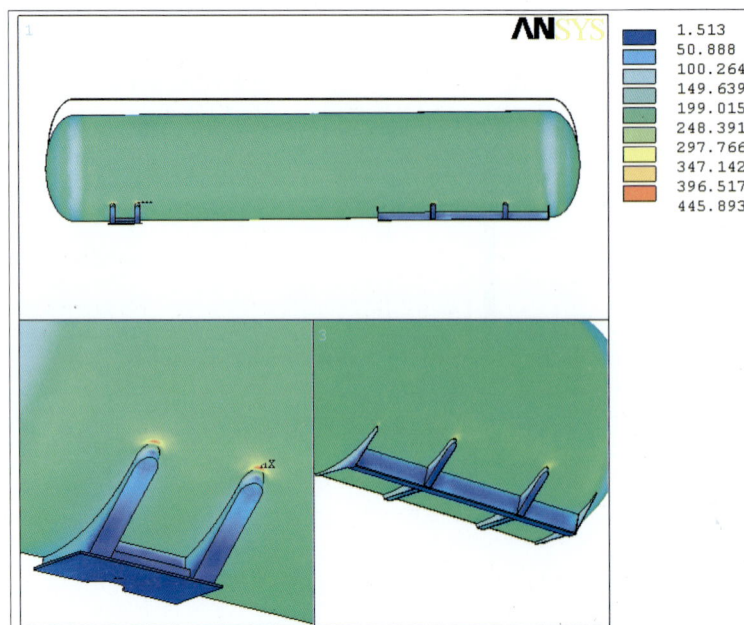

图 5.17 a) 设计压力+向下 1g 惯性力 应力分析结果（应力强度分布）

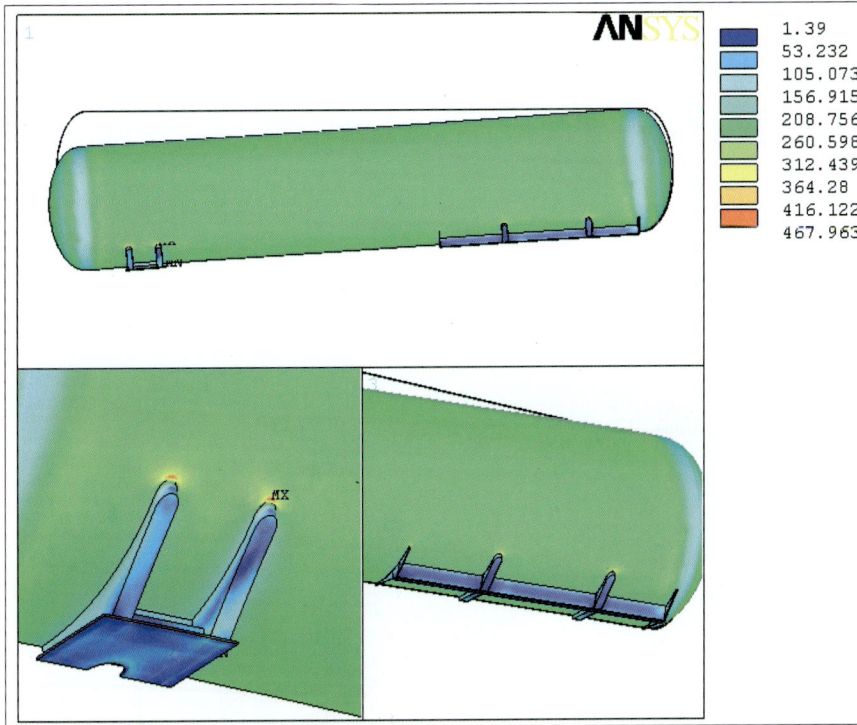

图 5.17 b)　设计压力+向下 1g 惯性力+运行方向 2g 惯性力
应力分析结果（应力强度分布）

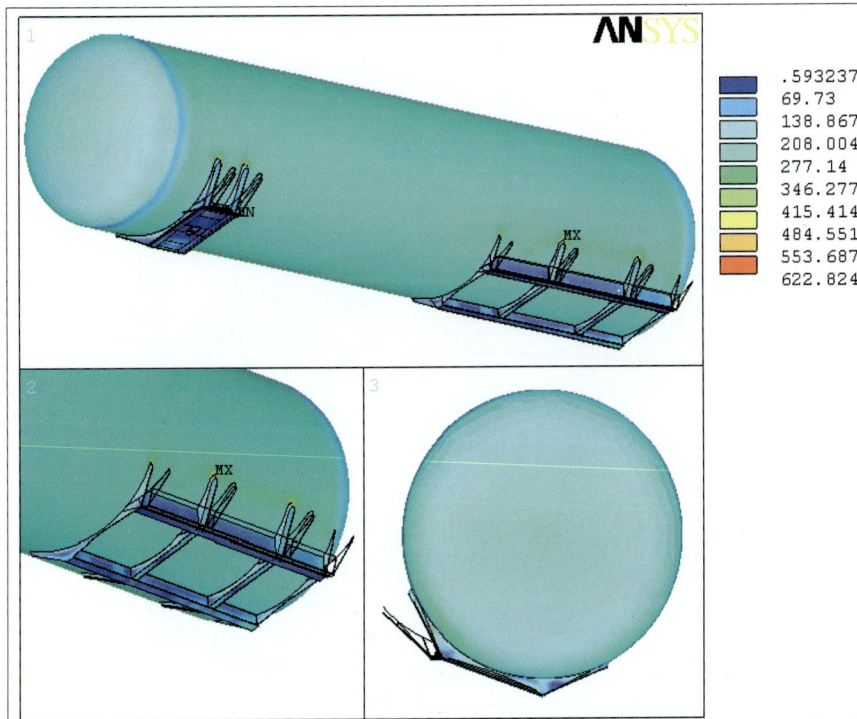

图 5.17 c)　设计压力+向下 1g 惯性力+横向 1g 惯性力
应力分析结果（应力强度分布）

5.7　液化气体罐式集装箱分析

几何参数（mm）：

筒体内径 D_i=2390；筒体厚度 t=18；封头厚度 t_1=18

载荷参数：容器内压力 P=3.45 MPa（并选取部分惯性载荷）；物料重量 w=24300kg

单元选择：ANSYS SOLID 185 三维实体单元

有限元模型见图 5.18 a）、b）；结构线弹性应力分析结果见图 5.19 a）~f）。

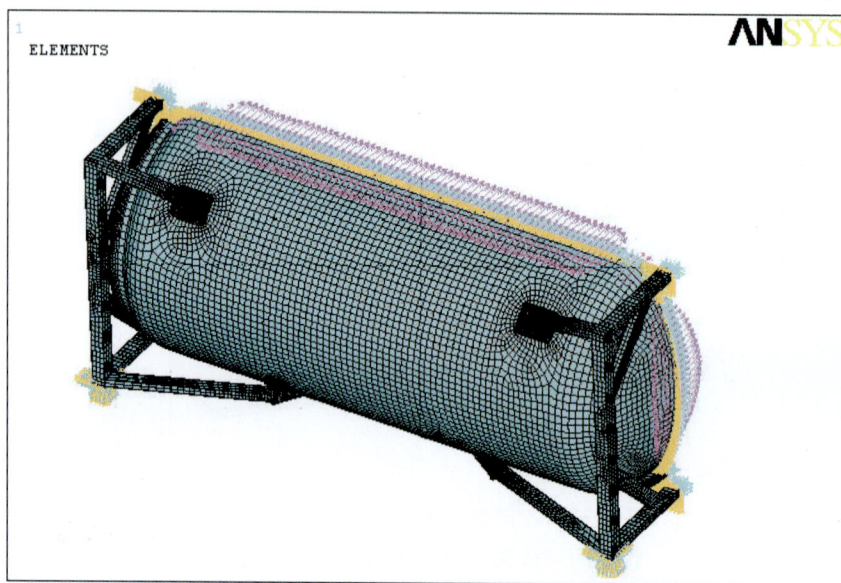

图 5.18 a）　有限元模型（纵向对称）

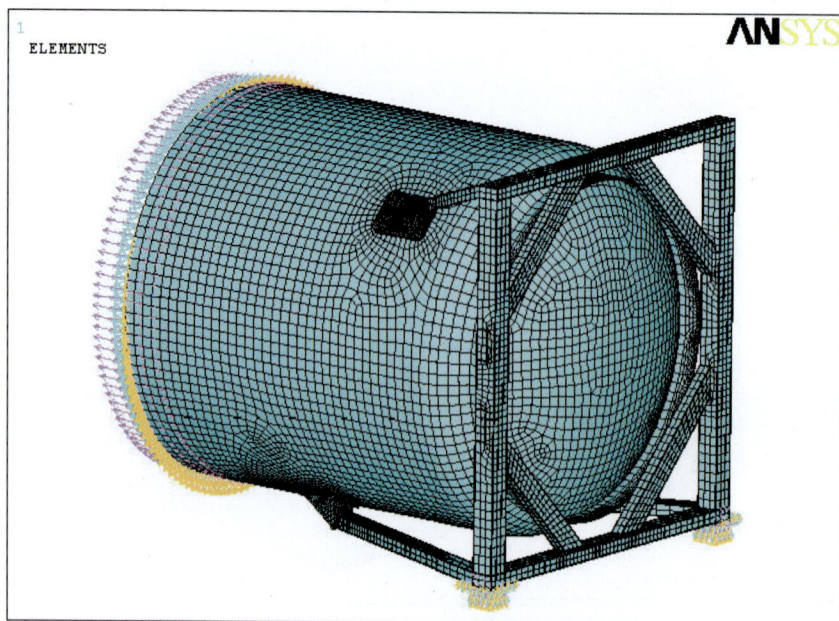

图 5.18 b）　有限元模型（横向对称）

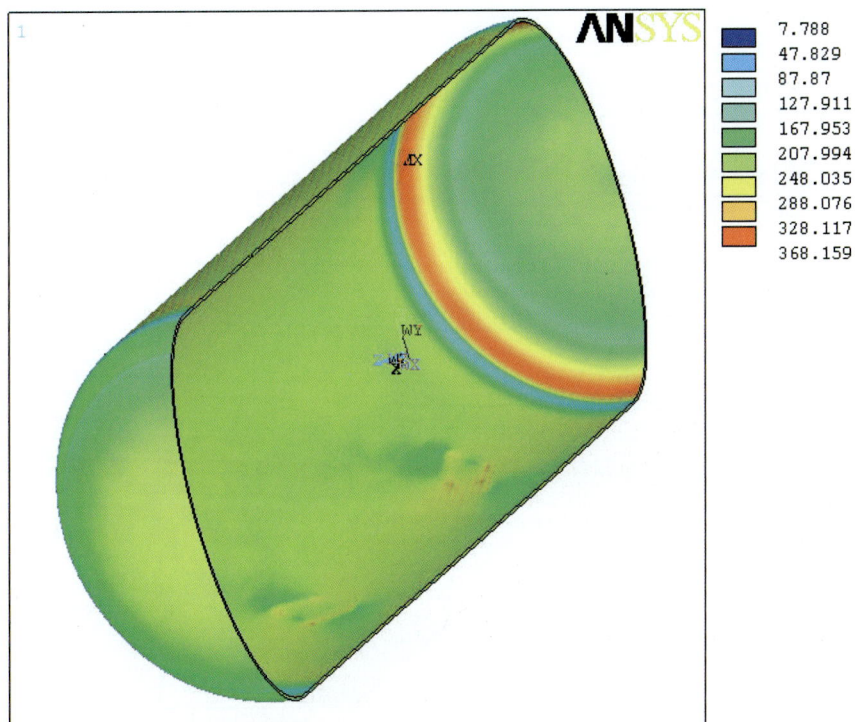

图 5.19 a)　设计压力+向下 1g 惯性力　应力分析结果（总体应力强度分布）

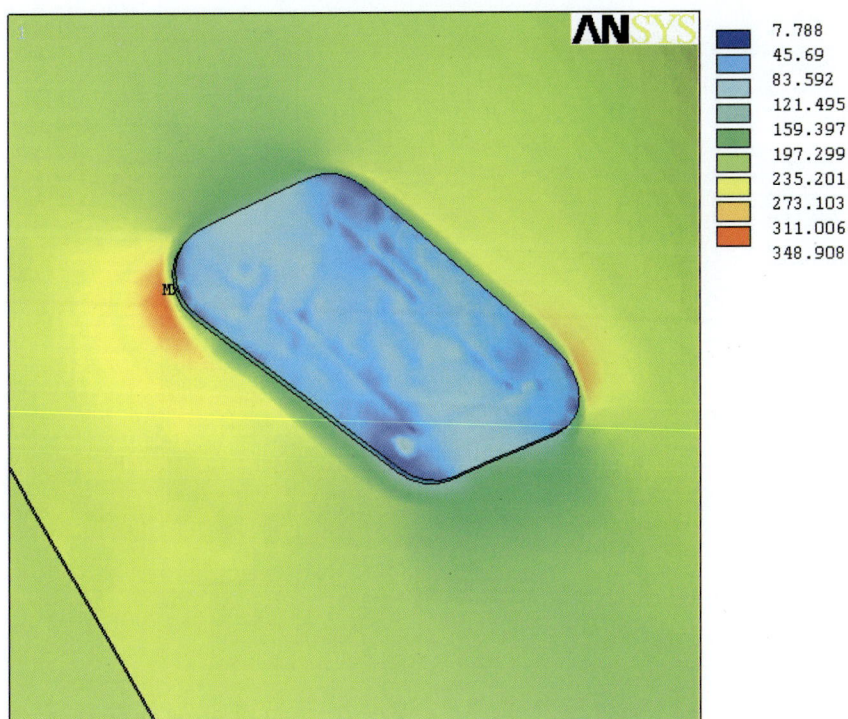

图 5.19 b)　设计压力+向下 1g 惯性力　应力分析结果（局部应力强度分布）

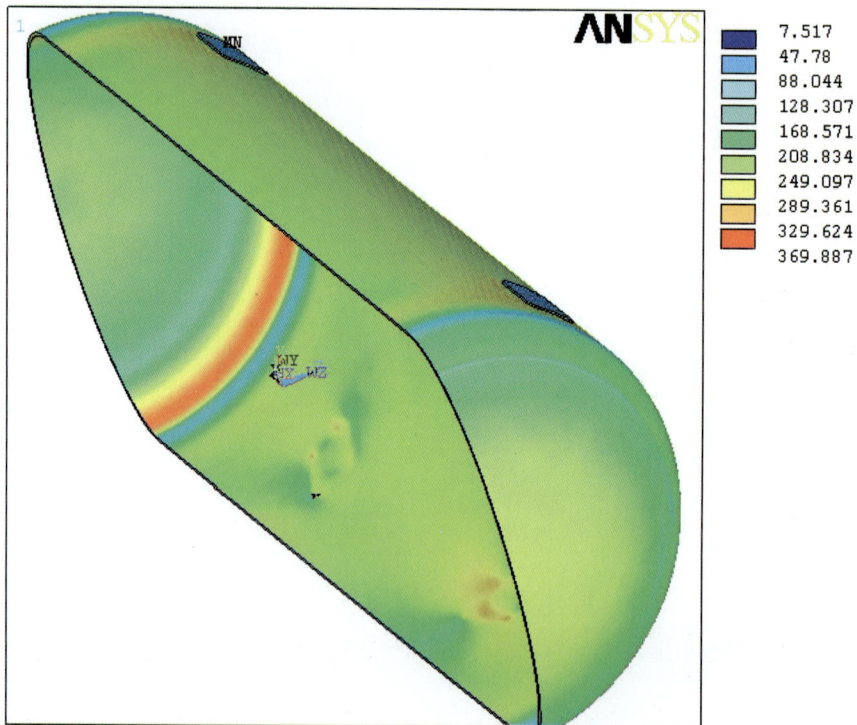

图 5.19 c)　设计压力+向下 1g 惯性力+运行方向 2g 惯性力
应力分析结果（总体应力强度分布）

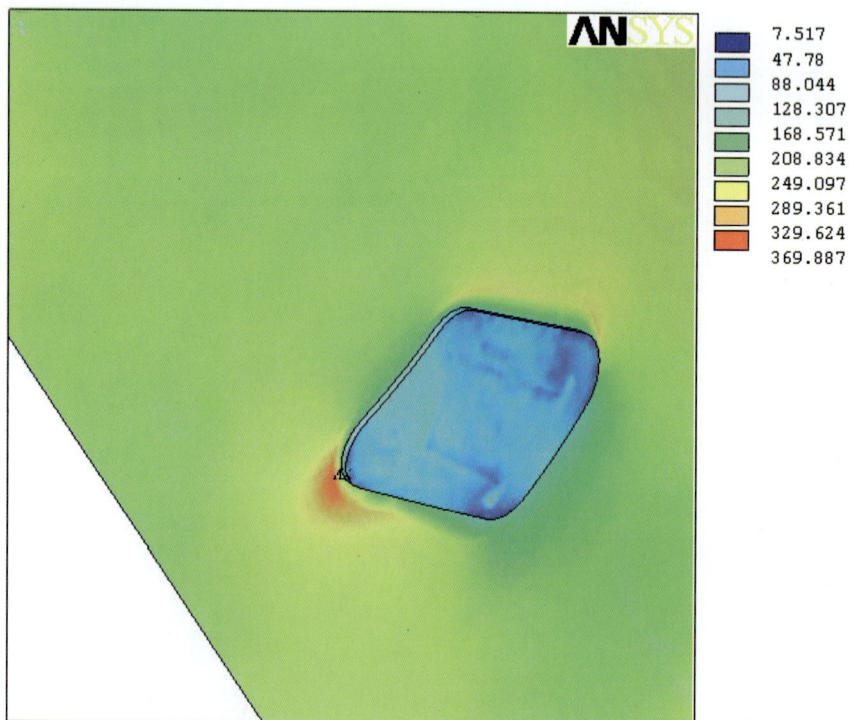

图 5.19 d)　设计压力+向下 1g 惯性力+运行方向 2g 惯性力
应力分析结果（局部应力强度分布）

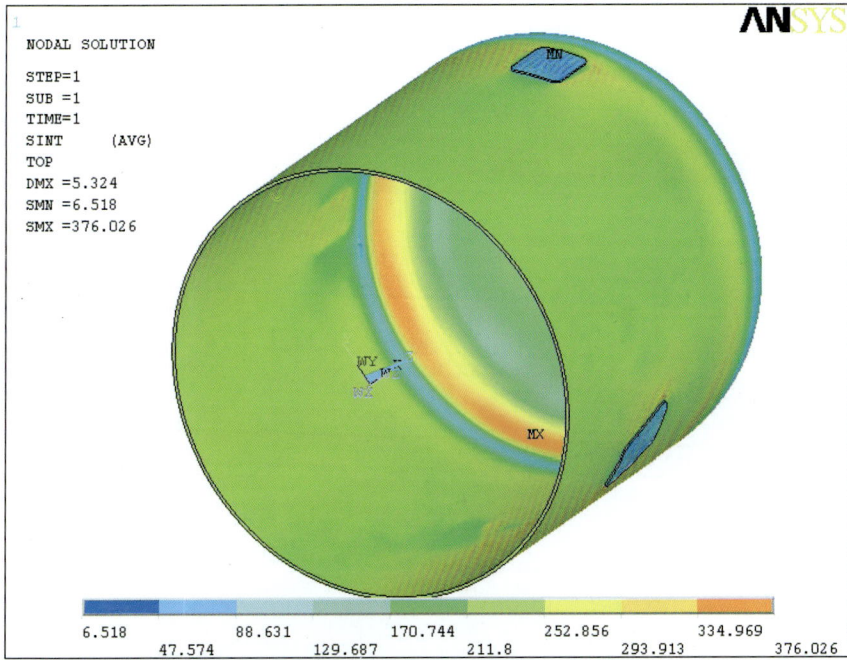

图 5.19 e)　 设计压力+向下 1g 惯性力+横向 2g 惯性力
应力分析结果（整体应力强度分布）

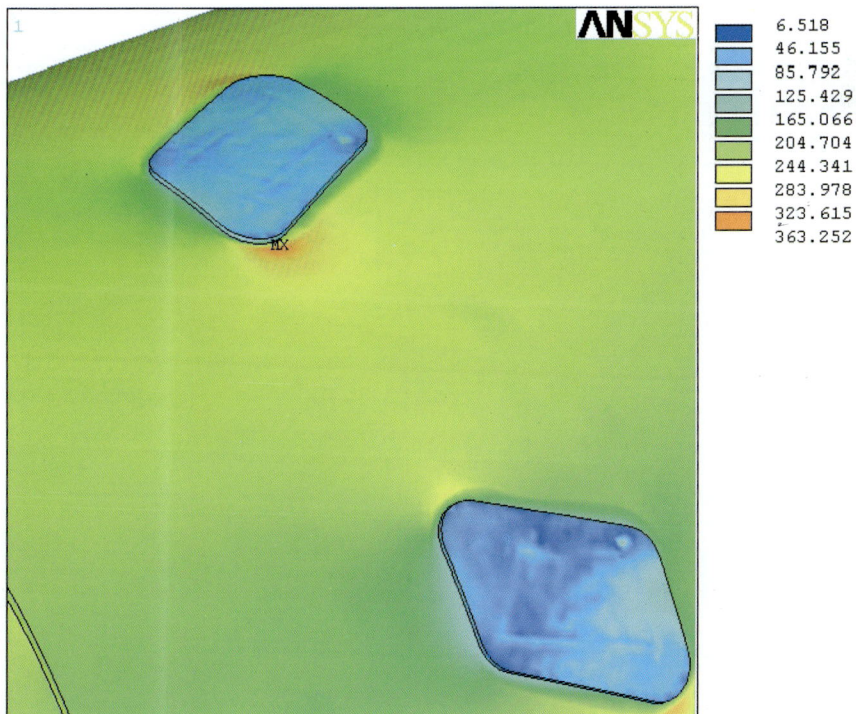

图 5.19 f)　 设计压力+向下 1g 惯性力+横向 2g 惯性力
应力分析结果（局部应力强度分布）

5.8 移动式容器中筒体内凹式组合开孔分析

几何参数（mm）：

筒体内径 D_i=1100；筒体壁厚 t=10；接管筒体内径 D_{gi}=353；接管筒体厚度 t_i=20

载荷参数：容器内压力 P=1.8 MPa

单元选择：ANSYS SOLID 185 三维实体单元

有限元模型见图 5.20；设计压力应力分析结果见图 5.21。

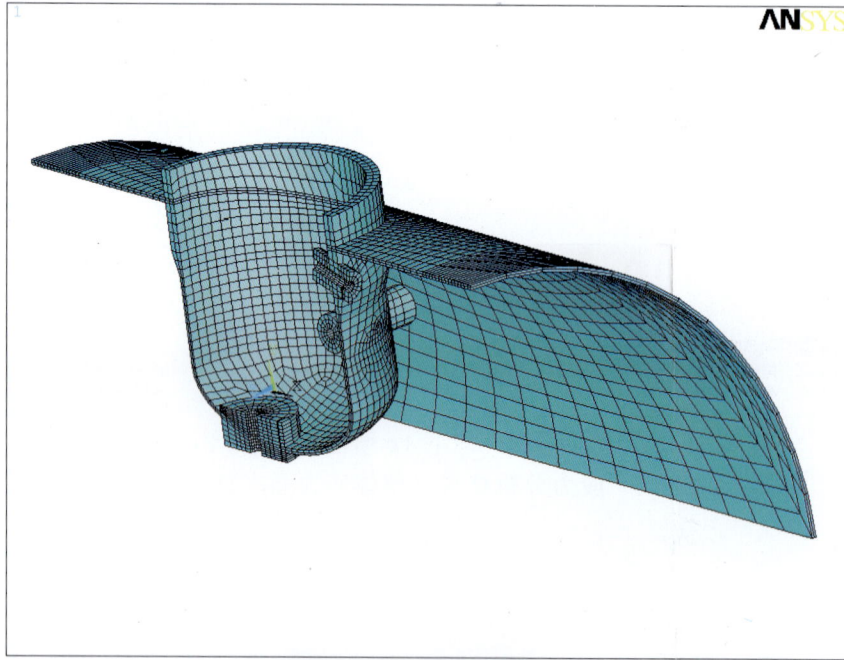

图 5.20 有限元模型

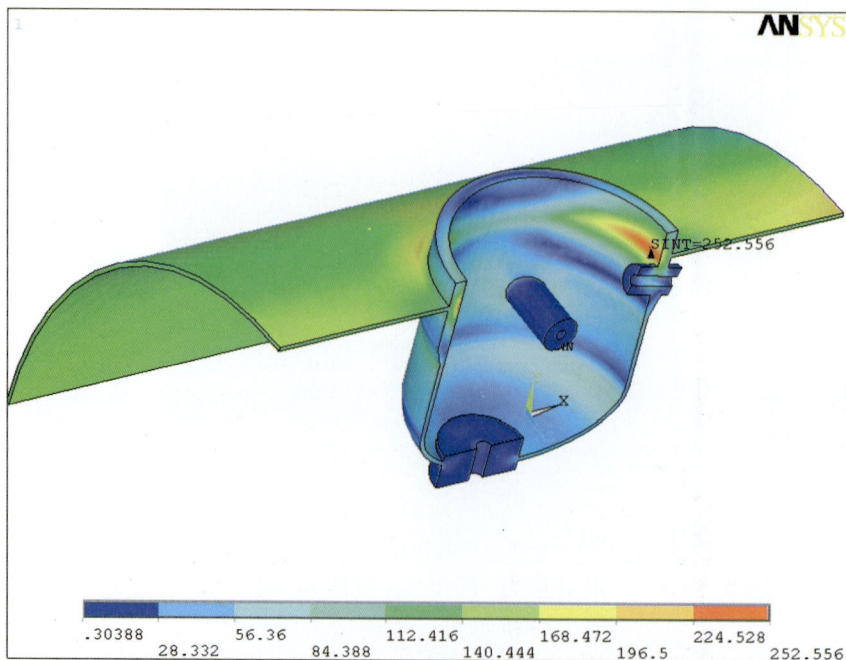

图 5.21 设计压力应力分析结果（应力强度分布）

5.9　管束式集装箱分析（气瓶部分）

几何参数（mm）：

气瓶外径 D_o=559

载荷参数：公称工作压力 P=25 MPa（并选取部分惯性载荷）

单元选择：ANSYS SOLID 185　三维实体单元

结构有限元模型见图 5.22；结构线弹性应力分析结果见图 5.23 a）、b）。

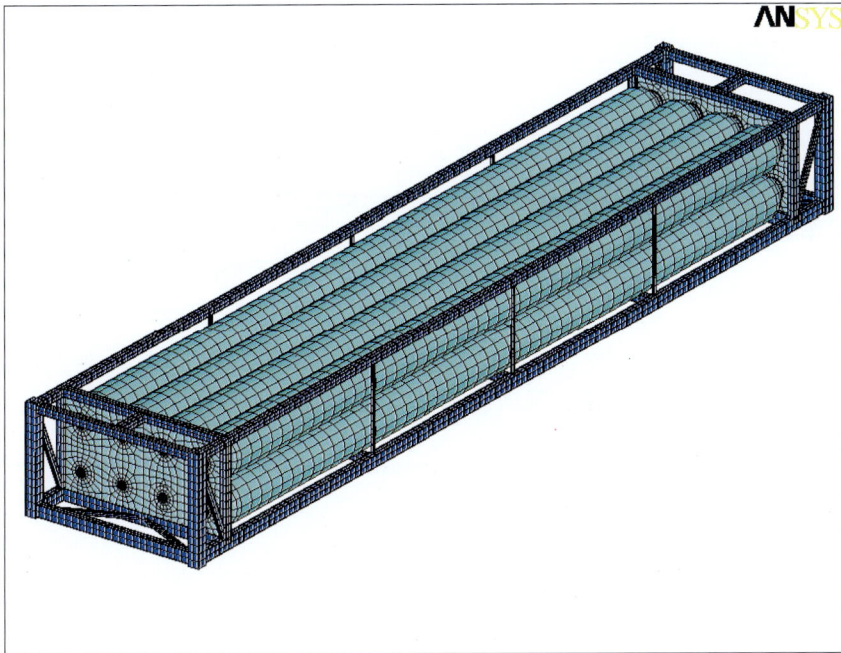

图 5.22　总体有限元模型

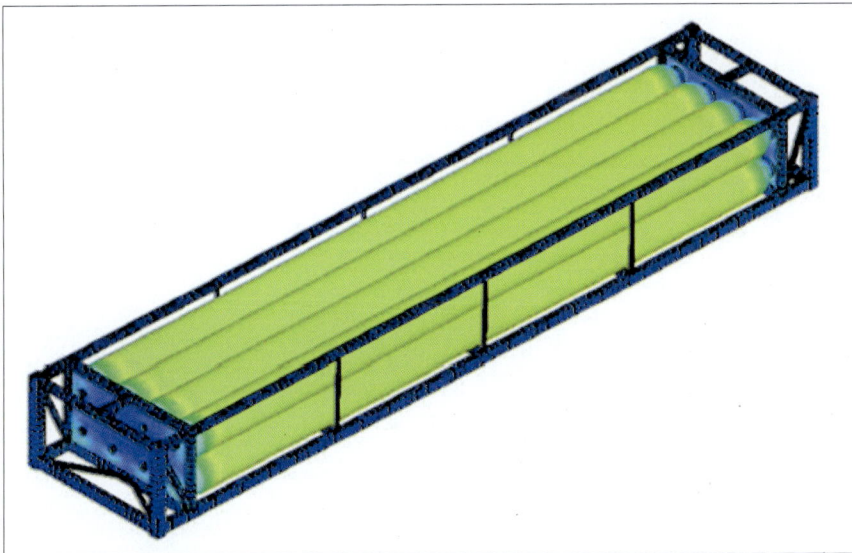

图 5.23 a)　总体应力分析结果（应力强度分布）

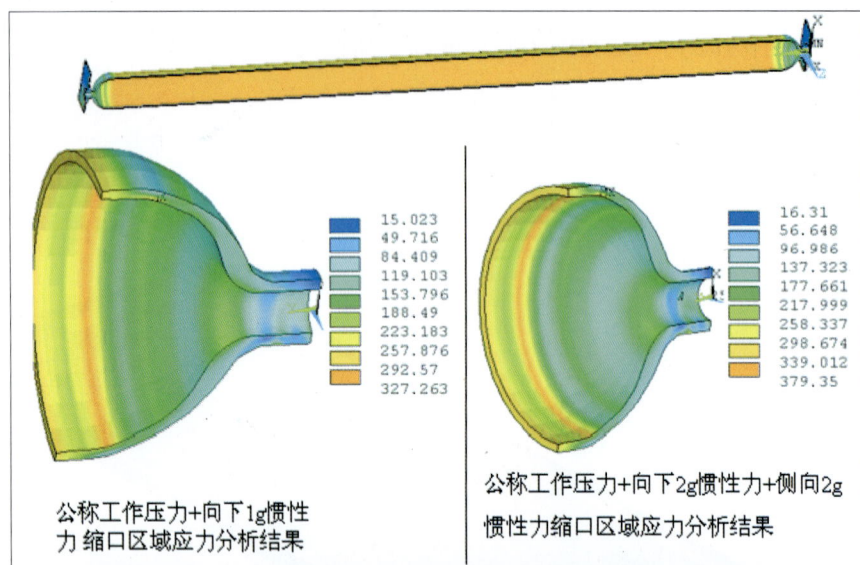

图 5.23 b) 缩口区域应力分析结果 (应力强度分布)

5.10　椭圆封头极限分析

壳体几何参数（mm）：

筒体内径 D_i=2470；筒体、椭圆封头壁厚 t=12.5

单元选择：ANSYS PLANE82 轴对称单元

选取三个有代表性的子步应力显示，并显示在内压作用下过渡区最大应变点的载荷—应变历程曲线

结构有限元模型见图 5.24；材料曲线见图 5.25；分析结果见图 5.26。

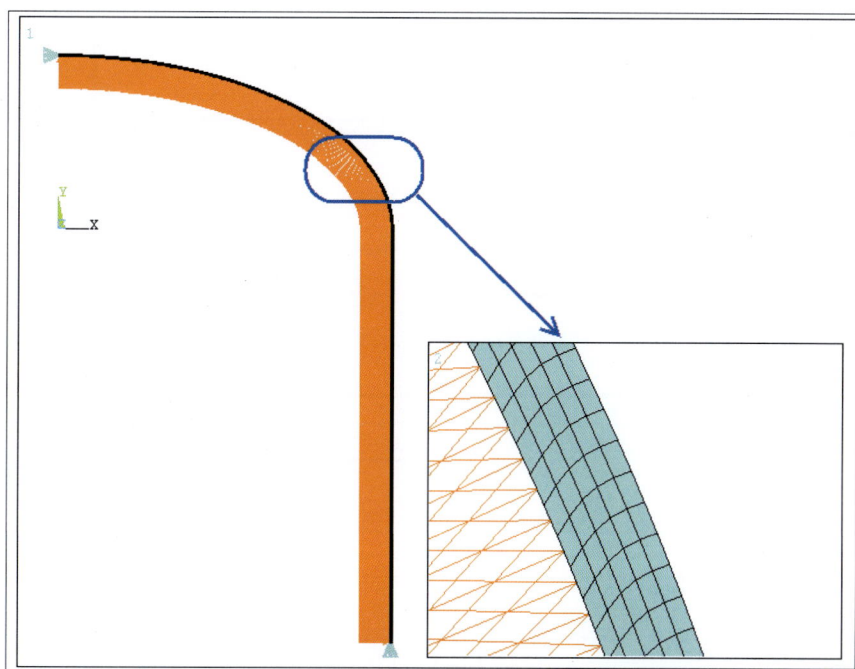

图 5.24　结构有限元模型

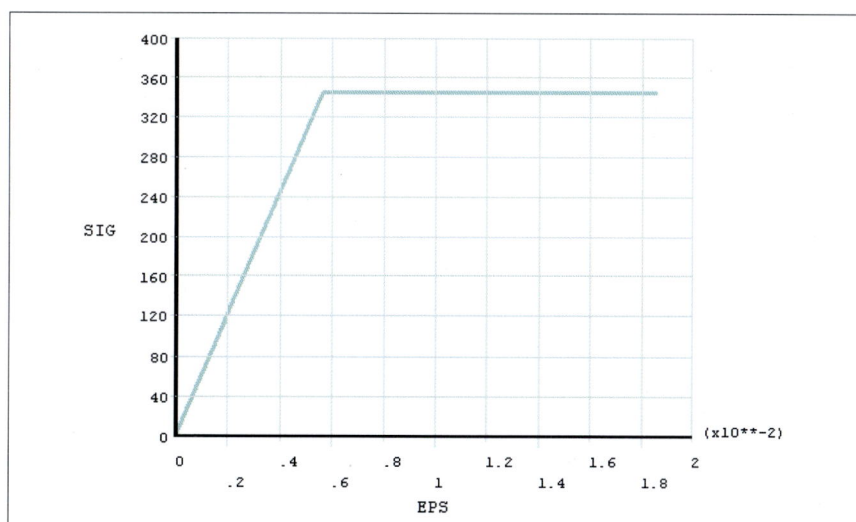

图 5.25　材料曲线

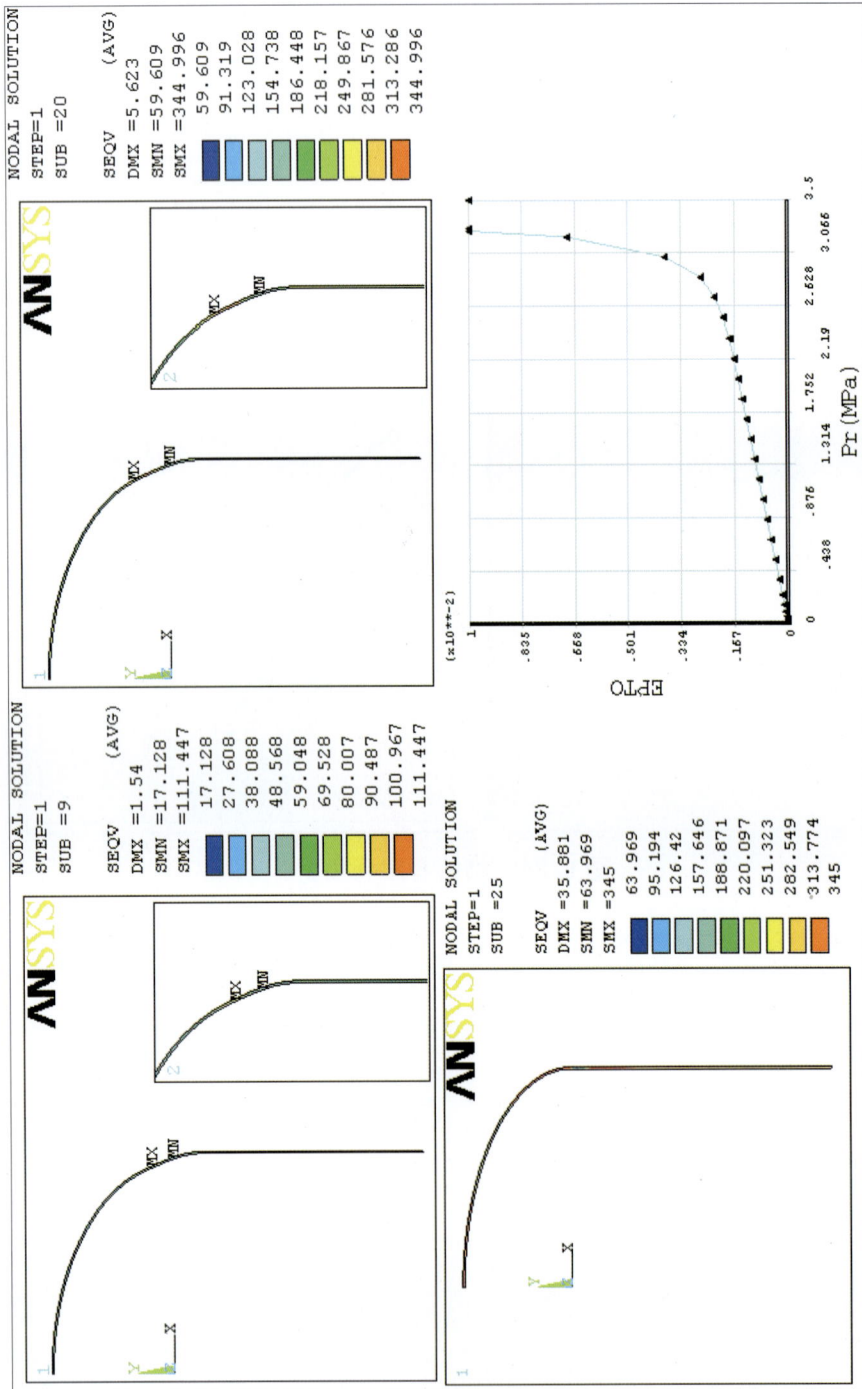

图 5.26　分析结果

5.11　椭圆封头开孔极限分析

壳体几何参数（mm）：

筒体内径 D_i=1400；筒体厚度 t_1=8；椭圆封头壁厚 t_2=10（标准椭圆形封头）；接管内直径 D_{ig}=400；接管厚度 t_g=14

单元选择：ANSYS PLANE82 轴对称单元

选取三个有代表性的子步应力显示，显示在内压作用下接管与壳体连接最大应变点的载荷—应变历程曲线

结构有限元模型见图 5.27；材料曲线见图 5.28；分析结果见图 5.29。

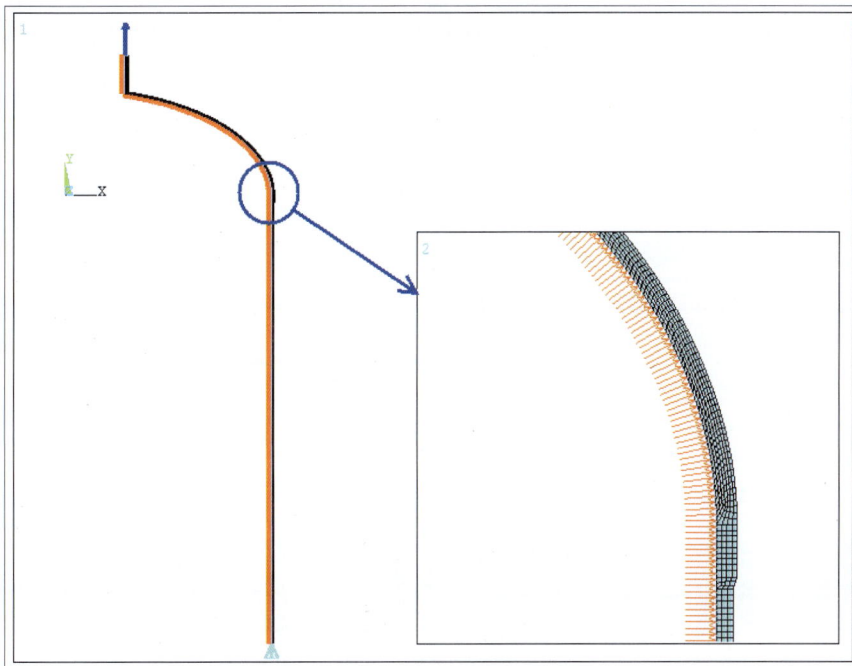

图 5.27　结构有限元模型

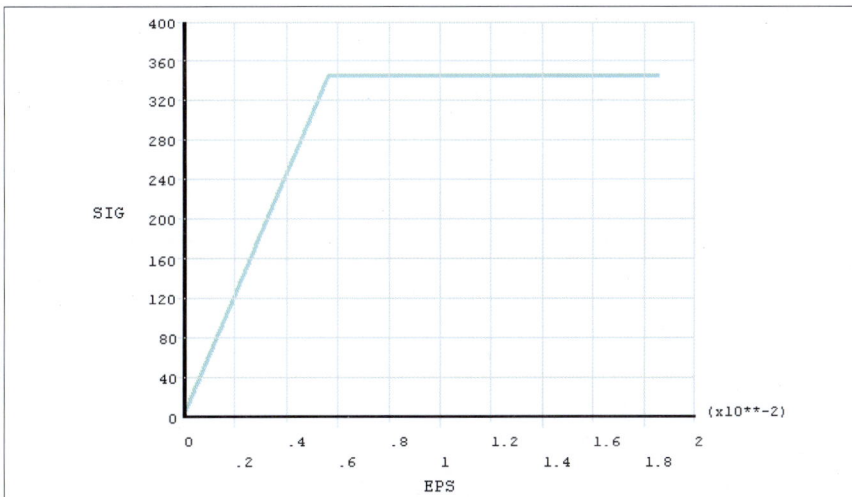

图 5.28　材料曲线

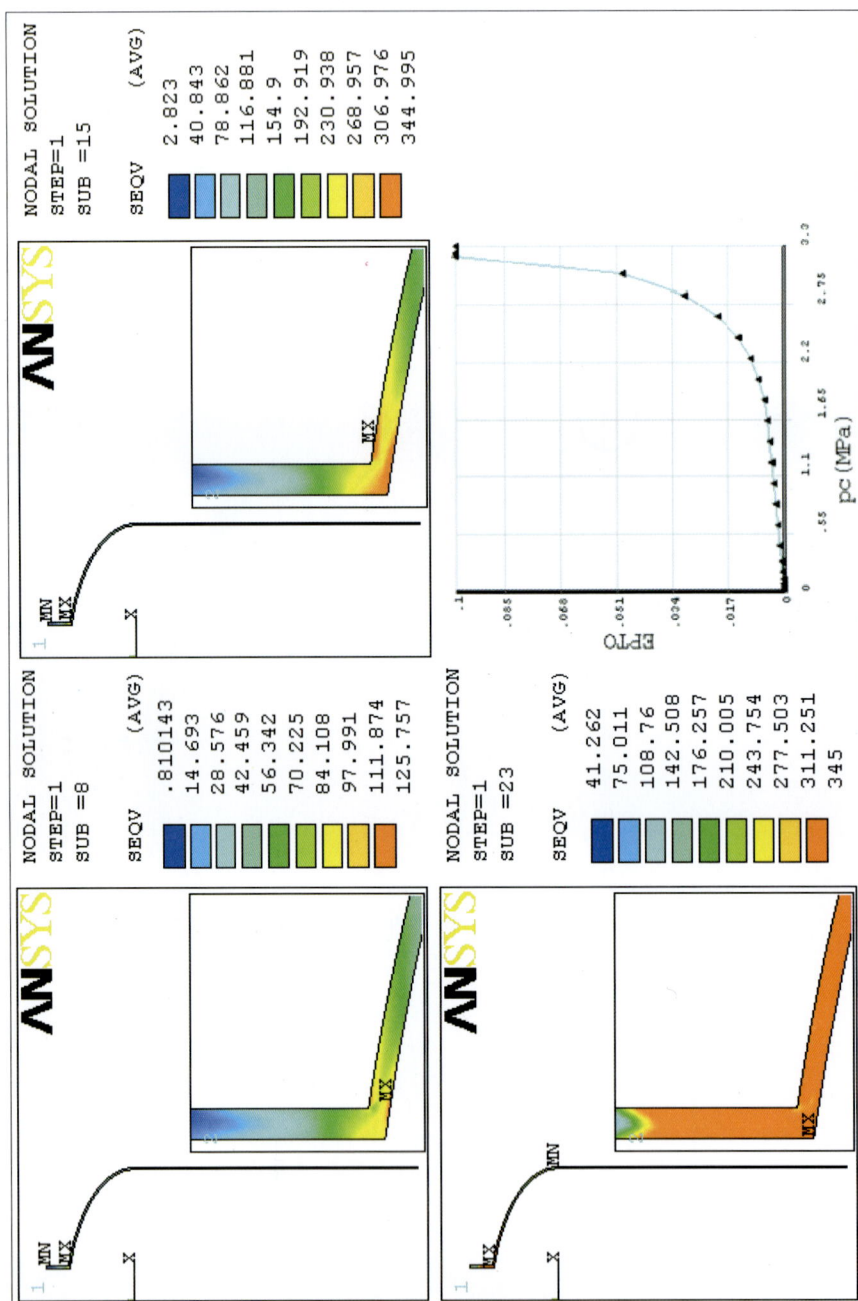

图 5.29　分析结果

5.12　筒体开孔（内伸）极限分析

壳体几何参数（mm）：

筒体内径 D_i=4660；筒体厚度 t_1=189；接管内直径 D_{ig}=850；接管壁厚 t_2=150

单元选择：ANSYS SOLID 185　三维实体单元

选取三个有代表性的子步应力显示，显示在内压作用下接管与壳体连接最大应变点的载荷—应变历程曲线

结构有限元模型见图 5.30；材料曲线见图 5.31；分析结果见图 5.32。

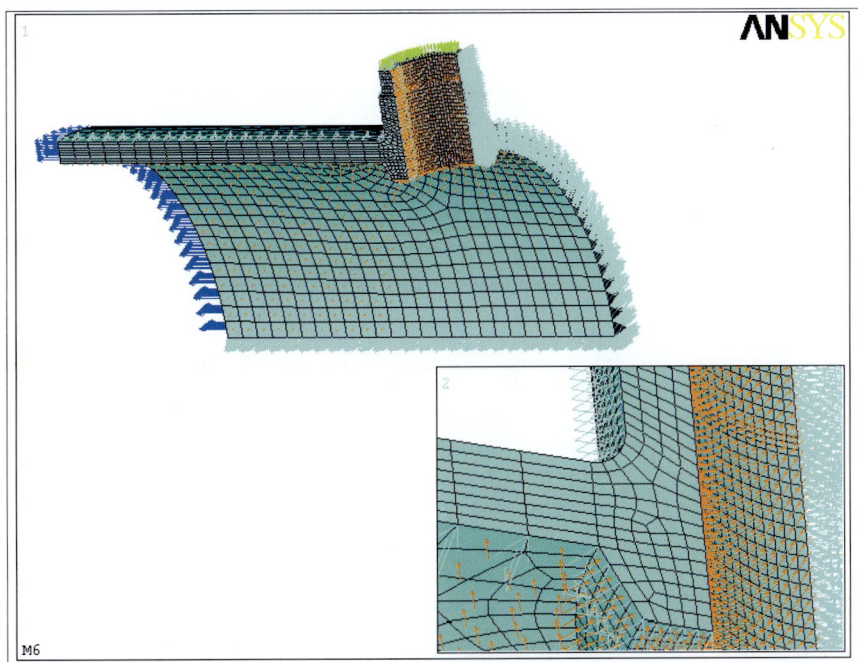

图 5.30　结构有限元模型

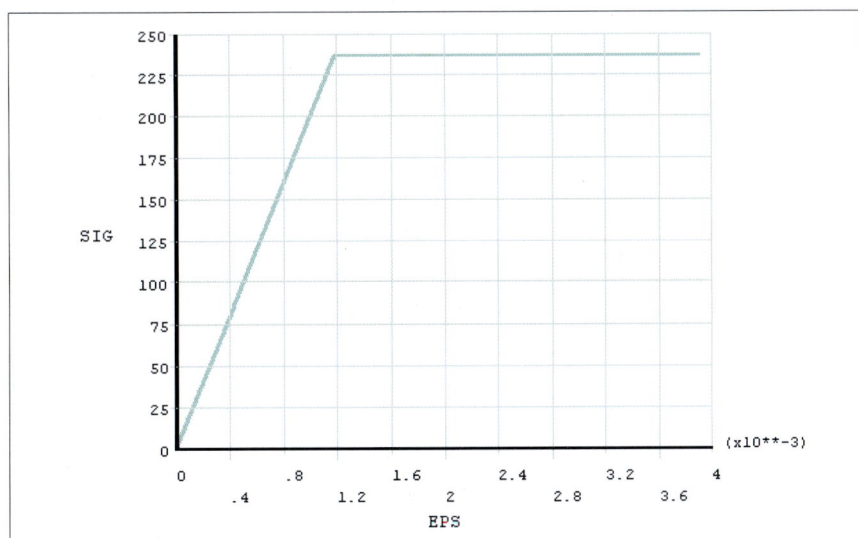

图 5.31　材料曲线

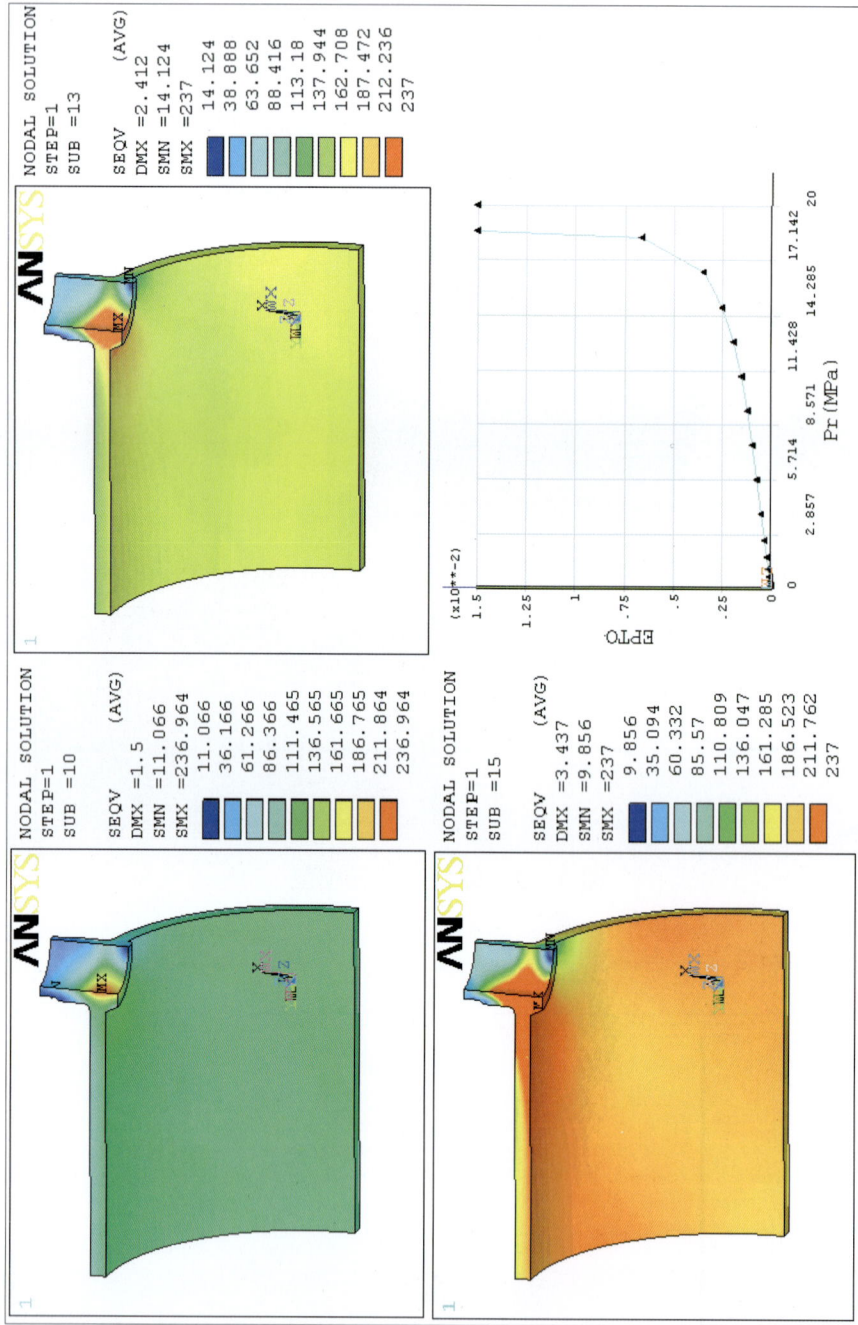

图 5.32　分析结果

5.13　筒体开孔（内齐平）极限分析

壳体几何参数（mm）:

筒体内径 D_i=1800；筒体厚度 t_1=36；接管内直径 D_{ig}=570；接管壁厚 t_2=76

单元选择：ANSYS SOLID 185　三维实体单元

选取三个有代表性的子步应力显示，显示在内压作用下接管与壳体连接最大应变点的载荷—应变历程曲线

结构有限元模型见图 5.33；材料曲线见图 5.34；分析结果见图 5.35。

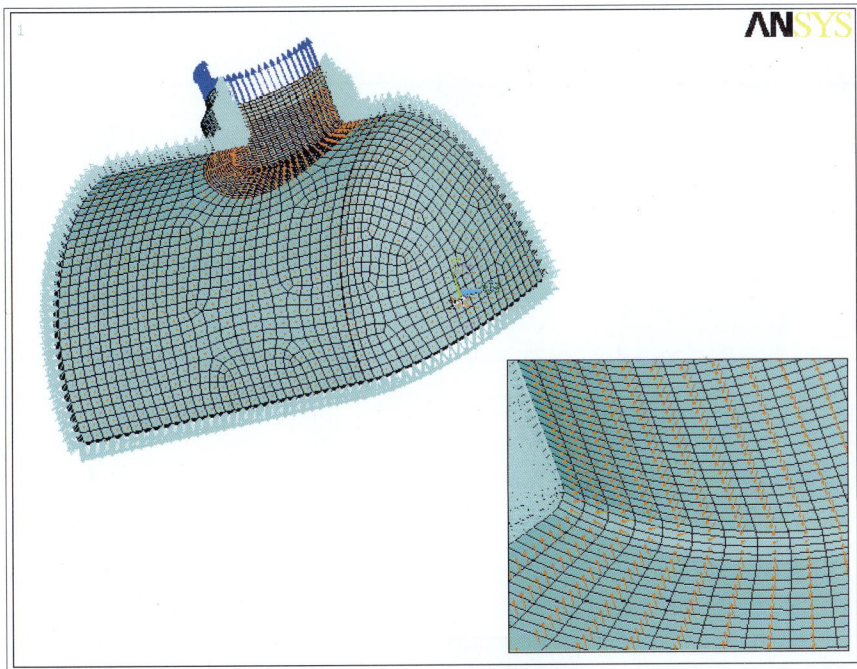

图 5.33　结构有限元模型

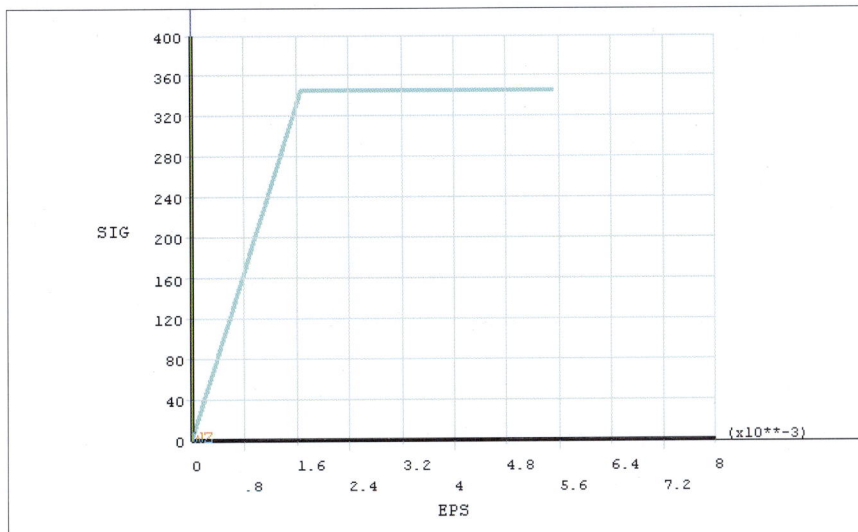

图 5.34　材料曲线

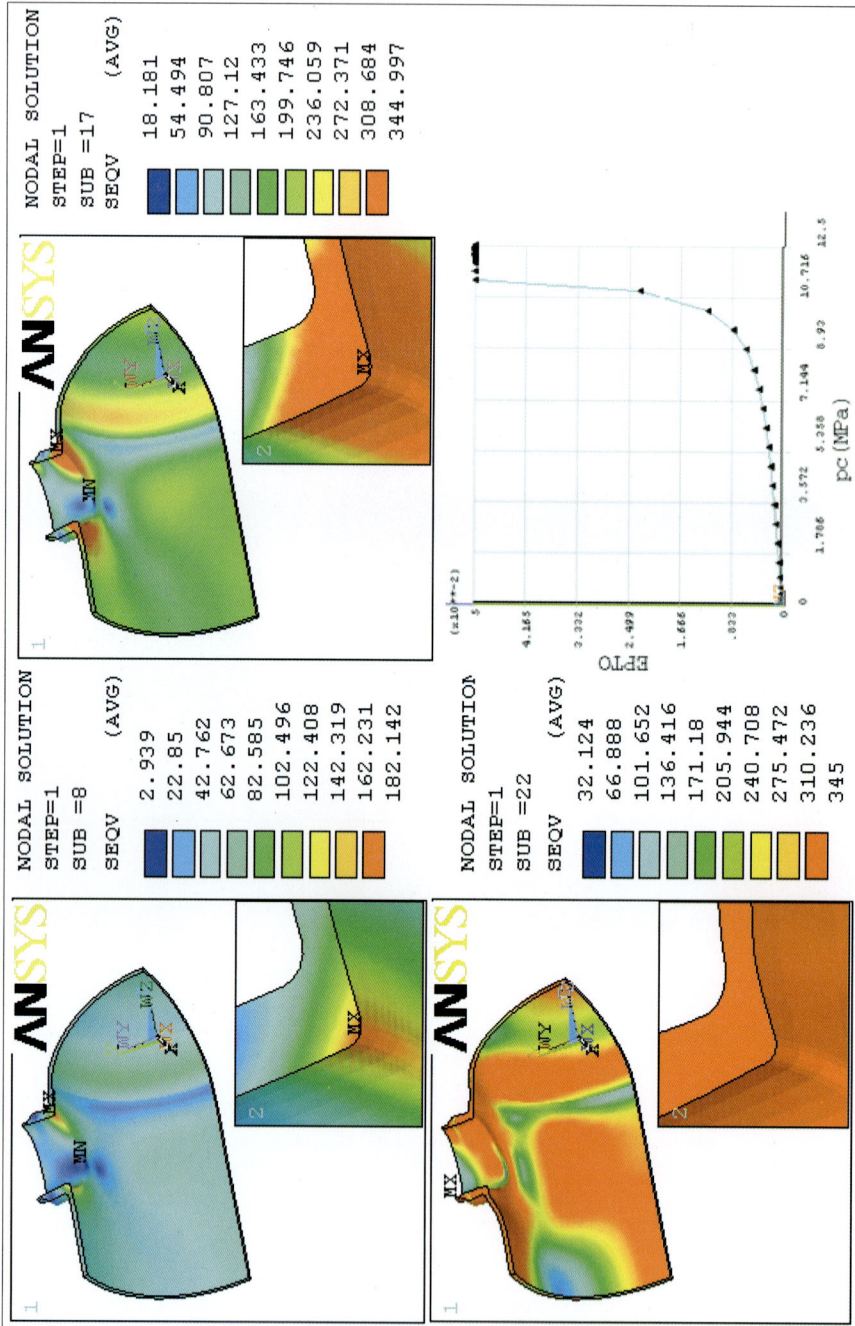

图 5.35　分析结果

5.14　封头偏心开孔极限分析

壳体几何参数（mm）：

筒体内径 D_i=4660；筒体厚度 t_1=189；封头内径 D_{qi}=4748；封头厚度 t_2=105；接管偏心距离 L=1600；接管内直径 D_{ig}=600；接管壁厚 t_3=190

单元选择：ANSYS SOLID 185　三维实体单元

选取三个有代表性的子步应力显示，显示在内压作用下接管与壳体连接最大应变点的载荷—应变历程曲线

结构有限元模型见图 5.36；材料曲线见图 5.37；分析结果见图 5.38。

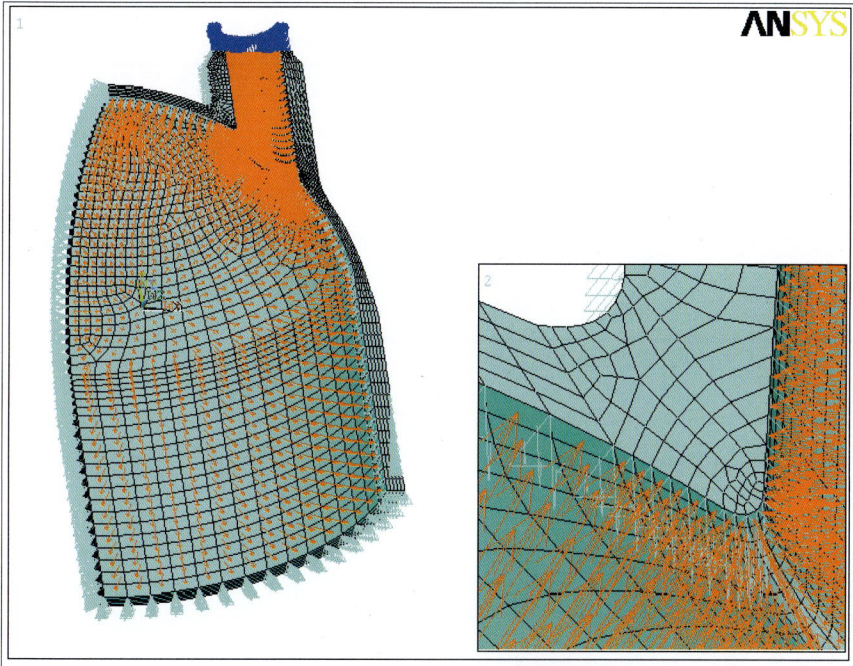

图 5.36　结构有限元模型

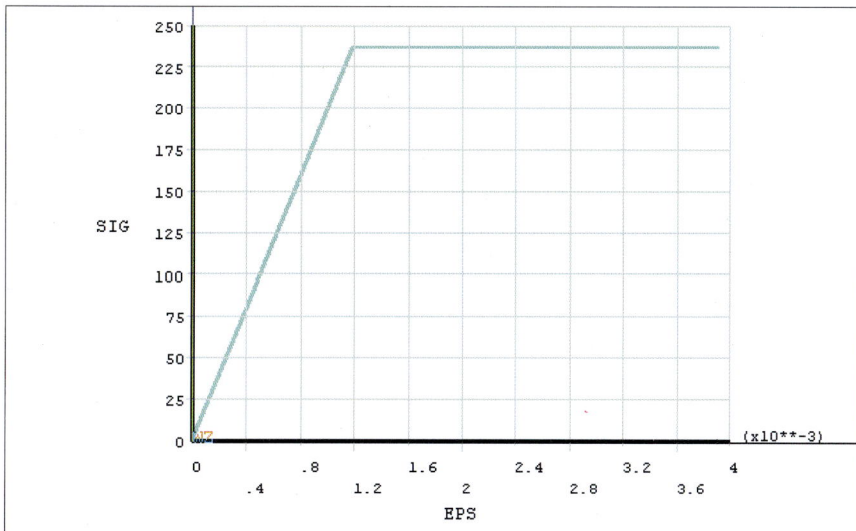

图 5.37　材料曲线

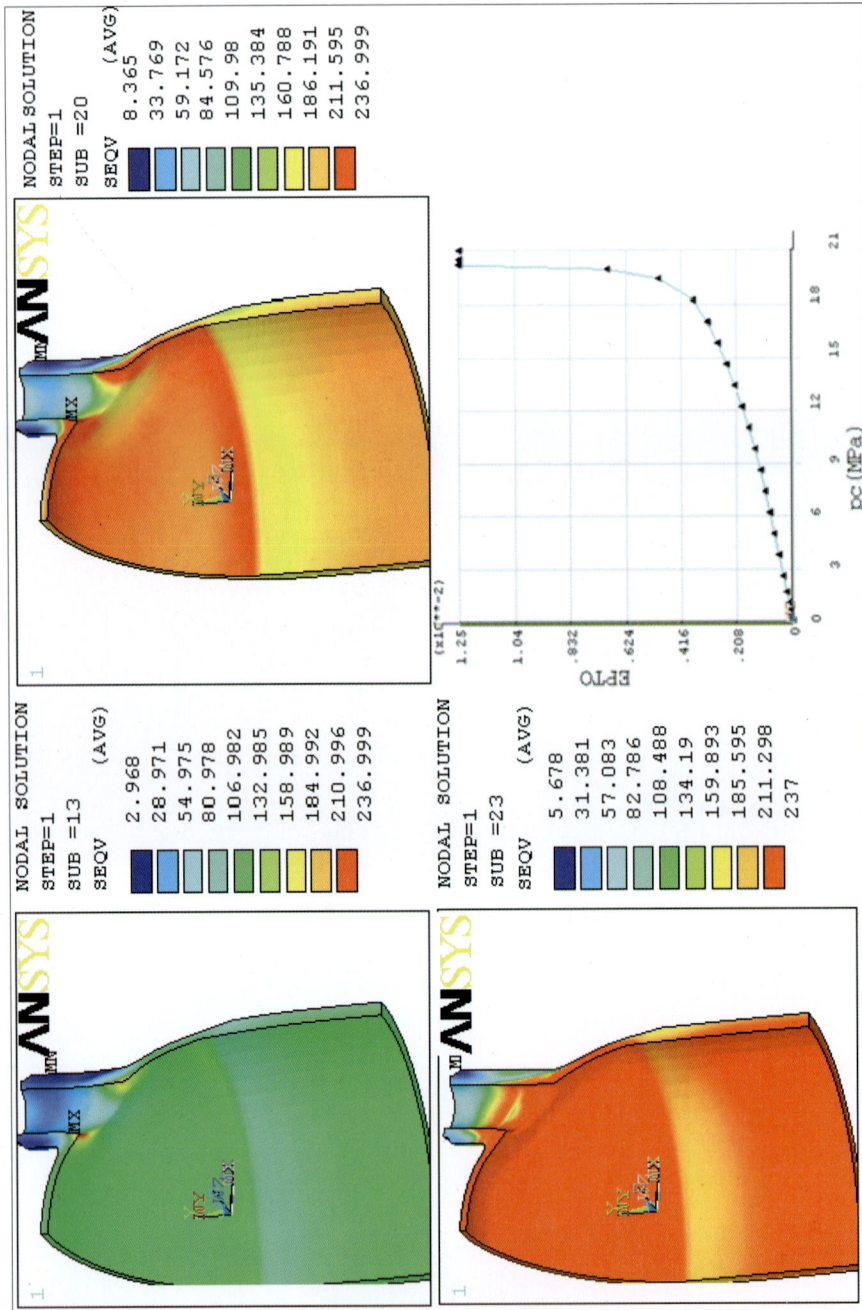

图 5.38 分析结果

5.15　椭圆封头开孔弹塑性分析

壳体几何参数（mm）：

筒体内径 D_i=1400；筒体厚度 t_1=8；椭圆封头壁厚 t_2=10（标准椭圆形封头）；接管内直径 D_{ig}=400；接管厚度 t_g=14

单元选择：ANSYS PLANE82 轴对称单元

选取三个有代表性的子步应力显示，显示在循环内压作用下筒体部分的应变—应力曲线

结构有限元模型见图 5.39；材料曲线见图 5.40；分析结果见图 5.41。

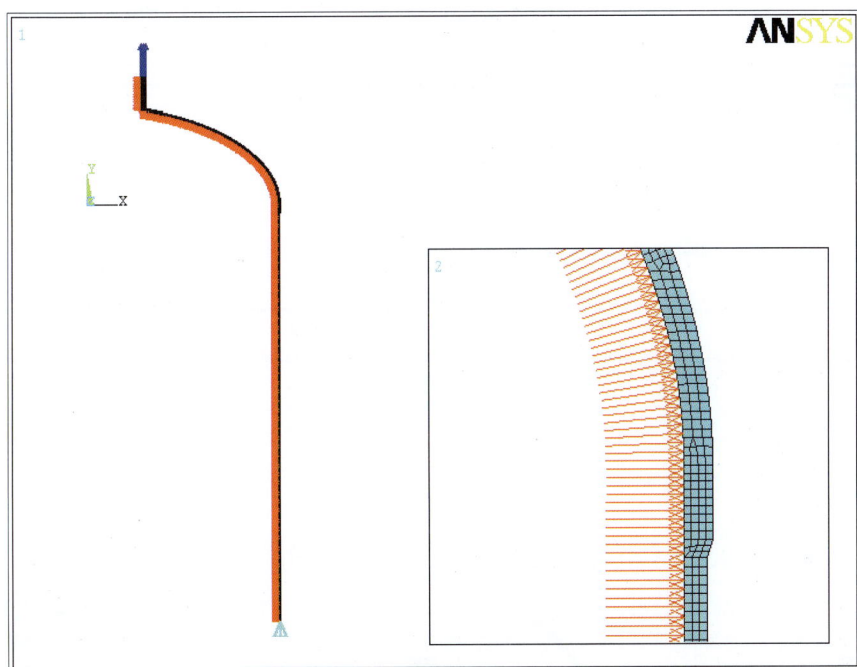

图 5.39　结构有限元模型

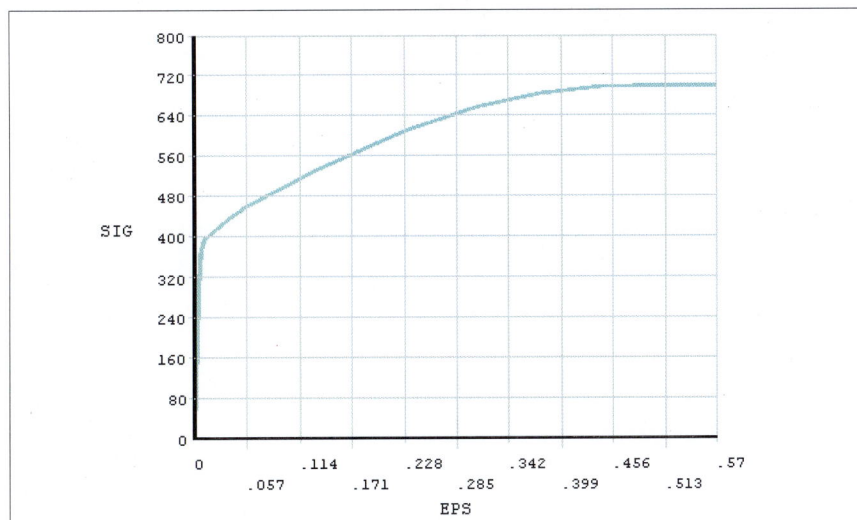

图 5.40　材料曲线

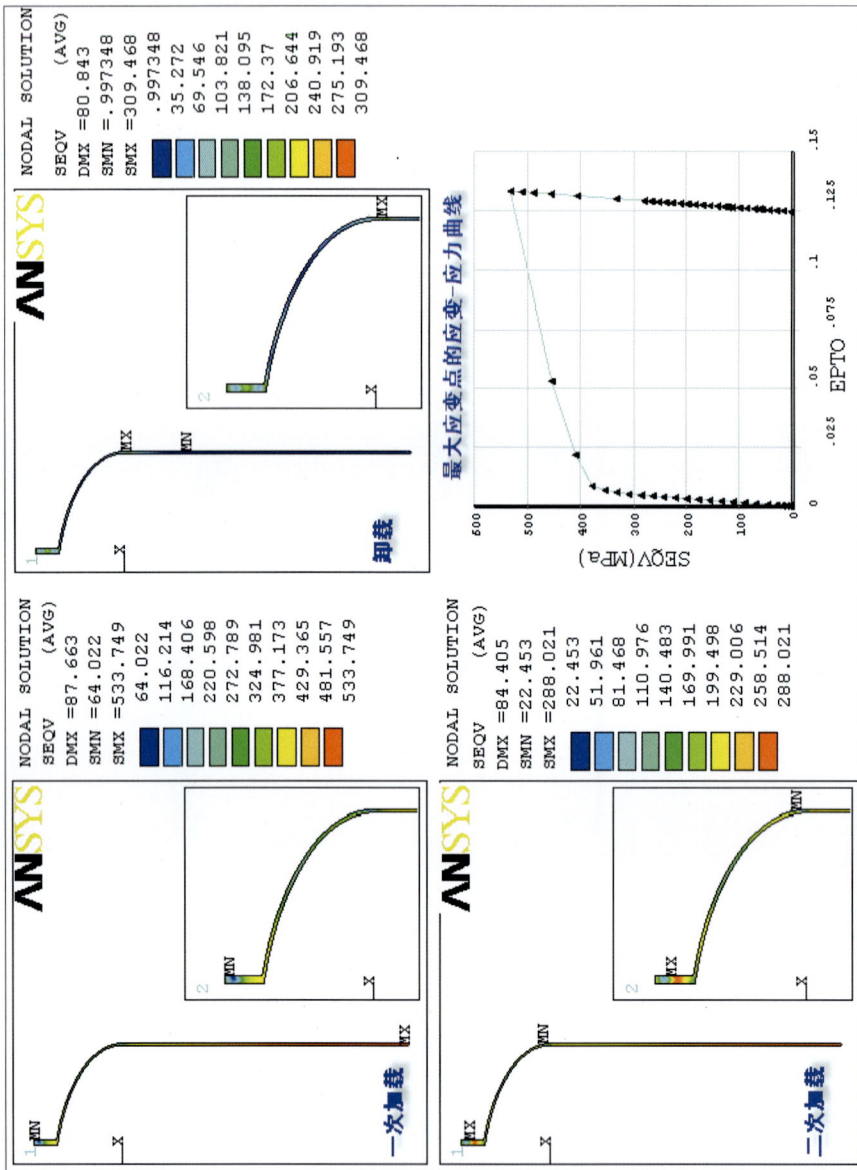

图 5.41 分析结果

5.16　筒体非线性屈曲分析

壳体几何参数（mm）：

筒体内径 D_i=700；筒体厚度 t_1=49；封头内径 D_{qi}=720；封头厚度 t_2=30

单元选择：ANSYS SOLID 185　三维实体单元

显示筒体在外压作用下发生屈曲时的变形图及最大位移点的位移—载荷历程曲线。分析结果见图 5.42。

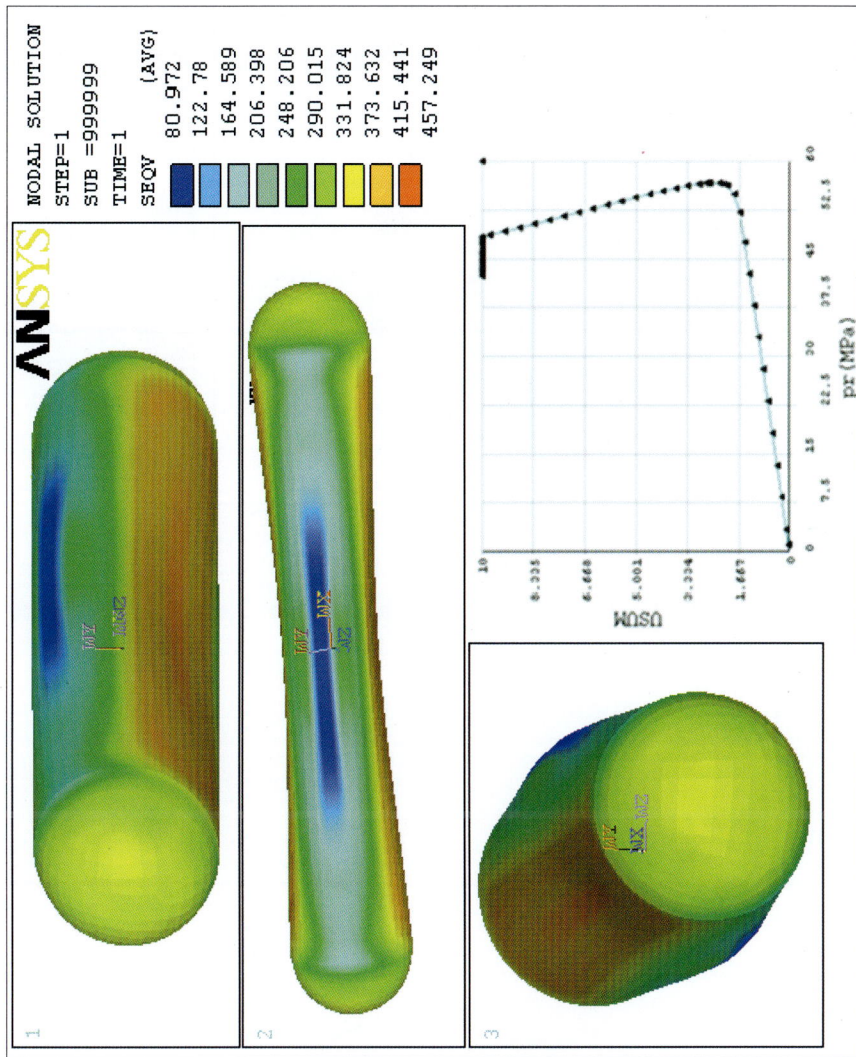

图 5.42　分析结果

5.17　球形封头非线性屈曲分析

壳体几何参数（mm）：

筒体内径 D_i=700；筒体厚度 t_1=49；封头内径 D_{qi}=720；封头厚度 t_2=30

单元选择：ANSYS SOLID 185　三维实体单元

显示球形封头在外压作用下发生屈曲时的变形图及最大位移点的位移—载荷历程曲线。分析结果见图 5.43。

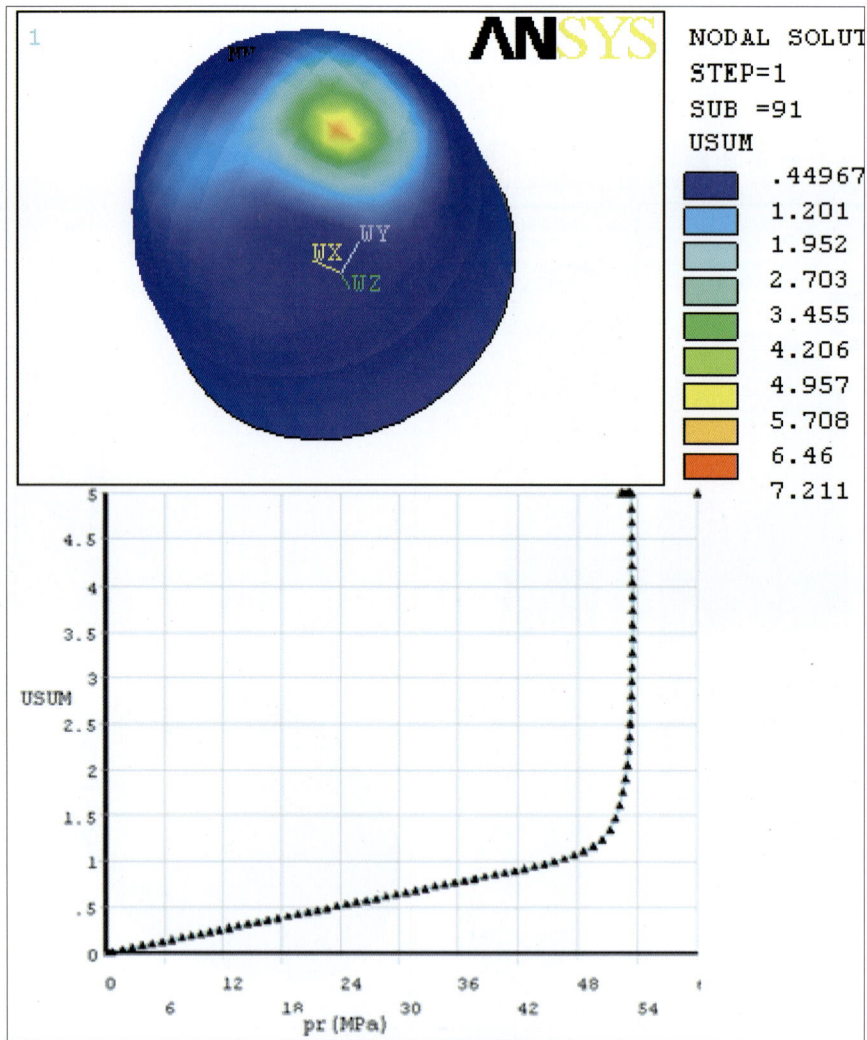

图 5.43　分析结果

5.18　筒体矩形开孔非线性屈曲分析

壳体几何参数（mm）：

筒体内径 D_i=7000；筒体、封头厚度 t_1=20；矩形孔长边长度（轴向）L_1=6400；矩形孔短边宽度（横向）L_1=4000

单元选择：ANSYS SHELL181 单元

显示壳体在外压作用下发生屈曲时的变形图及最大位移点的位移—载荷历程曲线。分析结果见图 5.44。

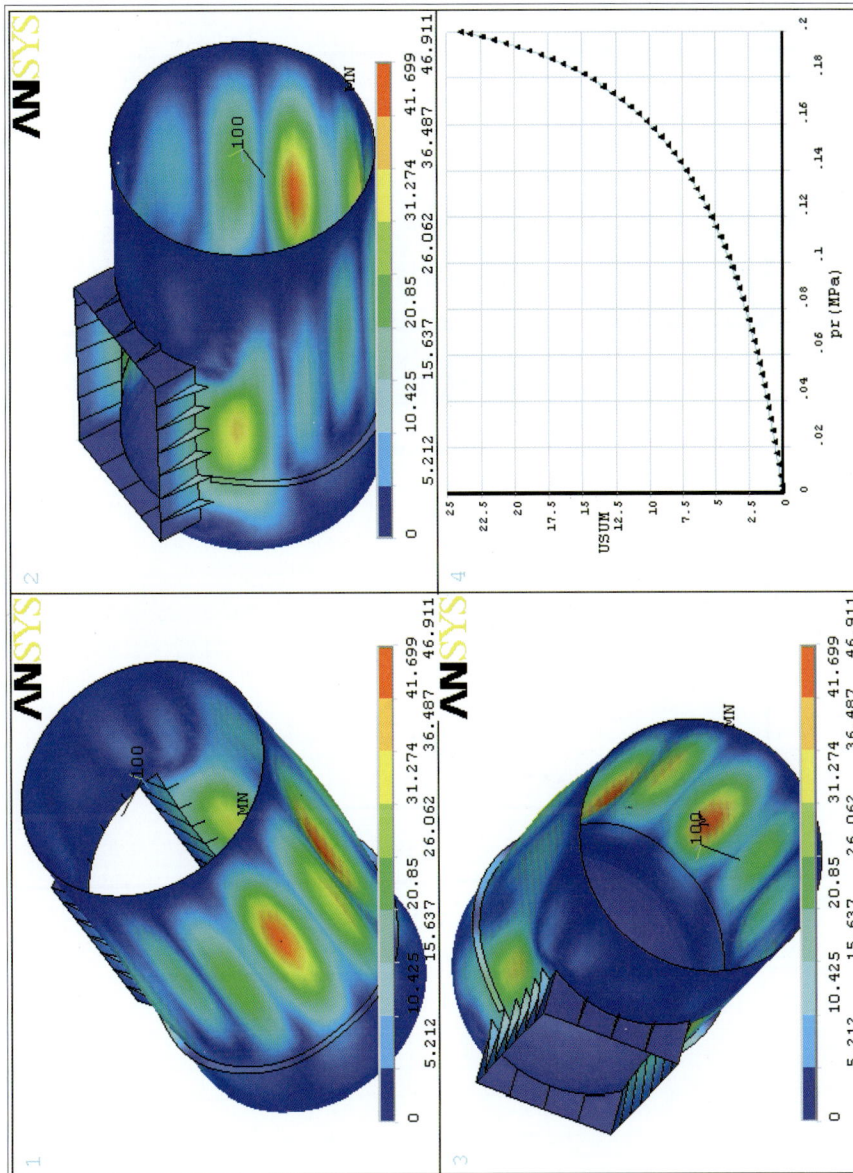

图 5.44　分析结果

5.19 裙座式支撑球形储罐支撑结构水压试验非线性屈曲分析

壳体几何参数（mm）：

球形储罐内直径 D_i=12300；球壳厚度 t_1=44；裙座内直径 D_{iz}=7600；裙座厚度 t_2=16

单元选择：ANSYS SHELL181 单元

显示裙座在重力作用下发生屈曲时的变形图及最大位移点的位移—载荷历程曲线。分析结果见图 5.45。

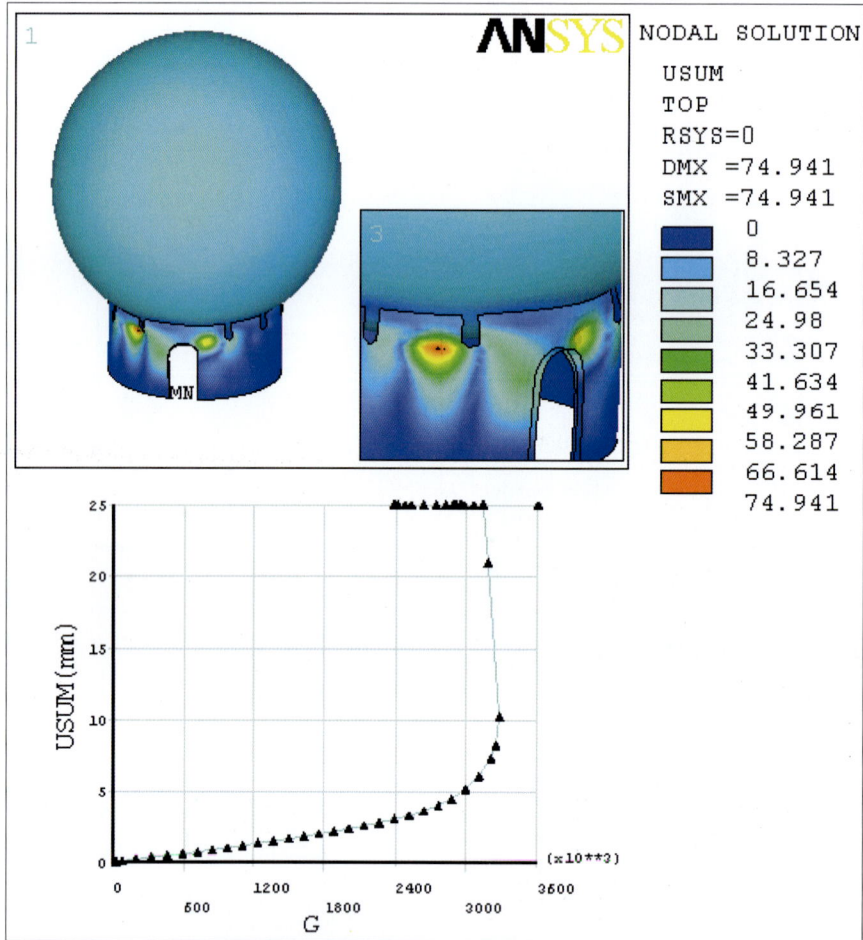

图 5.45 分析结果